高职高专教育国家级精品规划教材
普通高等教育"十一五"国家级规划教材
教育部2009年度普通高等教育精品教材
中国水利教育协会策划组织

城市防洪

（第2版）

主　编　王金亭　刘红英　刘宏丽
副主编　刘　栋　李太星
主　审　李宗尧

黄河水利出版社
·郑州·

内 容 提 要

本书是高职高专教育国家级精品规划教材、普通高等教育“十一五”国家级规划教材、教育部2009年度普通高等教育精品教材，是按照教育部对高职高专教育的教学基本要求和相关专业课程标准，在中国水利教育协会的精心组织和指导下编写完成的。全书共分10个学习项目，主要介绍城市防洪工程措施、城市防洪规划、城市防洪组织与管理、城市河道整治、防洪抢险技术、城市雨洪利用与模拟等内容。

本书适用于高职高专城市水利专业、水务管理专业、水利水电类专业以及给排水工程技术、市政工程等相关专业城市防洪与减灾的课程教学，亦可作为有关工程技术人员的参考书。

图书在版编目(CIP)数据

城市防洪/王金亭，刘红英，刘宏丽主编. —2版. —郑州：黄河水利出版社，2019.8

高职高专教育国家级精品规划教材

ISBN 978-7-5509-1329-5

Ⅰ.①城… Ⅱ.①王…②刘…③刘… Ⅲ.①城市-防洪工程-中国-高等职业教育-教材 Ⅳ.①TU998.4

中国版本图书馆CIP数据核字(2019)第179115号

组稿编辑：王路平　电话：0371-66022212　E-mail：hhslwlp@163.com

出 版 社：黄河水利出版社　　网址：www.yrcp.com

地址：河南省郑州市顺河路黄委会综合楼14层　　邮政编码：450003

发行单位：黄河水利出版社

发行部电话：0371-66026940、66020550、66028024、66022620(传真)

E-mail：hhslcbs@126.com

承印单位：河南承创印务有限公司

开本：787 mm×1 092 mm　1/16

印张：14.5

字数：340千字　　印数：1—3 100

版次：2008年1月第1版　　印次：2019年8月第1次印刷

2019年8月第2版

定价：45.00元

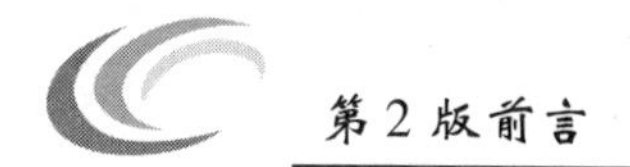

第2版前言

本书是贯彻落实《国家中长期教育改革和发展规划纲要(2010~2020年)》、《国务院关于加快发展现代职业教育的决定》(国发〔2014〕19号)、《现代职业教育体系建设规划(2014~2020年)》和《水利部 教育部关于进一步推进水利职业教育改革发展的意见》(水人事〔2013〕121号)等文件精神,在中国水利教育协会指导下,由中国水利教育协会职业技术教育分会高等职业教育教学研究会组织编写的高职高专教育国家级精品规划教材。该套教材以学生能力培养为主线,体现出实用性、实践性、创新性的教材特色,是一套理论联系实际、教学面向生产的精品规划教材。

本书第1版于2008年1月出版,是普通高等教育"十一五"国家级规划教材,2009年被教育部评选为普通高等教育精品教材。因其通俗易懂,全面系统,应用性知识突出,可操作性强等特点,受到全国高职高专院校水利类专业师生及广大水利从业人员的喜爱。随着我国水利形势的不断发展变化,为进一步满足教学需要,应广大读者的要求,编者在第1版的基础上对原教材内容进行了全面修订、补充和完善。

本次再版,根据本课程的培养目标和当前水利形势及高职教育的发展状况,力求拓宽专业面,扩大知识面,反映先进的理论水平以适合发展的需要;力求综合运用基本理论和知识,以解决工程实际问题;力求理论联系实际,以应用为主,内容上尽量符合实际需要。

本书突出高等职业技术教育的特点,为适应教学改革的要求,对城市防洪与减灾内容进行了一定的调整,书中不过分强调理论,而更加注重工程应用。在编写过程中,注重对内容删繁就简,降低了一些知识点的教学要求,使教材更适合学生的认知水平。书中注重解决实际工程问题,强化学生的工程意识培养。本书编写力求做到叙述简明、由浅入深,依托典型例题、习题,紧密结合工程实际,以便于读者理解和掌握。

本书共分10个学习项目,各学习项目开篇指明学习目标,后附有内容小结和一定数量的复习思考题,有助于读者掌握有关项目知识。

本书编写人员及编写分工如下:山东水利职业学院王金亭编写学习项目1、学习项目8;杨凌职业技术学院刘红英编写学习项目2、学习项目3;重庆水利电力职业技术学院刘栋编写学习项目4、学习项目7;辽宁生态工程职业学院刘宏丽编写学习项目5、学习项目6;长江工程职业技术学院李太星编写学习项目9、学习项目10 。本书由王金亭、刘红英、刘宏丽担任主编,王金亭负责全书统稿;由刘栋、李太星担任副主编;由安徽水利水电职业技术学院李宗尧教授担任主审。

在本书的编写过程中,还参考引用了有关院校编写的教材和生产科研单位的技术文献资料,除部分已列出外,其余未能一一注明,在此一并致谢!

由于本次编写时间仓促,对本书中存在的缺点和疏漏,恳请广大读者批评指正。

编 者

2019年5月

第2版前言

[illegible]

编　者

2019年5月

目　录

学习项目1 城市防洪综述

【学习指导】

目标:1. 了解城市发展面临的洪水问题和防洪的发展趋势;

2. 掌握城市防洪的工程措施和非工程措施。

重点:城市防洪的工程措施和非工程措施。

任务1 城市洪水问题

由于城市地区人口密集,建筑物众多而集中,工商业和交通发达,所以城市面临的雨洪问题比较复杂,遭遇洪水后的损失也更为严重。因此,城市地区防洪和排水是一个较为突出的问题,它主要包括如下三个方面:

(1)城市本身暴雨引起的洪水。由于城市不断扩张,这一问题会变得愈加尖锐。这是城市排水面临的问题。

(2)城市上游洪水对城区的威胁。这部分洪水可能来自城市上游江河洪水泛滥,山区洪水,上游区域排水,或来自水库的下泄流量,解决这类问题属城市防洪范畴。

(3)城市本身洪水下泄造成的下游地区洪水问题。由于城区不透水面积增加,排水系统管网化,河道治理等使得城市下泄洪峰成数倍至十几倍增长,对下游洪水威胁是逐年增加的,构成了城市下游地区的防洪问题。

任务2 城市防洪工程措施

1 利用水库调蓄洪水,削减洪峰

1.1 修建水库调节洪水

在被保护城镇的河道上游适当地点修建水库,调蓄洪水,削减洪峰,保护城镇的安全。同时还可利用水库拦蓄的水量满足灌溉、发电、供水等发展经济的需要,达到兴利除害的目的。永定河在历史上称为无定河,由于泥沙淤积,河床不断抬高,河道宣泄洪水的能力不断减小,因此常常造成下游堤防漫溢和溃决,从而造成水灾。自1912年到1949年的37年间,卢沟桥以上的堤防就有7次发生大决口,其中最严重的是1917年和1939年的两次大水,由于和大清河的洪水同时发生,致使洪水入侵天津市区,京津之间的交通受阻,海河航道淤塞,给人民生命财产造成很大损失。1951年修建官厅水库后,使永定河百年一遇的洪峰流量7 020 m^3/s 经水库调节后削减到600 m^3/s,消除了洪水对京、津及下游地区的威胁,保障了工农业生产、交通运输和人民生命财产的安全,同时还利用水库的蓄水年平均发电7 000万 kWh,年供水7.6亿 m^3,且利用水库水面养鱼,年平均产鱼31.46万 kg。

1.2　利用已建水库调节洪水

利用河道上游已建水库调蓄洪水，削减洪峰，保护城镇安全。例如，利用位于丹江和汉江口处的丹江口水库的调节，可削减汉江洪水近50%，保证了汉江中下游广大地区和城镇免受洪水的威胁。

1.3　利用相邻水库调蓄洪水

如图1-1所示，若相邻两河流*A*和*B*各有一座水库Ⅰ和Ⅱ，位置相距不远，高程相差也不大。水库Ⅰ的库容较小，调蓄洪水的能力较低，下游有防护区，而水库Ⅱ的容积较大，调蓄洪水的能力较强，则可在两水库之间修筑渠道或隧洞，将两座水库相互连通，当河道发生洪水时，通过Ⅰ水库调蓄后的部分洪水可通过连通的渠道或隧洞流入水库Ⅱ，通过水库Ⅱ调蓄后泄入B河下游，从而确保水库Ⅰ下泄A河下游河道的洪水是在河道安全泄洪范围之内，以保证防护区的安全。

1.4　利用流域内干、支流上的水库群联合调蓄洪水

利用流域内干、支流上已建的水库群(见图1-2)对洪水进行联合调蓄，以削减洪峰和洪量，保证下游防护区的安全；同时利用水库群的联合调度，合理利用流域内的水资源。

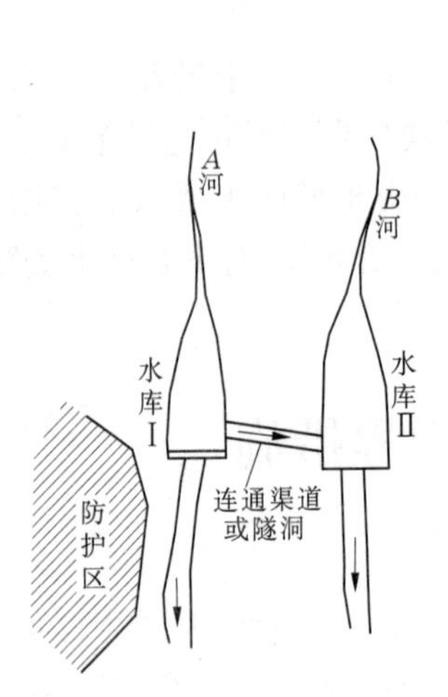

图1-1　相邻水库连通调蓄洪水

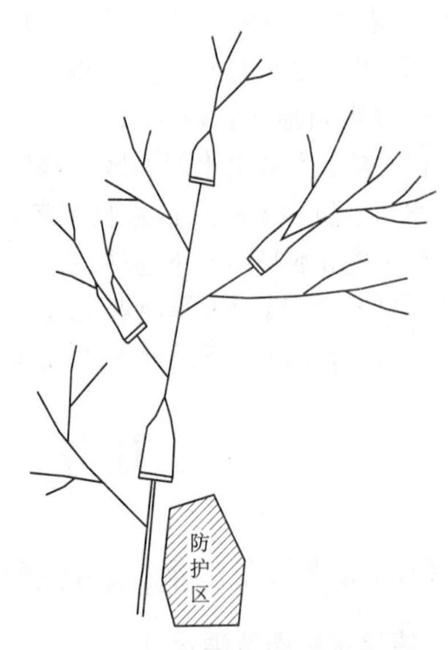

图1-2　干、支流水库群联合调蓄洪水

1.5　利用湖泊滞蓄洪水

如果防护区上游河道附近有天然湖泊，则可利用天然湖泊调蓄洪水，削减洪峰，延缓洪水通过的时间，等到河道洪峰通过后，再逐渐地将湖泊中滞蓄的洪水排入河道中。如长江中游的洞庭湖对长江的洪水就起着调蓄作用，对保证长江中下游的防洪安全有着重要作用。

1.6　利用河槽调蓄洪水

如果防护区上游河道有宽阔的滩地，或河槽两侧岸坡较高，则可在防护区上游河道修建节制闸，汛期当河道发生超标准洪水时，可利用节制闸将超过防护区河段安全泄量的洪水临时拦蓄在河槽内，利用河槽的容积滞蓄洪水，延缓洪水通过的时间，等到洪峰通过后，

再陆续将滞蓄的洪水排入下游河道。

2 修筑防护堤

2.1 沿河修建防护堤

沿河修建防护堤(见图1-3),提高河道的行洪能力,防止汛期洪水漫溢,引起水灾,这是我国大小江河防洪工程中常用的一种措施。

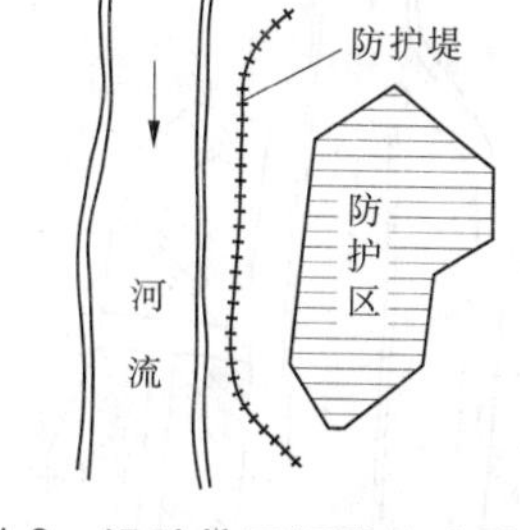

图1-3 沿防护区河段修建防护堤

2.2 沿防护区修筑围堤

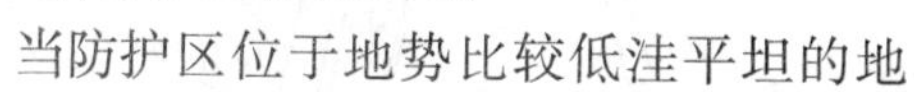

当防护区位于地势比较低洼平坦的地区时,为了缩短防护堤的长度或有效地保护防护区免遭洪水的侵袭,可以在保护区的四周修筑围堤,如图1-4所示,以保证防护区的安全。

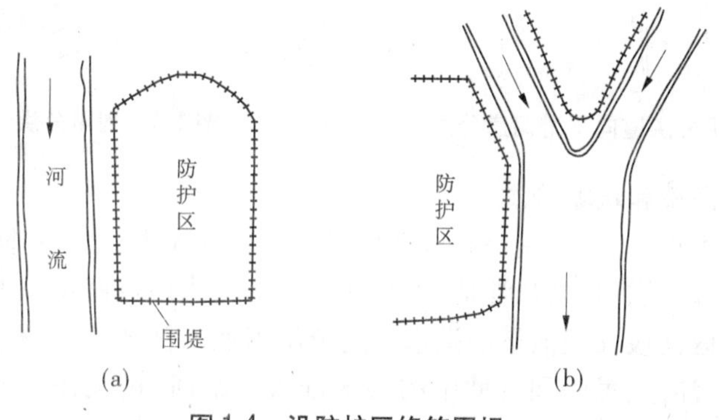

图1-4 沿防护区修筑围堤

3 进行分洪

3.1 向下游河道分洪

在防护区上游河道适当地点修建分洪口和分洪道,从防护区上游将河道中超过防护区河段安全泄量的部分洪水,通过分洪道直接输送到下游河道,以减轻防护区河段的行洪压力,保证防护区汛期的安全,如图1-5所示。

3.2 向海洋分洪

对位于滨海地区的防护区,可在防护区上游河道适当地点修建分洪口和开挖分洪道(减河)直达大海,将河道中超过防护区河段安全泄量的部分洪水(超标准洪水)排入大海(见图1-6),以保证防护区的安全。例如,天津市东部的独流减河工程,就是将洪水直接排入大海,以保护天津市的安全。

3.3 跨流域分洪

如果流域A内河道A的行洪能力较低,无法容纳超标准洪水,而相邻流域B内河道B的行洪能力较强,两河相距又不远,则可在河道A的防护区上游适当地点开挖分洪道(或泄洪洞),将河道A和河道B连通,发生洪水时将河道A超过防护区河段安全泄量的部分洪水泄入河道B,以减轻河道A的防洪压力,保证防护区的安全,如图1-7所示。

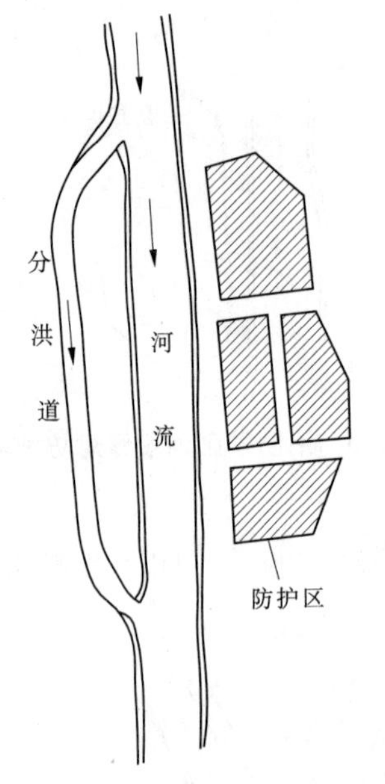

图1-5　利用分洪道向下游河道分洪

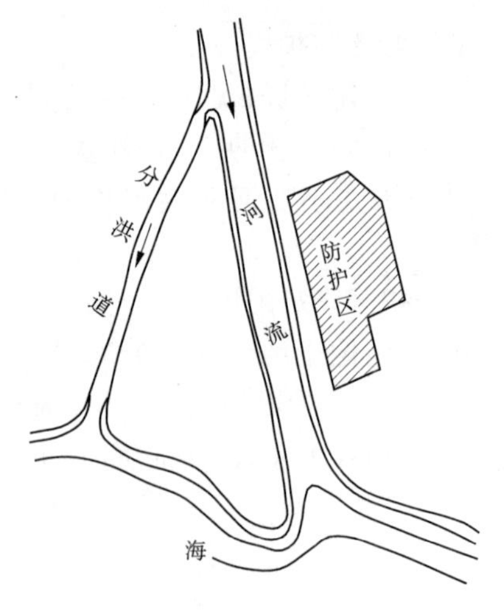

图1-6　利用分洪道向海洋分洪

3.4　利用洼地、民垸和坑塘分洪

如果防护区附近有洼地、民垸和坑塘可以临时蓄水滞洪,则可在防护区上游河道适当地点修建分洪口和分洪道,并从洼地、民垸和坑塘的适当地点修建泄水渠,直达下游河道,汛期将超过防护区河段安全泄量的洪水通过分洪道泄入洼地、民垸和坑塘滞蓄,等到河道洪峰通过后,再将洼地、民垸和坑塘中的洪水排入下游河道(见图1-8),例如荆江分洪工程、汉江分洪工程均为此种防洪方式。

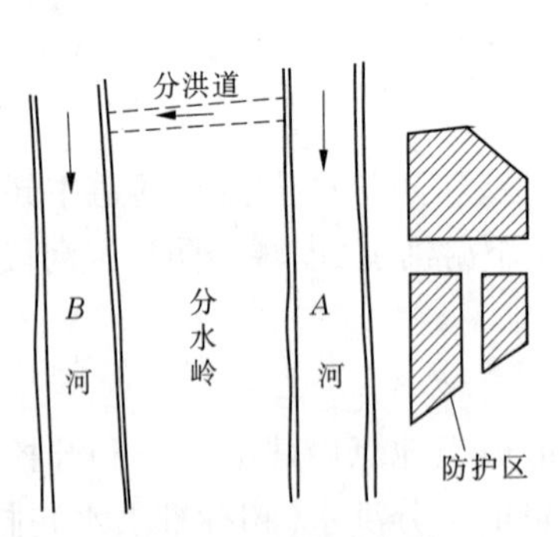

图1-7　跨流域分洪

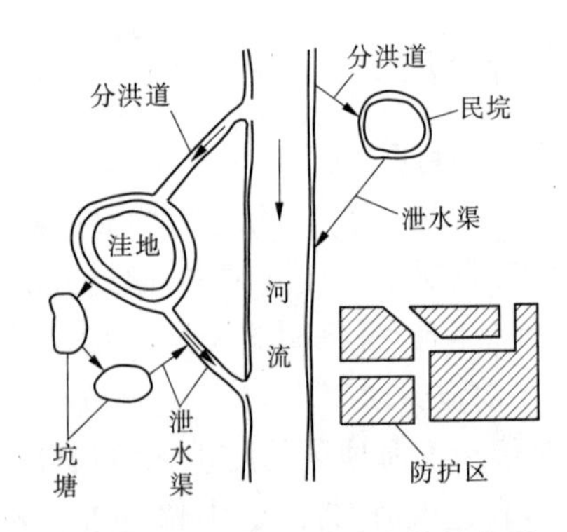

图1-8　利用洼地、民垸和坑塘分洪

4　修建排水工程

在平原或低洼地区,汛期由于连续降雨或降暴雨,排水不畅,地面积水,地下水位升高,将会出现涝渍灾害,土地盐碱化和沼泽化,致使农作物减产、树木枯萎、建筑物沉陷开裂、地下水质恶化、蚊蝇滋生、地面湿陷坍塌等。防治浸没和涝渍的措施,就是修建排水工程。

4.1　修建排水沟(渠)

如果涝渍区附近有排水出路,如附近有河道、湖泊、天然洼地、坑塘等容泄区,则可修建排水沟、排水渠进行排水,排除渍水和降低地下水位,这是防治涝渍和浸没的重要措施。

排水沟(渠)根据位置的不同又可分为:

(1)地面排水沟(渠)。排水沟(渠)敷设在地面,用以排除地表水。根据排水沟(渠)结构的不同,这种排水沟(渠)又可分为:

①排水明沟(渠),排水沟(渠)表面无遮盖,是开敞的。

②排水暗沟(渠),排水沟(渠)是封闭的,表面有盖板遮盖。

(2)地下排水沟(渠)。排水沟(渠)设在地面以下,做成暗沟(渠)的形式。

4.2　修建排水井

如果地下水位较高,为了除涝和防止发生浸没,降低地下水位,可以修建排水井进行排水。根据排水井排水方式的不同,排水井排水又可分为下列两种:

(1)自流排水井。当地下水位较高,高于地面高程,或地下水为承压水时,则地下水可通过排水井自流排出地面,再结合地面排水沟渠将地下水排入承泄区。

(2)非自流排水井。当地下水为非承压水,地下水位低于地表面时,则地下水不可能通过排水井自流排出地面,此时必须通过向井内抽水来降低地下水位。

4.3　修建抽水站

对于低洼地区的积水,容泄区内的水和通过防护区河沟中的水,无法自流排出防护区,则应选择适当地点修建抽水站,将水抽出防护区。

5　挖高填低

如果防护区为一坡地或地形起伏较大、高低不平的场地,此时可在坡地一侧地势较高处挖土将低处填高。或者采用水力冲填的方法,用水将高坡上的土冲成泥浆,然后用渠道或管道引到低处或低洼处,进行淤填,使防护区的地面高于河道洪水位,以保证防护区不致被洪水淹没。

6　整治河道

整治河道,提高局部河段的泄洪能力,使上下河段行洪顺畅,可以避免因下游河段行洪不畅,致使上游河段产生壅水,而对上游河段造成洪水威胁。因此,河道整治是河道防洪的重要措施之一。

7　小流域综合治理

在小流域内植树种草,封山育林,进行沟壑治理;在山沟上修筑谷坊、拦沙坝,拦截泥沙,保持水土,防止汛期暴雨时山洪暴发,引起山坡崩塌和坍塌,形成泥石流。

8　防止河道上形成冰坝和冰塞

在北方地区,河道在冬季常常封冻,春季解冻后则产生流冰,流冰受阻,极易产生冰坝和冰塞,堵塞河水,造成水位上涨,引起河岸漫溢,泛滥成灾。为了防止冰坝和冰塞引起水灾,应在形成冰坝和冰塞的河段,及时进行爆破,炸开冰坝和冰塞,使水流顺畅。爆破时应从下游向上游分段进行,以便使炸开的冰块和水流及时下排。

任务3 城市防洪非工程措施

通过法令、政策、经济和防洪工程以外的技术等手段,以减轻洪水灾害损失的措施,统称为防洪非工程措施。防洪非工程措施一般包括洪水预报、洪水警报、蓄滞洪区管理、河道清障、洪水保险、河道治理、超标准洪水防御措施、灾后救济等。中华人民共和国成立以来,我国建成投产的防洪非工程设施如下:

(1)防汛指挥调度通信系统。目前可供水利部门使用的微波通信干线有15 000 km,微波站500个。这个通信网以国家防汛抗旱总指挥办公室为中心,连接七大流域机构、21个重点省、市防汛指挥部,先后在长江的荆江分洪区和洞庭湖区,黄河的“三花”(三门峡至花园口)区间和北金堤滞洪区,淮河正阳关以上蓄滞洪区,永定河官厅山峡、永定河泛区、小清河分洪区等河段的地区,建成了融防汛信息收集传输、水情预报、调度决策为一体的通信系统。此外,在全国多处重点蓄滞洪区都建有通信报警系统和信息反馈系统等。

(2)水文站网和预报系统。1949年,全国仅有水文站148个、水位站203个、雨量站2个。经过多年的建设,目前有水文站2万余处。建成了黄河“三花”区间、长江荆江河段等20多处水文自动测报系统和150多座水库水文自动测报系统,共有遥测站点1 700多个。

(3)洪水预报和警报系统。在洪水到来之前,利用过去的资料和卫星、雷达、计算机遥测收集到的实时水文气象数据,进行综合处理,做出洪峰、洪量、洪水位、流速、洪水到达时间、洪水历时等洪水特征值的预报,及时提供给防汛指挥部门,必要时对洪泛区发出警报,组织居民撤离,以减少洪灾损失。

(4)洪水保险和灾后救济。依靠社会筹措资金、国家拨款或国际援助对灾民进行救济,凡是参加洪水保险的要定期缴纳保险费,在遭受江水灾害后按规定得到赔偿,以迅速恢复生产、保障正常生活。

(5)蓄滞洪区管理。通过政府颁布法令或条例,对蓄滞洪区土地开发、产业结构、工农业布局、人口等进行管理,为蓄滞洪区运用创造条件,制订撤离计划,就是事先建立救护组织、抢救设备,确定撤退路线、方式、次序以及安置等预案,并在蓄滞洪区内设立各类洪水标志。在紧急情况时,根据发布的洪水警报,将处于洪水威胁地区的人员的主要财产安全撤出。

(6)河道管理。根据有关法令、条例保障行洪通畅,依法对河道范围内修建建筑物、地面开挖、土石搬迁、土地利用等进行管理,对违反规定的,要按照“谁设障,谁清除”的原则处理。

在防御’98长江大洪水中,为减轻洪水威胁和分洪可能造成的损失,湖北、湖南两省组织荆江分洪区、洞庭湖蓄江垸及低洼地区近百万人,在洪峰到来之前有计划地进行了转移,这也是有效地减轻灾害损失的措施。

任务4　防洪发展趋势

20世纪以来，人类虽然兴建了大量的防洪设施，防洪标准有所提高，但是洪水灾害仍然是对人类的主要威胁。今后防洪的发展趋势如下。

1　防洪将更为重要

随着社会经济的不断发展，今后如再发生同样的淹没范围，其洪灾损失将越来越大。例如，日本在1960年洪泛区的财富密度每平方千米为200万美元，1965年为360万美元，1970年为660万美元；在1945年以前，年均损失为0.92亿美元，1945年以后，则增到3.39亿美元，为1945年前的3倍多。美国水资源理事会估计，近10多年来年平均洪灾损失为10亿美元，预计到2020年洪灾年平均损失将增加到50亿美元。因此，为了减少洪灾损失，今后对防洪必将更为重视。

2　防洪与水资源综合利用相结合

水资源的开发工作，已由单目标发展到多目标（见多目标水利规划），由单纯的经济考虑发展到经济、社会、环境等多方面研究，而防洪在世界上很多国家都是作为流域综合治理的一个重要组成部分，它与发电、灌溉、排水、供水、环境和生态改善等相结合，是今后的发展方向。

3　防洪非工程措施将更多为人重视

如洪水预报的预见期增长，预报精度提高，信息传递加速，防洪问题将能更有效地得到经济合理的突破。研究利用新技术、新设备提高洪水预报警报的水平，已成为一个重要而紧迫的课题。又如洪泛区管理，也是研究防洪非工程措施的重要途径。

4　城市防洪日益重要

世界上大多数城市都是沿江河、海岸修建的，人口和财富的不断集中，将导致在城市周围及上游地区采取大规模昂贵的防洪措施。

随着社会的发展，城市数量和规模越来越大，城市中积聚的人口和财富也越来越多。在我国的城市中，人口总数占全国总人口的10%，固定资产占全国的70%以上，工业总产值及上缴利税占80%以上，科技力量占90%以上。城市发展又往往离不开河流和湖泊。在我国现有的450座大中城市中，300多座都有防洪任务，其中与大江大河有密切关系的重要城市有25座。因此，城市的防洪安全是至关重要的。在这300多座城市中，80%的防洪标准低于50年一遇，65%的防洪标准低于20年一遇，一般县城的防洪标准更低。

城市防洪除了和外部江河以及上游水库和蓄滞洪区的密切关系外，也有其自身的特点。首先，城市中房屋密集，道路硬化，改变了洪水汇流规律。城市化的结果也造成了“热岛效应”，气温上升，增加了暴雨出现的概率和强度；其次，在城市建设中，为了发展公路交通，往往把原来河沟堵塞，排洪断面缩小，加上早期修建的桥涵孔径较小，造成排洪的困难。

城市防洪标准的制定,除应和江河总体防洪规划统一考虑外,同时还要把防洪纳入城市的总体规划。

任务5 本课程主要内容

探索城市雨洪研究方法,分析城市化对降雨、雨洪径流的影响机制,介绍城市设计暴雨和设计洪水的计算方法。

介绍城市的防洪工程设施,包括分洪工程、排水工程、防护工程等内容。利用水库防洪与库区防护,包括利用水库、水库群进行防洪调度,利用水文预报进行水库调度等内容。

对城市河道进行整治,包括弯曲型河道的演变与整治、游荡型河道的演变与整治、河道清理、河滩整治、河岸防护及城市河道景观化和多功能化建设等内容。

城市防洪排涝规划方案制订,包括城市防洪排涝标准、城市防洪排涝规划、建设与管理等内容。

介绍城市防洪应急响应方面的内容,主要包括:

(1)建设和培训防洪抢险队伍。①专业防洪抢险队伍由国家、省、市防汛指挥部临时指派的专家组与各基层河道管理单位的工程技术人员及技术工人组成,是防洪抢险的技术骨干力量,应逐步建立具有较高抢险技术水平、先进的抢险机械装备、较强的全天候和全路况下的快速开进能力的快速、灵活、高效的抗洪抢险队伍;②群众防洪抢险队伍是江河防洪抢险的基础力量,以青壮年劳力为主,吸收有防洪抢险经验的人员参加,组成不同类别(常备队、预备队)的防洪抢险队伍;③解放军和武警部队是防汛抢险的主力军和突击力量。

(2)介绍防洪抢险技术,包括防汛抢险的前期工作、巡堤查险方法、各种险情的成因、发展及抢险措施。

(3)其他应急响应,包括群众疏散、灾情评估、灾后救济、洪水保险等内容。

介绍城市防洪管理方面的内容,主要包括:

(1)健全城市防洪机构,明确防洪职责。

(2)城市防洪数字化管理,包括国内外城市雨水径流模拟模型、城市防洪系统(决策系统、支持系统)及其构成等内容。

(3)制订城市防洪预案,结合目前城区防汛的实际情况,拟订防洪预案,使防洪排涝工作主动、有序地进行。

(4)城市雨洪管理与利用,包括政策法规、水情测报与洪水预报、城市雨洪利用等内容。

城市防洪包含内容广,涉及科学领域范围大,与水力学、水文学、水泵站、施工与建材、气象学、水工建筑物、排水工程、生物技术等众多学科有密切联系,是多学科在城市防洪领域的综合应用。城市防洪体系的构建随着我国经济发展与科技进步必然会更加完善、更趋合理,城市防洪在我国防洪减灾中会更加重要,完善的城市防洪体系在应对未来洪水中所产生的作用将会愈加明显。

小　结

城市地区防洪和排水是一个较为突出的问题，它主要包括如下三个方面：第一，城市本身暴雨引起的洪水；第二，城市上游洪水对城区的威胁；第三，城市本身洪水下泄造成的下游地区洪水问题。

城市防洪工程措施主要有：利用水库调蓄洪水，削减洪峰；修筑防护堤；进行分洪；修建排水工程；挖高填低；整治河道；小流域综合治理；防止河道上形成冰坝和冰塞。

城市防洪非工程措施主要有：防汛指挥调度通信系统、水文站网和预报系统、洪水预报和警报系统、洪水保险和灾后救济、蓄滞洪区管理、河道管理等。

防洪发展趋势：防洪工作越来越重要；防洪应与水资源综合利用相结合；防洪非工程措施将更多为人重视；城市防洪日益重要。

复习思考题

1. 城市发展面临的洪水主要来自哪几方面？
2. 我国防洪工作的发展趋势是怎样的？
3. 简述城市防洪的工程措施。
4. 简述城市防洪的非工程措施。

学习项目2　城市暴雨与洪水

【学习指导】

目标:1. 了解城市洪水和城市内涝以及城市雨洪径流模型的研究;

2. 掌握城市化对降雨和雨洪径流的影响;

3. 掌握城市设计暴雨和设计洪水计算的简便方法。

重点:掌握城市设计暴雨和设计洪水的计算,特别是暴雨公式、推理公式和经验公式的应用。

任务1　城市雨洪研究方法

1　城市洪水

洪水,一般是指江河流量剧增,水(潮)位猛涨,并带有一定危险性的自然现象。洪水可分为本地洪水和客流洪水,前者是指当地由于暴雨造成的洪水,后者是指江河从上游输送至当地的洪水。

城市人口密集,财富集中,是一个国家或地区的经济文化或政治中心,世界上的著名城市多临江、河、湖、海,因而常受到洪水威胁,甚至遭受洪水灾害。城市虽然是在流域内的一个点,范围小,但涉及面广,由于城市所在具体位置不同,遭遇洪水或海水的危害也不同:①沿河流兴建的城市,主要受河流洪水如暴雨洪水、融雪洪水、冰凌洪水以及溃坝洪水的威胁;②处于地势低平有围堤防护的城市,除河、潮洪水外,还有市区暴雨洪水与洪涝的影响;③位居海滨或河口的城市,有潮汐、风暴潮、地震海啸、河口洪水等产生的水位暴涨问题;④依山傍水的城市,除河流洪水外,还有山洪、山体塌滑或泥石流等潜在危害。

城市内涝是指由于强降水或连续性降水超过城市排水能力致使城市内产生积水灾害的现象。近年来,我国多个大中城市频繁遭遇内涝灾害袭击,造成了惨重的人员伤亡和财产损失。随着城市化的发展,城市洪水和城市内涝现象在不断地加剧。

根据住房和城乡建设部2010年对国内351个城市排涝能力的专项调研显示,2008～2010年间,有62%的城市发生过不同程度的内涝,其中内涝灾害超过3次以上的城市有137个;在发生过内涝的城市中,有57个城市的最大积水时间超过12 h。

2　城市化的水文效应

人口向城市地区集中致使城市不断扩张的过程称为“城市化”。城市化的发展直接或间接地改变着水环境,从水文学的观点,表现为三个城市水文问题,即城市水资源短缺、城市水资源污染和城市雨洪灾害问题。具体来说,城市化地区径流过程的变化,是由于两项基本因素造成的。第一,城市化流域内不透水面积(如屋顶、停车场、街道、人行道等)

的增加,导致这些面积内的下渗量基本为零,洼地蓄量也大为减小。使得整个流域内洪量、洪峰增大,径流系数提高。第二,在城市化流域,为使市区免遭淹泡,往往设置边沟、雨水管网和排水沟,同时,对天然河道整治疏浚,并裁弯取直,这些措施增加了汇流的水力效率,加快了汇流速度,增大了洪水总量,使洪峰增高和峰现时间提前,加剧了洪水的威胁。

城市化带来的这些影响往往是相当大的,并且对城市防洪和水质保护都是不利的。例如,城市雨洪径流的增加、流速的加快及水位的提高,常会冲毁道路、桥梁,导致市内低洼地区的淹泡和交通运输及邮电通信的中断,由此而造成的经济和社会损失很大,污水中挟带的大量难以降解的污染物质逐年积存下来,使水环境日趋恶化,并对城市居民的健康构成威胁。

为解决以上城市化引起的诸多问题,就必须首先了解城市化前后产流、汇流机制的变化,并给以定性定量描述,从而提出合理的防治措施。因此,必须采用合理的计算方法,以满足城市地区防洪和环保的要求。

3 常用城市雨洪计算方法

3.1 推理公式法

在城市雨水径流计算方法中,推理公式(合理化)法是世界上应用最广泛的方法,它本质上是推求洪峰流量的方法。其基本形式为:

$$Q_m = \varphi i F \tag{2-1}$$

式中 Q_m——最大洪峰流量,m^3/s;

φ——洪峰径流系数;

F——流域面积,km^2;

i——平均降雨强度,mm/h。

设计雨强 i 可由暴雨公式计算,如我国天津市的暴雨公式为:

$$i = \frac{3\ 833.34(1 + 0.85\lg p)}{(t + 17)^{0.85}} \tag{2-2}$$

式中 p——设计重现期;

t——降雨历时。

由式(2-1)可知,推理方法的基本原理是在稳定降雨强度下,当汇水面积最大、最远点的雨水流到设计断面时,将出现最大流量 Q_m。或者说,当降雨历时等于集水时间(就是汇水面积上最远点的水流到设计断面的时间)时,会出现最大流量。

由于推理公式法比较简单,所需资料不多,而且对于较小的城市流域,往往是能满足精度要求的,因而一直是雨水径流计算的主要方法,但也存在很多问题:

(1)仅采用径流系数描述流域产流状况,不能与产流的空间和时间分布相符,未能反映雨强和雨量的影响过程,方法过于粗糙。

(2)地面汇流时间取值任意性较大,这往往是造成洪峰误差的主要原因。

(3)无法得出合乎实际的径流过程线。

3.2 单位线法

单位线法包括经验单位线和瞬时单位线法。它的主要问题在于:

(1)单位线法是个"黑箱"模型,并不联系流域上实际的水力状态,使用时必须有水文实测资料。要处理汇流非线性变化及降雨面上不均匀,都不能通过成因分析的途径解决。

(2)若想在无资料地区使用,必须有相当数量的资料综合成经验公式。但目前我国城市管网的实测径流资料很少,难以综合。因而,该法在城市流域的应用具有较大的局限性。

3.3　等流时线法

等流时线法根据出流量是由流域上的降雨形成的概念,把汇流过程与流域形态相联系,并可处理降雨空间分布的不均匀性,做法是对各块等流时面积按实际的净雨计算。而且等流时线法中的参数可根据流域状况直接估算,不一定需要实测径流资料。但由于等流时线实际上并不存在,尤其对城市地面汇流来说,由于各子区域形状复杂,局部分水岭很多,流域汇流速度在一定次洪水过程中随坡地、河网的特性而变,因此等流时面积实际上是很难划分的,从而使该法在城区的应用受到很大限制。

由以上研究分析可以看出,常见的几种城市雨洪计算方法基本上是集总型的"黑箱"模型,用以计算出口断面的洪峰或流量过程。这些方法一般适用于具有以下特性的简单城市排水系统:①流域面积在2~3 km^2以下;②具有树枝状管网系统;③具有简单的出水口。随着城市化水平的不断提高,下垫面条件的日趋复杂,城市防洪和水环境保护的问题更加突出。城市地区空间和时间的尺度都较小,要求城市水文研究更精细,且须考虑过程中所涉及的各项影响要素及其相互之间的作用。而且,城市化的过程是一个不断发展的过程,水及其环境都处在动态变化中,分析城市地区的径流量、水质及雨洪过程都需要考虑这种动态性。因而,城市水文学的研究应能够分析大型城市化地区的产、汇流特性,具有模拟有压流、回水、超载、倒流等复杂的水力现象及环状管网系统的能力,以便为城市下水道和各种水工建筑物的布置、设计、安装提供依据,这就迫切需要一种更为先进和完善的手段。因此,美、英、法、德等发达国家从20世纪60年代起,开始研制城市雨洪模型,以满足城市排水、防洪、环境治理、交通运输、工程管理等多方面的要求,并且取得较大的进展。他们在20世纪70年代初提出了几种通用的雨洪模型,并在其后的实际应用与深入研究中得到完善。目前,城市雨洪模型已是发达国家城市规划设计中必不可少的重要的分析和计算工具。

任务2　城市化对降雨和雨洪径流的影响

1　城市化对降雨的影响

城市化对降水量的影响,不仅是城市水文学,而且也是城市气候学中的一个重要课题。在城乡降水观测资料的基础上,可通过对比分析的方法,研究城市化对城区降雨的影响。

1.1　城市化对降雨的影响分析

1.1.1　城市化前后对比

特拉维夫市附近有8个能长期观测记录的气象站。因该市位于地中海气候区,每年从11月开始降水。11月降水量占全年降水总量的12%。1901～1930年特拉维夫尚未城市化,而1931～1960年其城市化发展速度很快。单就11月降水量而论,后30年比前30年增加了16%。各站的年降水量,近30年来增加了5%～17%。

帕露波对意大利那布勒斯城的降水历史资料进行分析时指出,在1886～1945年这一长时期中,那布勒斯的降水量没有明显的变化,但是近30年,即1946～1975年,随着那布勒斯城市化的发展,降水量比前一时期增加了17%左右。

1.1.2 同时期城市与郊区的平行对比

莫斯科、慕尼黑和美国的芝加哥、厄巴拉及圣路易斯等城市的降水量都比其附近郊区多。其年平均降水量的城乡差别如表2-1所示。

表2-1 一些城市年平均降水量的城乡差别

地名	记录年数	降水量(mm)			文献来源
		城市	郊区	城郊差别(%)	
莫斯科	17	605	539	+11	Bogolopow,1928
慕尼黑	30	906	843	+8	Krater,1956
芝加哥	12	871	812	+7	Changnon,1961
厄巴拉	30	948	873	+9	Changnon,1962
圣路易斯	22	876	833	+5	Changnon,1969

德国的不来梅市市中心与相距1.5 km的港区相比,15年平均年降水量相差+16%,莫斯科市1910～1962年与郊区库兹巴斯站相比相差+11%。1984～1988年,上海市水文总站在上海老市区(不含宝山、闵行区)149 km^{2}内设置的13个雨量点和原有分布在郊县的55个雨量站进行平行观测,研究城市化对上海市区降雨影响的程度和范围。其研究结论是:市区降雨量大于近郊雨量,平均增雨为6%;降水时空分布趋势明显,降水以市区为中心向外依次减小。

引起城市降水量变化除有城市化因素外,还有地形和区域气候的变化因素。因此,对历史资料做对比时,必须滤去区域气候变化这一因素的影响。就同一地点城市化前后雨量进行对比,必须消除大气环流变化所造成的平枯水年降水的年际变化。利用同一时期城市与其附近郊区降水资料的对比,则须消除地形影响,而且须有较长时期的记录,才能避免随机偏差。研究城市化对降雨影响时最好是把历史资料的前后对比和同期城乡资料平行对比结合起来。设法从前后对比所得出的降水量差额中,区分和消除不同时期区域气候特征自然变化对雨量的影响;从平行对比中,区分和消除城乡测站两地地理位置和局地地形的影响。

1.2 城市化影响降水的机制

城市规模的不断扩大,在一定程度上改变了城市地区的局部气候条件,又进一步影响到城市的降水条件。在城市建设过程中,地表的改变使其上的辐射平衡发生了变化,空气动力糙率的改变影响了空气的运动。工业和民用供热、制冷以及机动车量增加了大气中的热量,而且燃烧把水汽连同各种各样的化学物质送入大气层中。建筑物能够引起机械湍流,城市作为热源也导致热湍流。因此,城市建筑对空气运动能产生相当大的影响。一般来说,强风在市区减弱而微风可得到加强,城市与其郊区相比很少有无风的时候。而城市上空形成的凝结核、热湍流以及机械湍流可以影响当地的云量和降雨量。城市化影响降水形成过程的物理机制有以下几种。

1.2.1　城市热岛效应

城市空气中二氧化碳等气体和微粒含量要比乡村高得多,必然会减弱空气的透明度、减少日照时数和降低太阳辐射强度。但是,城市空气中的二氧化碳和烟雾会在夜间阻碍并吸收地面长波辐射,加上城市的特殊下垫面具有较高的热传导率和热容量,又有大量的人工热源,其结果使得城市的气温明显高于附近郊区。这种温度的异常被称作城市热岛效应。

城市热岛形成的主要原因有以下几个方面:

(1)城市中由于下垫面特殊,如高大建筑群、砖石、水泥、柏油铺筑的路面,因其反射率小,能吸收较多的太阳辐射。再加上墙壁和墙壁间、墙壁与地面之间多次的反射和吸收,在其他条件相同的情况下,能够比郊区获得更多的太阳辐射能,为城市热岛的形成奠定了能量基础。

(2)城市下垫面的建筑物和构筑物的材料比郊区自然下垫面的热容量 C 大,导热率 K 高。因而,白天城市下垫面吸收的辐射能,即储存在下垫面中的热量 Q,也比郊区多。使得日落后城市下垫面降温速度比郊区慢,并使城市热岛强度夜晚大于白昼。

(3)城市因下垫面储热量多,夜晚下垫面温度比郊区高,通过长波辐射提供给空气的热量比郊区多。这就使得城市夜晚气温比郊区高,地面不易冷却。

(4)城市下垫面有参差不齐的建筑物,在城市覆盖层内部街道“峡谷”中天穹可见度小,大大减小了地面长波辐射热的损失。

(5)城市中有较多人为的热能进入大气,在冬季对中高纬度的城市影响很大,故许多城市的热岛强度冷季比暖季大。

(6)城市中因不透水面积大,降水之后雨水很快从人工排水管道流失,地面蒸发量小,再加上植被面积比郊区农村小,蒸发量小,城市下垫面消耗于蒸散发的热量远较郊区为小。而通过湍流输送给空气的湿热却比郊区大,这对城市空气增温起着相当重要的作用。

(7)城市建筑物密度大,通风不良,不利于热量向外扩散。

1.2.2　城市阻碍效应

城市因有高低不一的建筑物,其粗糙度比附近郊区平原大。这不仅引起湍流,而且对稳动滞缓的降水系统(静止锋、静止切变、缓进冷锋等)有阻碍效应,使其移动速度减慢,在城区滞留的时间加长,因而导致城区的降水强度增大,降水时间延长。

1977年,鲁斯和伯恩斯坦观测到纽约上空由于城市阻碍效应使锋面移动速度减慢,而导致了城区降水时间增长。他们还发现当有较强的城市热岛情况时,在迎风面的半个城区锋面被阻滞减速,而在下风面的另半个城区,则出现锋面移动加速的现象,风速可达上风面的一倍。这显然对降水量的地区分布有很大的影响。

1.2.3　城市凝结核效应

城市空气中的凝结核比郊区多，这是众所周知的。米(Mee)曾就北大西洋波多黎各岛附近大洋表面洁净空气层对流云底部的空气进行取样分析，发现其凝结核数目为50粒/cm^3。在未受污染的郊区空气中凝结核为200粒/cm^3，而在该岛北岸的圣胡安城区下风侧空气中凝结核数目剧增至1 000～1 500粒/cm^3。不少研究者还发现，城市工业区是冰核的良好源地。

这些凝结核和冰核对降水的形成起什么作用，是一个有争议的问题。从冷云、降水的机制来讲，城市有一定数量的冰核排放到空气中，促使过冷云滴中的水分转移凝华到冰核上，冰粒逐渐增大，可以促进降水的形成。但在暖云中，降水的形成主要依靠小云滴的碰撞作用，使大云滴逐渐增大，直至以降水形式降落。如果城市中排放的微小凝结核甚多，这些微小凝结核善于吸收水汽形成大小均匀的云滴。那么按照有些研究者的意见，这些凝结核反而不利于降水的形成。

城市化影响降水的机制，以城市热岛和城市阻碍效应为最重要。至于城市空气中凝结核丰富对降水的影响，一般认为有促进降水增多的作用。城市降水量增多，很可能是这三者共同作用的结果。

如上所述，根据现有资料分析，城市地区降水量比其他地区将会有所增加，一般平均为10%左右。当然，考虑到随着烟尘的治理，绿地面积扩大，城市化增加降雨的热岛效应和凝结核因素将会受到抑制，降水增量将会有所减少。此外城市化使降水量增加的地区范围并不大，不可能造成广大地区的降水量增加。从一个地区来分析，可以看出城市对地区降水量再分配的作用，而且这种作用要明显大于提高地区降水总量的作用。

2　城市化对雨洪径流的影响

2.1　城市化对径流形成的影响

当土地开发为城市用地时，这个地区便从自然状态转化为完全人工状态，使流域中的不透水面积增加、汇流速度加大且蓄水能力减弱。当建筑物覆盖面积达到100%时，地表的天然植被和下渗接近于零。

图2-1是两个极端的例子：一个是自然流域，另一个是完全城市化流域。在自然流域内，部分降水被植被拦截，而其余部分经填洼、下渗，在植被和土壤含水量达到饱和时，超渗雨就形成地表径流，壤中流也就开始流动。由于壤中流比地表径流慢，所以壤中流汇入河道的时间较长。

在城市化流域内，因填洼和下渗几乎减少到零。相对来说，地表径流产生得较快，降到城市流域的雨水很快填满洼地而后形成地表径流。所有超渗水增大了河流流量。

很多研究者用实验室模拟的方法，证实了不透水面积对洪水过程线有显著的影响。伯兹和克宁曼做过试验研究，试验了透水面积为0、50%及100%在相同降雨强度情况下流量过程线的变化。其结果表明，随着透水面积的减少，涨洪段变陡，洪峰滞时缩短，退水段历时亦有所减短。

研究了有关城市地区洪水流量后可得出，在城市化进程中的地区，其单位线的变化为：城市化后单位线的洪峰流量约等于城市化前的3倍，涨洪历时缩短1/3；暴雨径流的

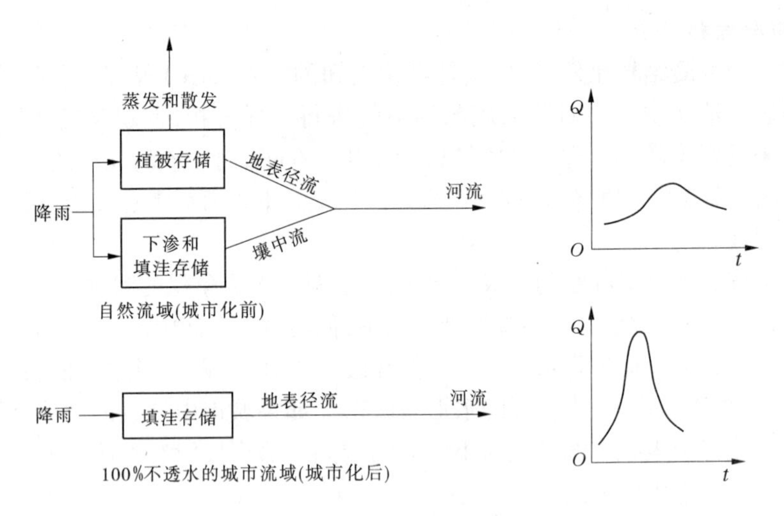

图 2-1　自然流域与城市化流域比较图

洪峰流量预期可达未开发流域的 2 ~ 4 倍,取决于河道整治情况、不透水面积的大小、河道植被以及排水设施等。

大多数城市排水设施采用下水道。安德森在研究了美国弗吉尼亚州北部地区之后指出排水系统的改善,滞水可减少到天然河道的 1/8,由于滞时的缩短,以及因不透水面积而增加径流量,使洪峰流量增大为原来的 2 ~ 8 倍。

2.2　城市化对径流水量平衡的影响

城市化对降雨情势的影响是强烈的。现代化工业城市和它的下风侧,年总降雨量一般比非城市地区天然总降雨量偏高 5% ~ 10%,有时这种差别可能达到 30%。大城市对降雨影响主要是降雨量的再分配。在一些地区出现增大降雨量的同时,而在另一些地区减小,可谓此盈彼亏。

在城市化条件下,蒸发的变化相当复杂。由于较大的受热量和蒸发表面积造成了城市蒸发能力提高(高 5% ~ 20%)。另一方面,由于汇流迅速,城区可供蒸发的水量较少。

城市地区的年径流比同一地区天然条件下的年径流要大。如果水循环不包括从外流域引进的水量,那么现代化工业发达的大城市,年径流量增加 10% ~ 15%,可表示为:

$$\Delta R = \Delta R_1 + \Delta R_2 \tag{2-3}$$

式中　ΔR_1——城市区降雨的增加引起的径流增量,通常可达 10%;

ΔR_2——径流系数的增加引起的径流增量,是决定河道情势的主要因素,在春汛可达 5%。

一般来说,在年径流量和水流情势主要取决于降水量的地区,城市地区的年径流可能是天然流域的 2 ~ 2.5 倍。如果城市供水系统包括深层地下水或从外流域引进的水,那么年径流的额外增量等于引入量减去引水和用水系统的损失量。但是,由于通过下水道排水可能将部分水量输送到流域以外或直接排入大海,从而也可能造成城市径流量的减小。

2.3　城市化对洪水的影响

洪水对城市化程度很敏感。图 2-2(a)所示的是位于英国东南部面积为 47 km²(包括 Grawley 新城部分)Hazelwick Roundabout 流域 Granters Brook 站的年最大洪峰流量。

图 2-2(b)表示在相应资料记录年限内,随着城市化的发展,其不透水面积的增长情况,最大的一些年洪峰比较明显地集中在记录时段后半段,即当不透水面积所占比例超过 20% 以后。

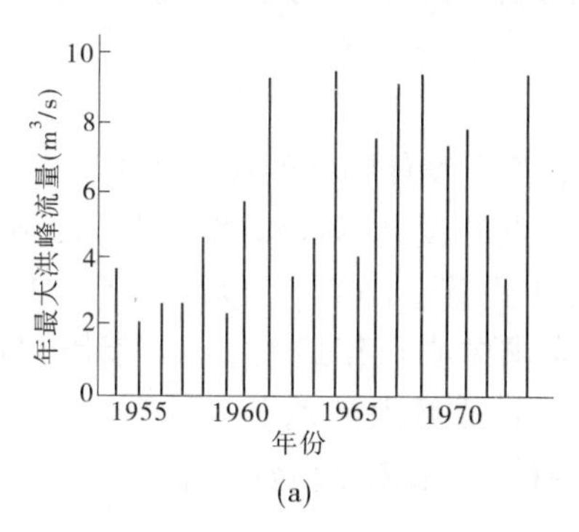

(a)

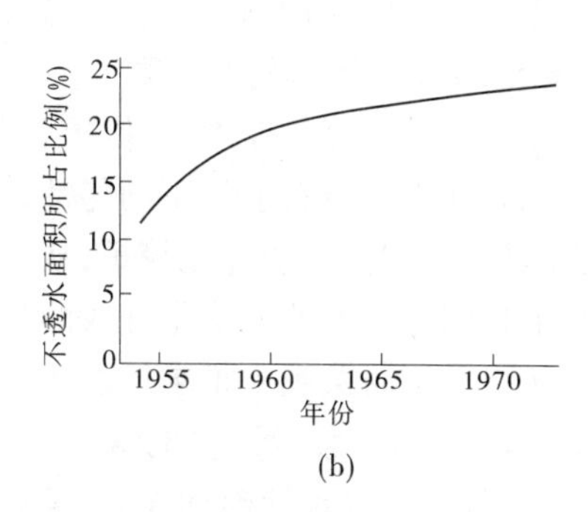

(b)

图 2-2　Granters Brook 站的年最大洪峰流量和不透水面积

拉扎诺分析了华盛顿市附近的 Anacostia 河(73.8 km^2)的 32 年洪峰年极值系列,分别绘制了城市化前的 16 年系列和全部 32 年系列的频率曲线,两者有一定的差异。为了确证这部分差异的原因是城市化的作用,他又对邻近 Patuxent 河 26 年资料系列作了分析。

任务 3　城市设计暴雨和设计洪水计算

1　城市设计暴雨

设计暴雨是决定排水设计或与水有关的其他系统设计的主要依据。一般包含下列各种要素:频率(重现期)、雨量与历时的对应关系,以及设计暴雨在时间上和空间上的分配过程。设计暴雨通常是根据历史资料分析雨深—历时—频率关系得到的。适用于城市雨洪排水系统的设计暴雨,其设计频率或重现期的选定,在原则上可以根据工程的造价和运行的费用,以及由于雨洪超标准造成工程破坏而引起的洪水泛滥、交通中断等损失金额,权衡两者得失来优选出经济上最合理的设计频率。不过目前国内外多数水利或城建部门是综合考虑当地经济能力和公众对洪灾的承受能力后选定的,一般并不进行详尽的经济比较,可直接查有关规范确定。

城市雨洪排水系统主要由一系列口径不同的管路构成,各条管路设计洪峰流量是控制工程设计的重要参变量,设计洪水总量和洪水过程线形状一般作用较小。因此,城市设计暴雨必须能适用于推求排水管网各个节点处设计洪峰流量的要求。由流域汇流面积曲线概念,可以知道参与形成洪峰的暴雨核心部分,即“成峰暴雨”,其历时为汇流时间,即自管路排水面积最远点流达管路入口处的时间。各节点处负担的排水面积不同,其成峰暴雨历时也长短不同,为适应设计计算的需要,就必须计算相应各种历时的设计暴雨量。

城市设计暴雨一般不考虑雨量在空间分布的不均匀性。主要原因是城市排水管网所负担的地面排水区面积不大,可以忽略点雨量与排水区面平均雨量的差别,以点带面,即用排水区中心点的设计雨量代替排水区平均设计雨量。

目前国内外城市水文部门在暴雨频率分析时,是以日历年划分为基本事件,选取逐年的降雨量过程中最大的时段雨量作为样本进行统计的。显然这种选样方法有一定的缺点,它只考虑年内最大的时段雨量,忽略其他各次暴雨对频率分析的作用。年极值选样方法的主要优点是简便易行,而且成果一致,不受主观因素影响。

1.1　年最大 24 h 设计暴雨的计算

城市设计暴雨计算的要求,是推求各节点处符合设计频率的成峰暴雨。在计算时,一般不考虑暴雨在空间分布上的不均匀性,以中心点的设计暴雨量代替设计面雨量。城市排水区成峰暴雨历时,一般都比较短,从几十分钟到若干小时,一般都小于 1 d,不过各个排水区并不相同。目前的方法是分成两步走:先求中心点年最大 24 h 设计雨量 $X_{24,P}$,再由雨量—频率—历时关系来推求任意历时 t 的设计成峰雨量 $X_{t,P}$。

推求年最大 24 h 设计雨量的常用方法有两种,可根据当地资料条件而定。

1.1.1　由年最大一日设计雨量 $X_{(1),P}$ 间接推求

若排水区中心附近具有足够长的人工观测资料系列,可以求得符合设计标准 P 的年最大一日设计雨量 $X_{(1),P}$。由于人工观读雨量是固定以 8:00 为日分界,因此年最大一日雨量不大于年最大 24 h 雨量,即 $X_{(1)} = X_{24}$。

可按式(2-4)计算年最大 24 h 设计雨量 $X_{24,P}$:

$$X_{24,P} = \alpha X_{(1),P} \tag{2-4}$$

式中　α——年最大 24 h 雨量与年最大一日雨量的比值,由各地分析所得 α 值变化不大,一般都在 1.1 ~ 1.2 之间,常取 $\alpha = 1.1$。

1.1.2　由等值线图直接查用

如果当地无资料,可查用《地区水文手册》或《雨洪图集》年最大 24 h 雨量统计参数 $\overline{X}_{24}$,C_v 等值线图。

我国各省(直辖市、自治区)的水文部门已绘制了上述暴雨参数的等值线图。根据工程所在地点的地理位置,可从图上求得当地年最大 24 h 雨量均值和离差系数,偏态系数一般取(3 ~4)C_v。根据皮尔逊Ⅲ型曲线表,通过查算可以得出中心点年最大 24 h 设计雨量 $X_{24,P}$。

1.2　雨量—频率—历时关系的分析和应用

为了适应不同的成峰暴雨历时,需要分析确定当地的雨量—频率—历时关系。并可以由年最大 24 h 设计雨量做历时变换,求得相应排水后成峰暴雨历时的设计雨量。分析雨量—频率—历时关系时,先对具有充分资料系列的测站做分析,得出各单站的关系,再做地区综合,分区确定其雨量—频率—历时关系。此关系有两种表达方式:一是用曲线图形,二是用经验公式。现分别说明如下。

1.2.1　雨量—频率—历时曲线

对本地区内少数具有长期自记雨量记录系列的测站,将其资料分别做单站分析。其步骤如下:

(1)从实测短历时暴雨资料中,摘录出每年各种时段的最大雨量,统计时段一般常用 10 min、30 min、60 min、80 min、360 min、720 min、1 440 min。必须要注意基本资料的精度和系列的代表性。

(2)对每个时段的逐年暴雨量进行频率计算。频率计算方法可采用适线法,通过适线确定出各时段雨量的三个统计参数。查阅有关水文计算手册。

(3)绘制各时段的暴雨量频率曲线(可绘在同一张概率格纸上),并综合比较各种历时暴雨量的频率曲线。对突出的曲线进行适当的调整,使不同历时暴雨资料的频率曲线成一组不相交的频率曲线。当短历时暴雨的频率曲线受特大值影响而适线较为困难时,可分区将相同历时各站暴雨资料的频率曲线综合在一起进行比较,然后,根据地区平均曲线变化的规律,调整所选站的频率曲线。

(4)在不同历时暴雨量频率曲线上,读出不同频率的设计暴雨量,再以同一频率 P 的雨量 X_P 为纵坐标,降雨历时 t 为横坐标,在均匀格纸或对数纸上绘制出雨量—频率—历时关系曲线,如图 2-3 所示。

1.2.2 雨量—频率—历时关系曲线的地区综合

为了便于地区综合,一般将单站雨量—频率—历时曲线变换成雨量百分率—历时曲线,消除频率因素,使各单站不同频率的雨量—历时曲线合并成单一线。绘制雨量历时百分率曲线,就是变换原雨量—频率—历时曲线的纵坐标,将原纵标 t 时段的雨量 $X_{t,P}$ 变为与同一频率的最大 24 h 雨量 $X_{24,P}$ 的相对百分数 $X_{t,P}/X_{24,P}$,横坐标不变仍为历时 t 在均匀格纸上绘图,即可绘出雨量百分率历时曲线,见图 2-4。可以发现不同频率 P 的雨量百分率历时曲线基本上密集在一起,因此可以消除频率因素 P,且各站还可通过点群中心绘成单一的雨量百分率—历时关系曲线。

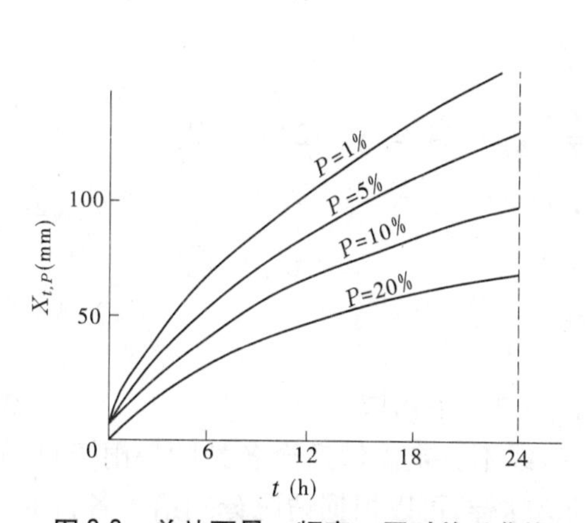

图 2-3 单站雨量—频率—历时关系曲线

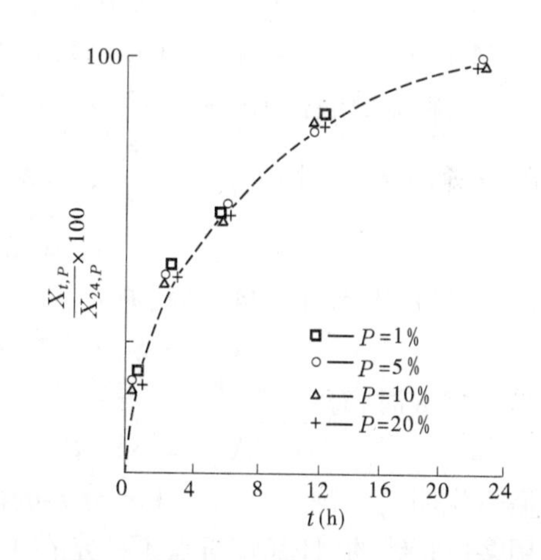

图 2-4 雨量—频率—历时关系曲线示意图

再将本地区各站的曲线绘在同一张图上,定出一条平均线作为地区综合的雨量—历时百分率曲线。应用时,只需根据设计最大 24 h 雨量,在地区综合雨量百分率历时图上查指定历时相应的百分率,然后换算为设计暴雨量,即 $X_{t,P}=\frac{X_t}{X_{24}}\cdot X_{24,P}$,应用十分简便。

1.3 暴雨公式的形式与参数的确定

1.3.1 水利部门的暴雨公式形式

(1)我国水利部门习惯采用的暴雨公式形式为:

$$\overline{i}_{tP} = \frac{S_P}{t^n} \tag{2-5}$$

当需要计算时段设计雨量 $X_{t,P}$ 时,计算式如下:

$$X_{t,P} = S_P \cdot t^{1-n} \tag{2-6}$$

式中 $\overline{i}_{tP}$ ——历时为 t 的设计最大平均暴雨强度,mm/h;

$X_{t,P}$ ——历时为 t 的设计雨量,mm;

S_P ——单位历时的暴雨平均强度或称雨力,表示 $t=1$ h 的最大暴雨平均强度,mm/h;

n ——暴雨衰减指数,一般为0.5~0.7;

t ——历时。

通过上述公式,可将雨量—频率—历时曲线换算为平均雨强—频率—历时曲线,绘在普通方格纸上就呈现为幂函数曲线的形状,见图2-5。由于反映暴雨递减速度的参数 n 并非常数,而是随历时增长而减小。因此,曲线绘在双对数纸上是一条变斜率的折线。可以通过分段图解确定公式中的暴雨衰减指数 n。我国的暴雨资料分析,一般将 n 分成两段。$t\leqslant1$ h,$n=n_1$;1 h $<t\leqslant24$ h,$n=n_2$。利用暴雨公式可以由24 h雨量 $X_{24,P}$ 换算成任意时段雨量,以解决无资料流域的移用问题。换算公式如下:

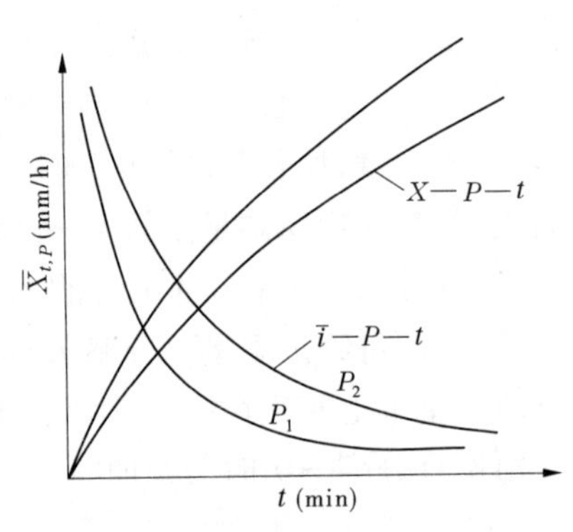

图2-5 平均雨强—频率—历时曲线

因为当 $t=24$ h 时,$\overline{i}_{24,P} = \frac{S_P}{24^{n_2}}$,即 $X_{24,P} = \overline{i}_{24,P} \cdot 24 = S_P \cdot 24^{1-n_2}$,则

$$S_P = X_{24,P} \cdot 24^{n_2-1} \tag{2-7}$$

由此可得,当 $t=1\sim24$ h 时,有:

$$X_{t,P} = S_P \cdot t^{1-n_2} = X_{24,P} \cdot 24^{n_2-1} \cdot t^{1-n_2} \tag{2-8}$$

当 $t\leqslant1$ h 时,有:

$$X_{t,P} = S_P \cdot t^{1-n_1} = X_{24,P} \cdot 24^{n_2-1} \cdot t^{1-n_1} \tag{2-9}$$

但需说明,在有些地区,用1 h分界的两段折线不一定能够适合各站的暴雨资料,故有采用多段折线的,且其转折点不一定在1 h处。这样,可以根据情况分别给出各自的长短历时雨量折算公式。

(2)暴雨公式参数的确定。

暴雨公式 $\overline{i}_{tP} = \frac{S_P}{t^n}$ 的结构简单,只有两个待定参数 S_P 和 n,一般根据图解分析法确定。现简要说明如下:

将公式 $\overline{i}_{tP} = \frac{S_P}{t^n}$ 两边取对数得:

$$\lg \overline{i}_{tP} = \lg S_P - \lg t$$

以上公式为直线公式，显然，在双对数纸上 S_P 为此直线的截距，当 t 以小时计时，S_P 即相当于 $t=1$ h 的暴雨强度，在图上表示为 $t=1$ h 的纵坐标读数。而参数 n 是直线 $\lg \overline{i}_{tP} \sim \lg t$ 的斜率。

（3）参数 n 的地区综合。

暴雨参数 n 是反映地区暴雨强度集中程度的特性参数，随气候、地形条件不同在地区变化上有一定规律。例如：沿海各地的 n 值要小于内陆地区；平原地区多阵雨，暴雨历时相对较短，n 值较山区要大些。迎风坡山区，因天气系统受地形阻挡的影响，暴雨历时相对较长，n 值较平原地区要小些。如 n 值变化较大，结合地区气候条件分析，发现在地区上有一定变化规律时，可在地形图上勾绘参数的等值线图。当参数 n_1、n_2 值在地区上差别不大，变化又无规律时，可取各站平均值，作为地区代表参数。

在各省（市、区）的水文手册内，都给出了暴雨参数的等值线图或分区的暴雨参数值，应用时，设计流域只需根据当地符合设计频率的年最大一日雨量 $X_{(1),P}$，代入由分区参数得出的暴雨公式，即可算出任何历时的设计雨量 $X_{t,P}$。

1.3.2　城建部门常用的暴雨公式

城建部门常用的暴雨公式形式为：

$$i = \frac{A(1 + C\lg T)}{(t + B)^n} \tag{2-10}$$

式中　T——重现期，年；

i——重现期为 T 年的 t 时段内平均降水强度，mm/min；

A、B、C——待定参数，可以参考相关资料。

表2-2列出了我国部分城市的暴雨公式参数。

表2-2　我国部分城市暴雨公式参数

城市名称	A	B	C	D
北京	11.98	8	0.811	0.711
天津	22.95	17	0.85	0.85
石家庄	10.11	7	0.898	0.729
太原	5.27	4.6	0.86	0.62
哈尔滨	17.30	10	0.9	0.88
长春	9.581	5	0.8	0.76
吉林	12.97	7	0.68	0.831
沈阳	11.88	9	0.77	0.77
济南	28.14	17.5	0.753	0.898
南京	17.90	13.3	0.671	0.8
合肥	21.56	14	0.76	0.84
杭州	60.92	25	0.844	1.038
南昌	8.30	1.4	0.69	0.64

1.3.3　国外使用的主要公式

苏联广泛选用 $i = A/t^n$，美、英等国多采用 $i = A(t+B)^n$，日本选用 $i = A(t+B)$，

而我国给水排水设计手册和规范提到 $i = A/t^n$ 、$i = A(t+B)^n$ 、$i = A(t+B)$ 三种模式，其中 A 为城市暴雨雨力(同水利部门使用暴雨公式中 S_P)。关于雨力计算公式，苏联与我国用 $A = A_1 + C\lg T$ ，式中 A_1、C、B、n 为参数。

1.4 设计暴雨的时程分配

一般情况下，设计暴雨在设计历时时段内的降雨总量的时程分配或雨量过程线，对洪峰流量有显著的影响。我国拟订设计暴雨的时程分配的方法，一般是采取当地实测雨型，以不同时段的同频率设计雨量控制，分时段放大。

要求设计暴雨过程的各种时段的雨量都达到同一设计频率。选取暴雨典型的原则是：一方面典型的暴雨时程分配要能反映本地区大暴雨的特点，又要照顾到工程设计的要求，如短历时暴雨包括在长历时暴雨中；定量上服从统计规律的同频率控制，分配上采用中间偏后的典型等。

设计暴雨时程分配一般是将设计雨型用各时段雨量占最大 24 h 雨量 X_{24} 的百分比表示。或者考虑到最大 3 h 或 6 h 对小流域洪峰流量的计算影响较大，时程分配可以最大 3 h、6 h 或 24 h 雨量为控制。

2 城市设计洪水

城市雨洪的产流和汇流，其计算原理和一般流域雨洪径流的计算没有多大区别，仅因城市的下垫面有其特殊性(如不透水面积所占比例很大以及下水管道汇流等)，致使城市地区雨洪过程的计算方法有一定的特色。例如，城市排水系统中的雨洪过程，绝大部分为地面流，过程线的历时短和涨落幅度大，且基流很小。因此，城市地区的产流计算应着重于地表径流部分，对于壤中流等成分可不予考虑，即把地下径流当作损失来处理。城市汇流的情况是：从屋顶、路面和一些铺砌面上产生的径流，进入人工砌筑的边沟、渠道，再汇入下水道系统或受纳水体，这与天然流域有较大区别。城市地区汇水区域面积较小，对城市防洪来说，主要是由洪峰过大而造成城市内涝以及城市洪水泛滥，故城市洪水以计算设计洪峰为主。简便快速推求洪峰的方法下面两种。

2.1 推理公式法

推理公式计算设计洪峰流量时，根据产流历时 t 大于、等于或小于流域汇流历时 τ ，可分为全面汇流与局部汇流两种公式类型，综合式为：

$$Q_m = 0.278\psi \frac{S_P}{\tau^{1/2}}F \tag{2-11}$$

式中 Q_m——设计洪峰流量，m^3/s；

ψ——洪峰流量径流系数；

S_P——设计频率暴雨雨力，mm/h；

τ——流域汇流时间，h；

F——流域面积，km^2。

当产流时间 $t_c > \tau$ 时，$\psi = 1 - \frac{\mu}{S_P}$ ；当产流时间 $t_c = \tau$ 时，$\psi = n$ ；当 $t_c < \tau$ 时，$\psi = n\left(\frac{t_c}{\tau}\right)^{1-m}$ ；其中 μ 为损失参数。

推理公式计算设计洪峰流量是联解下列方程组：

$$\begin{cases} Q_{\mathrm{m}} = 0.278\left(\dfrac{S_P}{\tau^n} - \mu\right)F \\ \tau = \dfrac{0.278L}{mJ^{1/3}Q_{\mathrm{m}}^{1/4}} \end{cases}, \quad t_{\mathrm{c}} \geqslant \tau \tag{2-12}$$

$$\begin{cases} Q_{\mathrm{m}} = 0.278\left(\dfrac{S_P t_{\mathrm{c}}^{1-n} - \mu t_{\mathrm{c}}}{\tau^n}\right)F \\ \tau = \dfrac{0.278L}{mJ^{1/3}Q_{\mathrm{m}}^{1/4}} \end{cases}, \quad t_{\mathrm{c}} < \tau \tag{2-13}$$

便可求得设计洪峰流量 Q_{m}，及相应的流域汇流时间 τ。

计算中涉及三类共 7 个参数，即流域特征参数 F、L、J；暴雨特征参数 S、n；产汇流参数 μ、m。为了推求设计洪峰值，首先需要根据资料情况分别确定有关参数。对于没有任何观测资料的流域，需查有关图集。从式(2-12)、式(2-13)可知，洪峰流量 Q_{m} 和汇流时间 τ 互为隐函数，而径流系数 ψ 对于全面汇流和部分汇流公式不同，因而需由试算法或图解法求解。具体求解过程见城市水文学等相关课程。

2.2　经验公式法

地区经验公式是根据本地区实测洪水资料或调查的相关洪水资料进行综合归纳，直接建立洪峰流量和影响因素之间的关系方程。经验公式方法简单，应用方便，但地区性比较强，公式繁多，多数是各地根据当地实际水文情况统计和推理得出。按建立公式时考虑的因素多少，可将经验公式分为单因素经验公式和多因素经验公式。

2.2.1　单因素经验公式

以流域面积为参数的单因素经验公式是经验公式中最为简单的一种形式。把流域面积看作是影响洪峰流量的主要因素，其他因素可用一些综合参数表达，公式的形式为：

$$Q_{\mathrm{m}P} = C_P F^n \tag{2-14}$$

式中　$Q_{\mathrm{m}P}$——频率为 P 的设计洪峰流量，$\mathrm{m^3/s}$，

C_P、n——经验系数和经验指数；

F——流域面积，$\mathrm{km^2}$。

C_P、n 随地区和频率而变化，可在各省(区)的水文手册中查到。例如，江西省把全省分为 8 个区，各区按不同的频率给出相应的 C_P 和 n 值，表 2-3 为该省(区)第Ⅷ区的情况。

表 2-3　江西省第¢ℷ区经验公式 $Q_{\mathrm{m}P} = C_P F^n$ 参数

频率 P(%)		0.2	0.5	1	2	5	10	20	选用水文站流域面积范围($\mathrm{km^2}$)
Ⅷ	C_P	27.5	23.3	19.4	15.7	11.6	8.6	5.2	6.72 ~ 5 303
修水区	n	0.75	0.75	0.76	0.76	0.78	0.79	0.83	

2.2.2　多因素经验公式

多因素经验公式是以流域特征与设计暴雨等主要影响因素为参数建立的经验公式。洪峰流量主要受流域面积、流域形状与设计暴雨等因素的影响，而其他因素可用一些综合

参数表达,公式的形式为:

$$Q_{mP} = CX_{24P}F^{n} \tag{2-15}$$

$$Q_{mP} = Ch_{24P}^{\alpha}K^{m}F^{n} \tag{2-16}$$

式中　X_{24P}、h_{24P}——最大24 h设计暴雨量与净雨量;

C、α、m、n——经验参数和经验指数;

K——流域形状系数。

经验公式不着眼于流域的产汇流原理,只进行该地区资料的统计归纳,故地区性很强,两个流域洪峰流量公式的基本形式相同,它们的参数和系数会相差很大。很多省(区)的水文手册(图集)上都有经验公式,使用时一定要注意公式的适用范围。包含降雨因素的广东省和安徽省多参数地区经验公式及参数如下。

(1)广东省洪峰流量经验公式。

$$Q_{mP} = C_2X_{24P}F^{0.84}$$

式中,系数 C_2 取值见表2-4。

表2-4　C_2 值

P(%)	0.5	1	2	5	10	20
C_2	0.056	0.053	0.050	0.046	0.044	0.041

(2)安徽省山丘区中小河洪峰流量经验公式。

$$Q_{mP} = Ch_{24P}^{1.21}F^{0.73}$$

式中　其他符号意义同前。

该省把山丘区分为4种类型,即深山区、浅山区、高丘区、低丘区,其 C 值分别为0.054 1、0.028 5、0.023 9、0.019 4。24 h设计暴雨 H_{24P} 按等值线查算,并通过点面关系折算而得。设计净雨按下式计算:

深山区:$h_{24P} = X_{24P} - 30$;浅山区、丘陵区:$h_{24P} = X_{24P} - 40$。

小　结

本学习项目主要介绍了城市洪水、城市雨洪研究方法、城市化对降雨和雨洪径流的影响,设计暴雨和设计洪水的内容。

城市化对降雨的影响,主要体现在对降水形成过程的物理机制,分别是城市热岛效应、城市阻碍效应、城市凝结核效应等三个方面。城市化对雨洪径流的影响主要是:对径流的形成、水量平衡、洪水的影响。

城市设计暴雨主要计算年最大24 h设计暴雨 $X_{24,P}$ 和时段设计雨量 $X_{t,P}$ 时程分配。城市设计洪水常用的计算方法有推理公式法和地区经验公式法。

复习思考题

1. 城市化引发的水文问题有哪几方面?

2. 目前城市雨洪常用计算方法主要有哪几种?

3. 什么是城市雨洪模型,其基本组成有哪些部分?

4. 城市化对降雨的影响机制是什么?

5. 城市化对雨洪径流的影响因素是什么?

6. 某城市上游集雨面积 $F=92\ \mathrm{km}^2$,由当地《水文手册》查得流域中心处 $\overline{X}_{24}=94.0\ \mathrm{mm}$, $C_s=3.5C_v$, $C_v=0.47$, $n_2=0.75$。

(1) 求 100 年一遇 24 h 设计暴雨量及 24 h 平均雨强各是多少?

(2) 若 $t_0=1$ h, $n_1=0.40$, $n_2=0.75$,求设计暴雨历时 $t=0.5$ h 及 12 h 100 年一遇的暴雨量。

学习项目3　城市防洪工程

【学习指导】

目标:1. 了解分洪闸及闸址的选择及运用原则、防洪墙的形式、城市排水工程;

2. 掌握分洪方式、分洪道线路的选择及分洪道断面尺寸的确定,掌握防洪堤线路的选择及断面尺寸的确定,掌握排洪渠的布置及断面尺寸的确定。

重点:1. 分洪道线路的选择及分洪道断面尺寸的确定;

2. 排洪渠的布置及断面尺寸的确定;

3. 防洪堤线路的选择及断面尺寸的确定。

任务1　分洪工程

1　概述

1.1　分洪工程的类型

根据分洪方式的不同,分洪工程可分为分洪道式、滞蓄式和综合式三类。

1.1.1　分洪道式分洪工程

在临近防护区的河道上游适当地点修建分洪道,将超过河道(下游防护标准)安全泄量的部分洪水通过分洪道排泄到防护区的下游,以保证防护区的安全。

根据分洪道末端承泄区的不同,分洪道式的分洪工程又可分为以下几种:

(1)承泄区为下游河道。利用分洪道绕过防护区将超过防护标准的那部分洪水泄入防护区下游河道,如图3-1(a)所示。

(2)承泄区为相邻河流。利用分洪道将超过防护标准的那部分洪水泄入相邻河流,如图3-1(b)所示。

(3)承泄区为海洋。利用分洪道将超过防护标准的那部分洪水直接泄入海洋,如图3-1(c)所示。

1.1.2　滞蓄式分洪工程

如防护区附近有洼地、坑塘、废墟、民垸、湖泊等承泄区(分洪区),能够容纳部分洪水时,可利用上述承泄区临时滞蓄洪水,当河道洪水消退后或在汛末,再将承泄区中的部分洪水排入原河道。如图3-2所示为荆江分洪工程,它是利用被保护区的右侧,荆江与虎渡河之间的低洼地带作为分洪区,在分洪区的上游处设置进洪闸,将荆江洪水分流入分洪区(承泄区),同时还在分洪区下游(防护区下游)处设置泄洪闸和临时扒口泄洪设施,当荆江洪水消退后,再将分洪区洪水排入荆江原河道。分洪区中还设有安全岛(安全台)或安全区,以作为分洪区人、物的临时安全撤离地带。

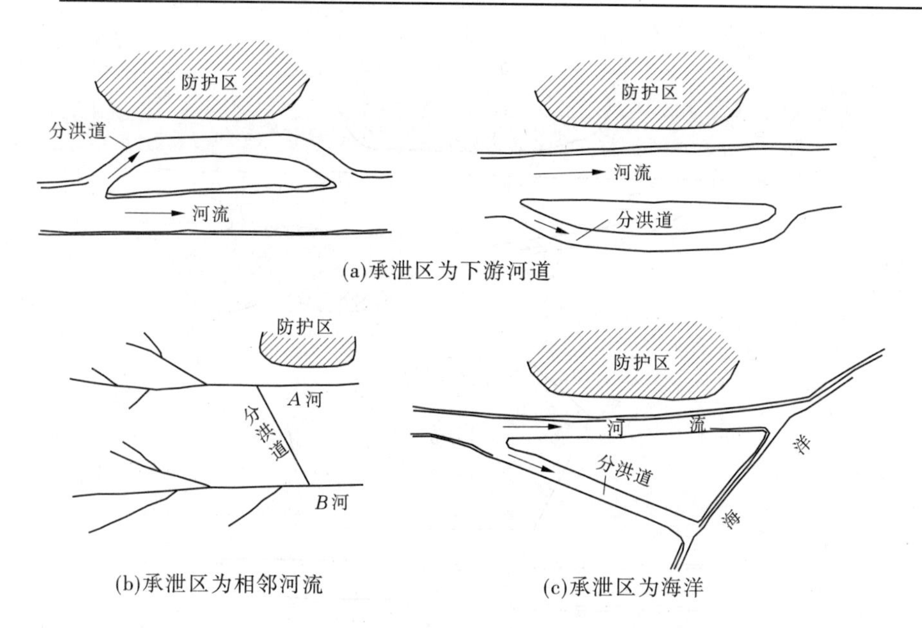

图 3-1　分洪道式分洪工程

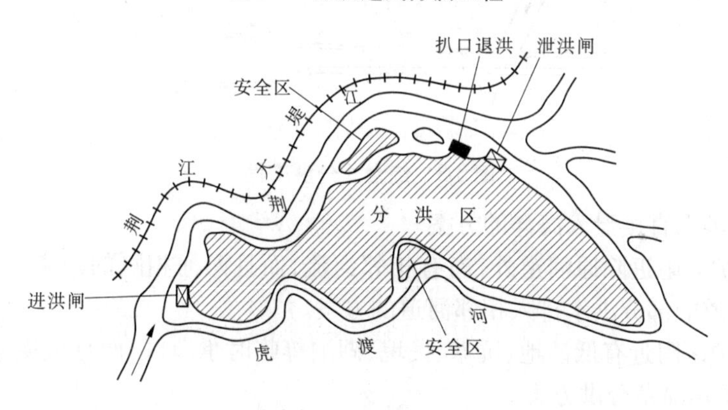

图 3-2　荆江分洪工程

1.1.3　综合式分洪工程

如果防护区附近无洼地、民垸、坑塘、湖泊等分洪区,但在防护区下游不远处有适合的分洪区,则可在防护区上游的适当地点修建分洪道,直达上述分洪区,将超标准的部分洪水泄入防护区下游的分洪区,如图 3-3(a)所示。也可利用临近的河沟筑坝形成水库作为分洪区,并修建分洪道将河道超标准洪水引入水库滞蓄,如图 3-3(b)所示。

1.2　分洪方式的选择

分洪方式应根据当地的地形、水文、经济等条件,本着安全可靠、经济合理、技术可行的原则,因地制宜地来选取和确定。分洪方式的选择一般应考虑以下几种方案:

(1)如防护区的下游地区无防护要求,下游河道的泄洪能力较高,而且在防护区段内有条件修建分洪道,可采用分洪道绕过防护区将超过防护标准的部分洪水泄入下游河道的方案。

(2)如防护区临近大海,防护区下游河道的行洪能力不高,则可采用分洪道将超过防

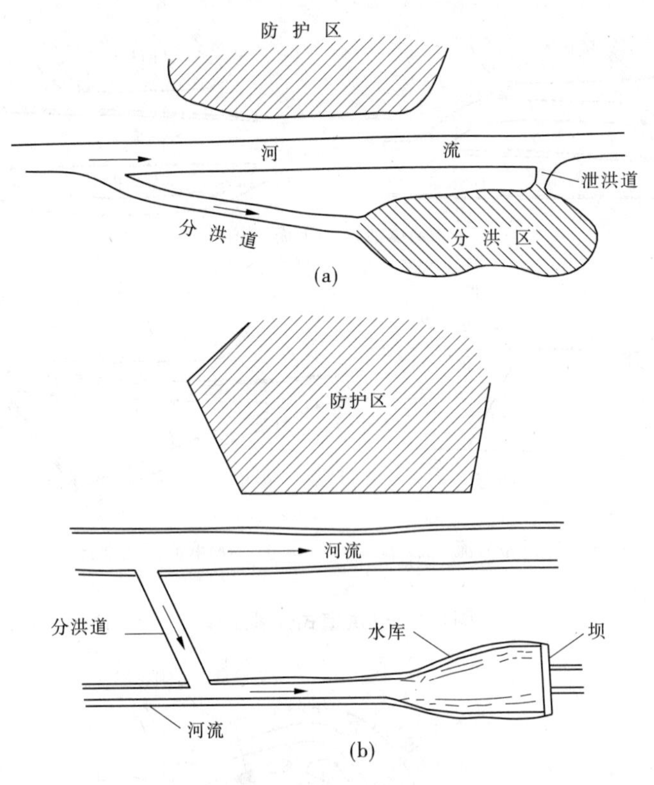

图3-3 综合式分洪工程

护标准的部分洪水直接泄入海洋的方案。

(3)如防护区附近除原河道外，尚有相邻河流，而且两河相隔的距离不大，则可采用分洪道将原河道的部分洪水排入相邻河道的方案。

(4)如防护区附近有低洼地、坑塘、民垸、湖泊等临时承泄区，而且短期淹没的损失不大，则可考虑采用滞蓄分洪方案。

(5)如承泄区(分洪区)位于防护区下游不远处，则可考虑采用分洪道和滞蓄区综合防洪的方案。

1.3 分洪道线路的选择

分洪道线路选择时，应考虑以下几点：

(1)分洪道的线路应根据地形、地质、水文条件来确定，尽可能利用原有的沟汊拓宽加深，少占耕地，减小开挖工程量。

(2)分洪道应距防护区和防护堤有一定距离，以保证安全。

(3)分洪道的进口应选择在靠近防护区上游的河道一侧，河岸稳定，无回流及泥沙淤积等影响。

(4)对于直接分洪入下游河道和相邻河道的分洪道，分洪道的出口位置除应考虑河岸稳定、无回流和泥沙淤积等影响外，还应考虑出口处河道水位的变化、分洪的效果和工程量等的影响。

(5)分洪道的纵坡应根据分洪道进、出口高程及沿线地形情况来确定，在地形及土质条件允许的情况下,应选择适宜的纵坡,以减小分洪道的开挖量。

1.4　分洪闸和泄洪闸闸址的选择

分洪闸和泄洪闸的闸址应根据地形、地质、水文、水力、施工、管理和经济等条件,因地制宜地综合分析后确定。

(1)分洪闸的闸址应选择在防护区上游的适当地点,应有利于分洪,保证下游河道安全泄洪和防护区的安全。

(2)分洪闸应选择在稳定的河岸上,如必须选择在河流弯道上时,应尽可能设置在弯道的凹岸,以防河水的淘刷。

(3)分洪闸的闸址最好选择在岩石地基上,如必须设置在土基上,应选择在地基土质均匀、压缩性小、承载力较大的地基上,以防产生过大的沉降和不均匀沉降。同时地基的透水也不应过大,以便于闸基的防渗处理。

(4)分洪闸的闸孔轴线与河道的水流流向应成锐角,以使水流顺畅,便利分洪,并防止闸前产生回流,影响分洪效果和闸前水流对闸基的淘刷。

(5)为了节约投资,可增设临时扒口分洪口门,在大洪水期间配合分洪闸同时分洪,以满足最大洪峰流量通过时能迅速分洪,降低河道洪水位的要求。

(6)根据分洪区地形和排水的要求来确定泄洪闸(排水闸)的位置,一般泄洪闸应设置在分洪区下游,距下游河道较近的地方,闸址土质均匀,压缩性小,承载力较大。

(7)为了加快汛后分洪区内洪水的排泄,以满足农业和生产的要求,可根据排水时间的要求和泄洪量的大小,在分洪区靠近原河道的适当位置增设扒口泄洪入原河道的临时性排洪口门,配合排水闸联合泄洪。

1.5　分洪闸的运用原则

(1)当河道洪水超过防护区设计洪水标准时,分洪闸开闸分洪,以保证河道安全泄洪。

(2)分洪闸应以闸前水位(河道安全泄量时相应水位)或安全泄量作为闸门启闭的条件。

(3)分洪闸应根据闸前水位确定所需要的分洪流量及闸门开启高度,并应根据闸前及分洪区内水位的变化情况,及时调整闸门的开启高度。

(4)当河道洪水超过设计洪水标准,在分洪区容量允许的情况下,除分洪闸进行分洪外,还可选择适当地点扒口临时分洪,以保证防护区的安全。扒口宽度应根据分洪流量来确定,并应考虑到0.7~0.8的分洪有效系数。扒口分洪应在最大洪峰到达之前扒开缺口,以便能及时分洪。

1.6　滞蓄区(分洪区)

如前所述,滞蓄区可以是洼地、坑塘、废墟、民坑、湖泊等,如果防护区附近有支沟或沟壑,也可以在支沟或沟壑上修建堤坝形成水库作为滞蓄区,将超标准洪水通过分洪道引入水库,并在堤坝内设置泄水涵管,在河道洪水通过后或汛末再从水库中将滞蓄洪水排放到河道。

对于较大型的滞洪区,在滞洪区内人口比较密集的居民点、贸易集镇和工厂比较集中的地点,应选择地势较高的地方,必要时可在四周修筑围堤,布置安全台或安全区,以保证滞洪区分洪时人民生命财产的安全。

滞蓄区的面积 A、容积 V 和滞蓄深度 H 可根据地形图来计算，以作为分洪区规划设计的依据。对于利用河沟筑坝形成水库作为滞蓄区时，水库的库容可按下式估算：

$$V = K\frac{BH^2}{I} \tag{3-1}$$

式中 V——水库的容积，m^3；

K——库容系数，与库容的形状有关，对于棱柱体库容 $K=\frac{1}{3}$；

B——坝长，m；

H——水库的有效蓄水深度，m，可近似地按平均水深计算；

I——库区的纵向坡度。

2 分洪道

分洪道有两类：一类是利用临近的河沟经过整治后用作分洪道；另一类是新开挖渠道作为分洪道。

2.1 渠道的断面形状

渠道的断面形状决定于水流条件、地质条件、运用条件和施工条件。

2.1.1 挖方渠道

在土质地基中开挖的渠道，最常采用的断面形状为梯形，如图3-4(a)所示，这种断面形状的优点是便于施工，并能保证渠道边坡的稳定性；当开挖深度较大时，为了减小开挖量，又能保证渠道边坡的稳定，常做成复式断面的形状，如图3-4(b)所示；当渠道水深较大，或渠道经过层状地基时，可采用上下边坡坡率不同的多边形渠道，如图3-4(c)所示；当渠道靠近居民点或建筑物，要求宽度较小时，两侧可利用挡墙做成矩形断面，如图3-4(d)所示；当渠道位于坚固的岩石地基中时，可采用矩形断面，如图3-4(e)所示；当渠道经过山坡时，可做成如图3-4(f)所示的断面形状。

2.1.2 填方渠道

填方渠道通常也采用梯形断面，如图3-4(g)所示。

2.1.3 半填半挖渠道

对于在平地上的半填半挖渠道，通常也做成复式的梯形断面，如图3-4(h)所示；当渠道经过山坡时可利用挖坡的土做成图3-4(i)所示的断面形状；当渠道经过坡地或浅滩，挖深较浅时，可做成如图3-4(j)所示的断面形状。

2.2 渠道的断面尺寸

2.2.1 渠道的底宽

渠道的底宽受施工条件的影响，对于人工开挖的渠道，底宽一般不小于0.5 m；对于机械开挖的渠道，底宽则不小于1.5~3.0 m。

2.2.2 渠道的边坡

渠道的边坡与土壤的性质、渠道的开挖深度、渠道中的水深和渠道的使用条件(水位迅速升降的情况)等有关。

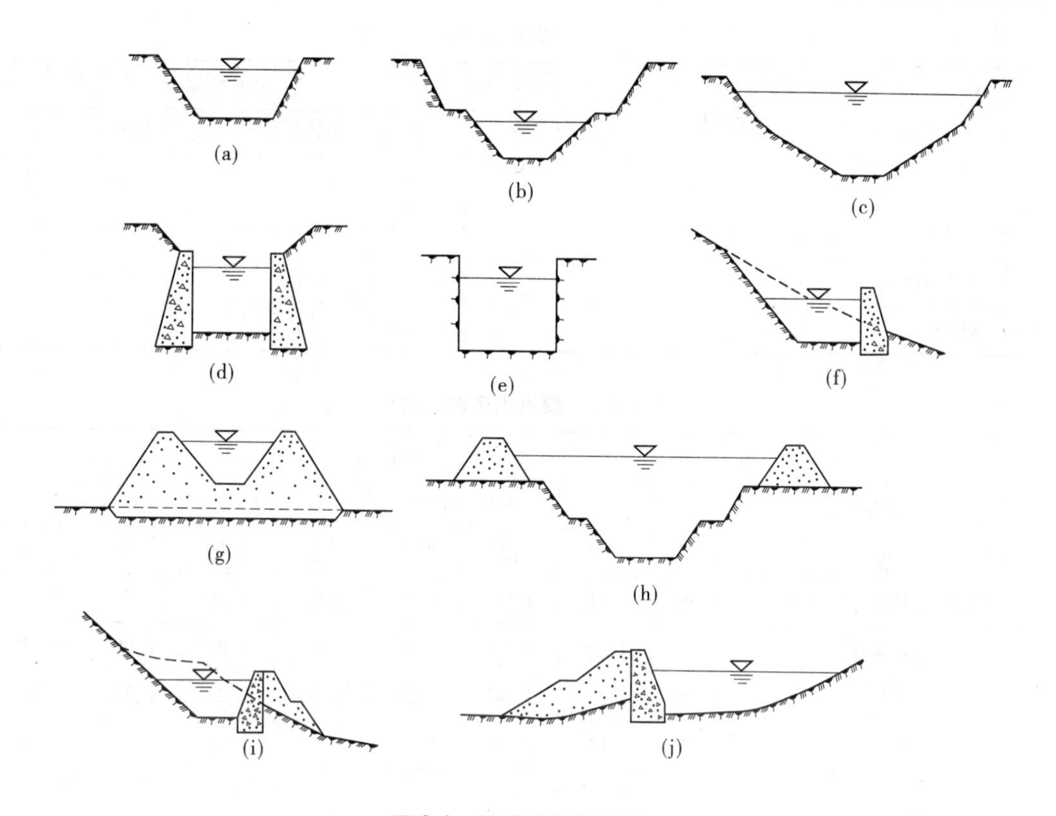

图3-4　渠道的断面形状

对于挖方渠道：如果渠道的开挖深度大于5.0 m，渠中水深大于3.0 m，渠道的边坡应通过稳定分析来确定；如果渠道的开挖深度小于5.0 m，渠中水深小于3.0 m，渠道的边坡可采用表3-1中所列的数值。

对于填方渠道：当渠道的填方高度大于3.0 m时，渠道边坡应通过稳定分析和参考已建工程来确定；当渠道的填方高度小于3.0 m时，渠道边坡可采用表3-2所列的数值。

为了便于维护和管理，对于深挖方的渠道，在水上部分和水下部分之间应设置马道（戗道），马道宽度一般为1.5～2.0 m。

表3-1　挖方渠道（深度不大于5.0 m）的边坡值

土壤类别	边坡坡率	
	水下边坡	水上边坡
细粒砂土	3.0～3.5	2.5
疏松砂土和砂壤土、不密实的淤积黏土	2.0～2.5	2.0
砂、密实的砂壤土和轻黏壤土	1.5～2.0	1.5
中等黏壤土和黄土	1.5	1.0～0.5
重黏壤土、密实的黏性土和一般黏土	1.0～1.5	0.5～0.25
密实的重黏土	1.0	0.75～0.5

续表 3-1

土壤类别	边坡坡率	
	水下边坡	水上边坡
卵石土和砂砾土	1.5	1.0
卵石和砾石	1.25～1.5	1.0
风化岩和砾石	0.25～0.50	0.25
完整岩石	0.1～0.25	0

表 3-2　填方渠道的边坡值

土壤类别	流量(m^3/s)							
	>10.0		2.0～10.0		0.5～2.0		<0.5	
	内坡	外坡	内坡	外坡	内坡	外坡	内坡	外坡
黏土、重壤土、中壤土	1.25	1.00	1.00	1.00	1.00	1.00	1.00	1.00
轻壤土	1.50	1.25	1.00	1.00	1.00	1.00	1.00	1.00
砂壤土	1.75	1.50	1.50	1.25	1.50	1.25	1.25	1.25
砂土	2.25	2.00	2.00	1.75	1.75	1.50	1.50	1.50

2.3　堤顶宽度和超高

渠道堤顶的宽度应视交通和使用管理的要求来确定,按构造要求应不小于2.0～2.5 m。堤顶在最高水位以上的超高,应根据风浪高度再加0.2～0.65 m的安全加高,也可参照表3-3采用。

表 3-3　渠堤的超高值

流量(m^3/s)	<30	30～50	50～100	>100
超高 (m)	0.45～0.60	0.60～0.80	0.80～1.00	>1.00

2.4　渠道的弯曲半径

当渠道转弯时,弯道内的水流会产生横向环流,水面会出现横向比降,这将会影响弯道处渠道的冲淤(横向稳定)和凹岸渠堤的高度。为了保证弯道处渠槽的横向稳定,以弯道顶点为准,将弯道分为前半段和后半段两部分,前半段弯道的最小半径可按下式计算:

$$2.3\frac{r}{B}\lg\left(1+\frac{B}{r}\right)=\frac{v}{v'} \tag{3-2}$$

式中　r——弯道前半段的最小稳定半径,m;

B——弯道处的水面宽度,m;

v——弯道上游直线渠段的断面平均流速,m/s;

v'——凹岸土壤的不冲流速,m/s。

弯道后半段的最小稳定半径 r 可取为 $3B$ 。根据弯道前半段最小稳定半径和后半段

最小稳定半径，取其中的较大者作为弯道的最小稳定半径，一般也可直接取弯道半径 $r=5B$。

2.5　渠道的水力最佳断面和实用经济断面

2.5.1　水力最佳断面

对于梯形断面渠道，水力最佳断面的宽深比 β 和渠道边坡坡率 m 具有如下的关系：

$$\beta=\frac{b}{h}=2(\sqrt{1+m^2}-m) \tag{3-3}$$

式中　β——渠道的宽深比；

b——渠底宽度，m；

h——渠道中的水深，m；

m——渠道的边坡坡率。

由式(3-3)可知，当 $m=0$ 时(矩形断面) $\beta=\frac{b}{h}=2$，即 $b=2h$，由此可知，矩形水力最佳断面是一种宽浅式的断面。在一般土渠中，由于梯形断面的边坡坡率 $m>1$，由式(3-3)可知，一般情况下宽深比 $\beta<1$，故梯形水力最佳断面是一种窄深式的断面。

2.5.2　实用经济断面

窄深式断面对施工是不利的，若某一过水断面面积 A 与水力最佳断面面积比较接近，而又能适应各种条件的需要，这种断面称为实用经济断面。若某过水断面面积为 A，水力最佳断面面积为 A_m，两者的比值用 α 表示，即：

$$\alpha=\frac{A}{A_m}=\frac{v_m}{v}=\frac{R_m}{R} \tag{3-4}$$

式中　v、R——某过水断面 A 相应的平均流速(m/s)和水力半径(m)；

v_m、R_m——与上述过水断面 A 接近的水力最佳断面的平均流速(m/s)和水力半径(m)。

当流量 Q、坡降 i、渠道粗糙系数 n 和边坡坡率 m 一定的情况下，可得某断面和水力最佳断面之间的水力关系如下：

$$\left(\frac{h}{h_m}\right)^2-2\alpha^{\frac{5}{2}}\frac{h}{h_m}+\alpha=0 \tag{3-5}$$

$$\beta=\frac{b}{h}=\frac{\alpha}{\left(\frac{h}{h_m}\right)^2}(2\sqrt{1+m^2}-m)-m \tag{3-6}$$

式中　b、h——某断面的底宽和水深，m；

h_m——水力最佳断面的水深，m。

式(3-5)和式(3-6)即为实用经济断面的计算公式，其中 α 值可根据地形、施工条件等实际情况选定，一般取其略大于1.0。

在确定实用经济断面时，先按水力最佳断面计算出 h_m 值，根据选定的 α 值由式(3-5)计算比值 $\frac{h}{h_m}$，从而确定实用经济断面的水深 $h=\alpha h_m$，然后根据 α 和 $\frac{h}{h_m}$ 值由式(3-6)计算比值 β，并据此确定实用经济断面的底宽 $b=\beta h$。

任务2 防护工程

1 防护堤

1.1 防护堤线路的选择

防护堤线路的选择应注意以下几点：

(1)防护堤应选择在层次单一、土质坚实的河岸上,尽量避开易液化的粉细砂地基和淤泥地带,以保证地基的稳定性。当河岸有可能产生冲刷时,应尽量选择在河岸稳定边线以外。

(2)防护堤的线路应尽量布置在河岸地形较高的地方,以减小防护堤的高度,同时线路也应尽量顺直,以缩短防护堤的长度,减小防护堤的工程量。此外,还应考虑到能够就地取材,便于施工。

(3)防护堤的线路不应顶冲迎流,同时防护堤的修建也不应使河道过水断面缩窄,影响河道的行洪。

(4)防护堤的线路应尽量少占农田和拆迁民房,并应考虑到汛期防洪抢险的交通要求和对外联系。

(5)防护堤与所防护的城镇边沿之间应有足够宽阔的空地,以便于布置排水设施和防护堤的施工及养护管理。

(6)当防护堤同时作为交通道路时,防护堤转折处的弯曲半径应根据堤高及道路等级要求确定。

(7)防护堤线路的选择最终应根据技术经济比较后确定。

1.2 防护堤的类型

防护堤通常都采用土料建造,其类型有均质防护堤、斜墙式防护堤和心墙式防护堤等三种,其中最常采用的是均质防护堤。

均质防护堤是由单一的同一种土料修建的,这种形式的防护堤结构简单,施工方便,如果筑堤地点附近有足够的适宜土料,则常采用这种类型的防护堤。

斜墙式防护堤的上游面(迎水面)是用透水性较小的土料填筑,以防堤身渗水,称为防渗斜墙,堤身的其余部分则用透水性较大的土料(如砂、砂砾石、砾卵石等)填筑。

心墙式防护堤的堤身中部是用透水性较小的土料填筑,起到防渗的作用,称为防渗心墙,堤身的其余部分则用透水性较大的土料填筑。

防护堤的类型应根据地形、地质条件,筑堤材料的性质、储量和运距,气候条件和施工条件来进行综合分析和比较,初步选择防护堤的形式,拟定断面轮廓,然后进一步分析比较工程量、造价、工期,根据技术上可靠、经济上合理的原则,最后选定防护堤的类型。

1.3 筑堤的土料

筑堤土料应该就地取材,便于施工,而且不易受冲刷和产生开裂,同时土料的抗渗性能和密实性能也都比较好。

1.3.1　均质防护堤

修筑均质防护堤的土料应具有一定的不透水性和可塑性，黏粒含量适宜，土中有机物和水溶性盐类的含量不超过允许的数值。

通常选择渗透系数不大于 1×10^{-4} cm/s，黏粒含量为10%～25%的壤土。黏粒含量过大，施工比较困难；而黏粒含量过小，则防渗性能差，而且抗剪强度小，也容易产生液化。

土的可塑性不仅影响到土料填筑时的碾压效果，而且影响到今后堤身适应变形的能力。对于均质防护堤，一般以塑性指数在7以上的轻壤土和中壤土为最好。

土中有机物的含量，按重量计以不超过5%为宜。水溶性盐类的含量，按重量计以不超过3%～5%为宜。所谓水溶性盐类，通常是指氯化钠、氯化钾、氯化镁、氯化钙、磷酸钙、磷酸铁和石膏等物质，这些物质易于被水溶滤，溶滤后将增大土的压缩性，降低土的强度。

我国西北地区的黄土，虽然其天然密度小，湿陷性大，但在适当的填筑含水量和压实密度的情况下，仍为修筑均质土堤的良好材料。

1.3.2　斜墙和心墙

用作斜墙和心墙的土料，一般要求其渗透系数不大于 1×10^{-5} cm/s，土料的塑性指数在7～20，黏粒含量在15%～30%。塑性指数在10～17的中壤土和重壤土是填筑斜墙和心墙的较理想的土料。黏粒含量在40%～60%，塑性指数在17～20的砂质黏土和轻黏土也可使用，但应用非黏性土较好地保护，以免干裂和冰冻。

1.3.3　石料

用作排水和护坡的石料，除应有较高的抗水性和耐风性能力外，还应有足够的强度，软化系数不小于0.75～0.85，岩石孔隙率不大于3%，吸水率不大于0.8，而且不易受水的溶蚀。石块应具有一定重度，一般应不小于22 kN/m³。此外，石料还应具有一定的抗冻性，冻融25次以后的饱和抗压强度应不小于 $(39\sim49)\times10^3$ kPa。

我国黄河大堤所用的土料中，粉质壤土和粉质黏土约占60%，粉质砂壤土和粉土约占40%；长江荆江大堤和淮河里运河东堤的筑堤土料绝大部分是粉质壤土，少数是粉质黏土和粉质砂壤土；淮北大堤的筑堤土料大部分是砂壤土，少数是普通壤土和黏土。堤身一般是单一土料的均质断面，土的干重度为14.0～15.5 kN/m³。

1.4　防护堤的断面尺寸

1.4.1　防护堤的高度

防护堤堤顶高程的设计与土石坝基本相同，即防护堤的堤顶在河道洪水位以上的超高用式(3-7)计算，即

$$d = e + h_B + A \tag{3-7}$$

式中　d——防护堤堤顶在河道设计最高洪水位以上的超高，m；

e——防护堤前因风而引起的水面壅高，m；

h_B——风浪在防护堤堤坡上的爬高，m；

A——安全加高，m，根据防护堤的材料和等级采用不小于表3-4中所列的值。

表3-4所列的值是防护堤安全加高的下限值，对于洪水时期河道水面较宽的情况，安全加高值宜较大；若河道水面比较狭窄，则安全加高可较小。

表3-4　防护堤堤顶的安全加高 A 的最小值

防护堤的型式	防护堤的等级			
	1	2	3	4、5
	安全加高(m)			
土石防护堤	1.5	1	0.7	0.5
圬工防护堤	0.7	0.5	0.4	0.3

1.4.2　防护堤堤顶宽度

防护堤的堤顶宽度取决于交通要求和防汛要求，当堤顶作为交通道路时，堤顶宽度应满足相应等级公路的有关规定；如无交通要求，仅为防汛和检修需要，则堤顶宽度应根据防护堤的级别和重要性而定，级别高和较重要的防护堤，堤顶宽度应略大一些，其他防护堤的堤顶宽度可略小一些，但最小顶宽一般不小于3.0 m。黄河大堤兼作交通道路，并且在防汛时有运土和储备土料的要求，堤顶的宽度为7～10 m；荆江大堤的堤顶宽度则为7.5～10 m。

为了排除降雨时堤顶上的雨水，堤顶应做成向一侧倾斜或向两侧倾斜，使堤顶表面具有2%～3%的横向坡度。

1.4.3　防护堤的边坡坡度

防护堤的边坡坡度取决于防护堤的高度、防护堤的形式、筑堤的材料和运用的条件，通常根据上述条件初步选定防护堤的边坡坡度后，还要根据稳定性计算、渗透计算和技术经济分析才能最后确定。

一般防护堤的边坡坡度迎水坡比背水坡要缓，原因为迎水坡经常淹没在水中，处于饱和状态，并遭受河道水位变化和风浪的作用，稳定性较差。但当防护堤背水坡脚处不设排水时，则背水坡的坡度应更缓一些。

在初步确定防护堤的边坡坡度时，可根据防护堤的高度和筑堤材料按表3-5选用。

表3-5　防护堤的边坡坡度

筑堤材料	防护堤的高度(m)					
	<5	5～8	8～10	<5	5～8	8～10
	迎水坡			背水坡		
黏壤土和砂壤土	1:2.5	1:3.0	1:3.0①	1:2.0	1:2.0	1:2.5①
黏土和重砂壤土，堤坡有护面	—	1:3.0	1:3.0①	—	1:2.25	1:2.5①
堤身由一种或多种土料(砂土、砂壤土、轻黏壤土)筑成，并设有塑性心墙	—	1:3.0	1:3.0①	—	1:2.0	1:2.5
堤身由一种或多种土料(砂土、砂壤土、轻黏壤土)筑成，并设有塑性斜墙	—	1:3.0	1:3.25①	—	1:2.0	1:2.5①
堤身由粉状土、黏壤土筑成，粉土含量不少于70%	1:3.0	1:3.5	1:3.75①	1:2.5	1:2.5	1:3.0①

注：①为最小值。

防护堤的断面形状基本上是一个梯形，当堤身高度不大时，迎水坡和背水坡通常都采用单一的坡度；当防护堤的高度较大时，沿堤高可采用不同的坡度，顶部坡度略陡，下部逐步放缓。考虑到交通、检修、防汛、施工、稳定和渗流的特殊需要，在防护堤的下游边坡上可增设马道（戗道、戗台），马道的宽度一般为2.0～3.0 m。在堤坡的变坡处，一般都设有马道。

1.5 防护堤边坡的护坡

为了防止风、风浪、冰、雨水、温度变化和河道中水位变化等因素对防护堤边坡的影响，防护堤的迎水坡和背水坡应进行护坡。

常用的护坡形式有以下几种：

（1）草皮护坡。草皮护坡是在防护堤边坡上铺砌厚度为10～15 cm的草皮，并用直径为2 cm，长约30 cm的小木桩将草皮牢固地钉在边坡上。对于防护堤的背水边坡，在暴雨时为了能排除坝坡上的雨水，常用碎石在边坡上铺成方格形，在方格中铺砌草皮或植草。碎石层的宽度为15～30 cm，方格的间距为15～20 cm，如图3-5所示。

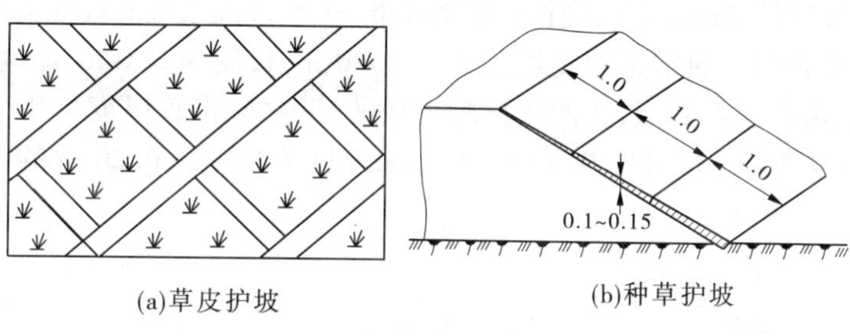

(a)草皮护坡 (b)种草护坡

图3-5 草皮护坡 （单位：m）

（2）植物护坡。在防护堤的迎水坡上，种植能在水中生长的灌木，灌木在边坡上分行种植，每行的间距为20～50 cm，每行中各株的间距为10～20 cm。植物护坡不仅能防止风浪对防护堤边坡的冲刷，而且在一定程度上还能起到消能的作用。

（3）砖护坡。砖护坡是在防护堤的边坡上先铺筑一层厚度为10～20 cm的砾石垫层，然后在垫层上铺砌一层单层砖，如图3-6所示。砖的铺砌可采用平铺，也可以采用侧铺或竖铺，前者用于风浪较小的情况，后者则用于风浪较大的情况。在砖护坡的底部应用木料保护，如图3-6所示。

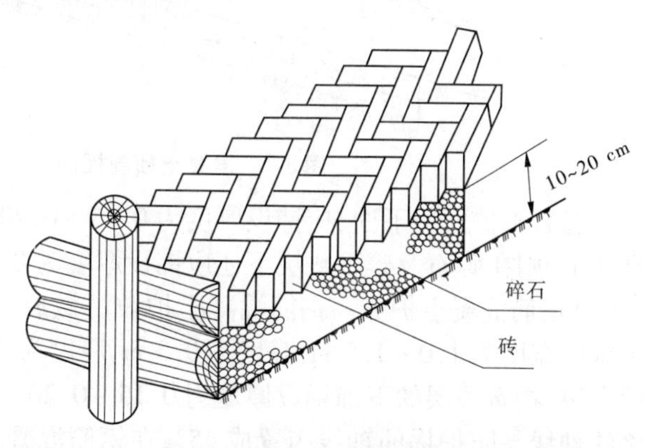

图3-6 砖护坡

（4）编柳填石护坡。用柳枝编成0.7 m×0.9 m或1.0 m×1.0 m的方格，在方格中填石，其高度一般不超过0.5 m，方格的各边与防护堤的轴线成45°角。

（5）石笼护坡。用铅丝编成宽2 m，长6 m，高度为0.5 m左右的铅丝笼，放置在防护堤的边坡上，然后在铅丝笼中填以石块，并将铅丝笼封闭，即成石笼护坡。

(6)堆石及砌石护坡。堆石及砌石护坡的厚度决定于河道风浪的情况,通常有下列四种形式:

①用厚度为0.5~0.75 m的堆石作表层,其下铺设厚度为0.2~0.3 m的碎石或砾石垫层。

②用厚度为0.3~0.4 m的堆石作表层,其下铺设厚度为0.2~0.25 m的砾石或碎石垫层。

③用厚度为0.4~0.5 m的双层砌石作表层,其下铺设厚度为0.2~0.25 m的砾石或碎石垫层。

④用厚度为0.2~0.35 m的单层砌石作表层,其下铺设厚度为0.15~0.20 m的砾石或碎石垫层。

对于无黏性土的迎水边坡,在垫层以下应铺设一层厚度为0.10~0.20 m的砂垫层,此时护坡的颗粒组成应按反滤层的要求铺设。对于黏性土的迎水坡,在垫层下也应加一层砂垫层,其厚度决定于当地的冰冻深度。

在堆石或砌石护坡的底部,应设深度为0.6~1.0 m的浆砌石或混凝土保护齿墙。

(7)混凝土护坡。通常采用宽度为1.5~3.0 m,长度为3.0 m,厚度为0.15~0.20 m,现场浇筑的混凝土板做成,在两块混凝土板的接缝处,设置厚度为0.5~1.0 cm的接缝木板。有时也常采用尺寸为0.3 m×0.4 m,厚度为0.15~0.20 m的六角形预制混凝土板铺设,如图3-7所示。

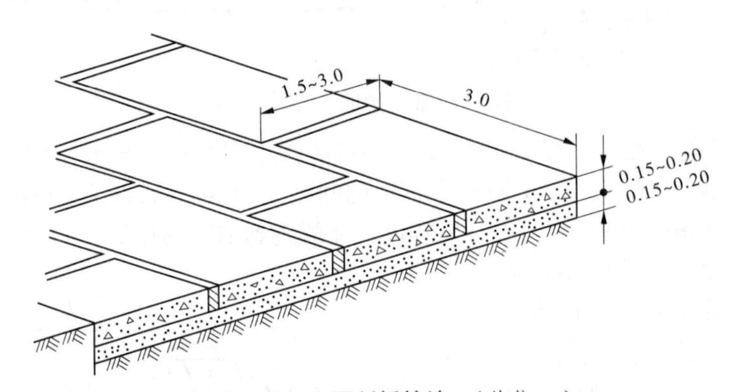

图3-7 混凝土预制板护坡 (单位:m)

在混凝土护面的下面,应铺设厚度为0.15~0.20 m的砾石或碎石垫层。若筑堤土料为黏性土,则在砾石及碎石垫层下还应铺设厚度为0.12~0.15 m的砂垫层。

(8)钢筋混凝土护坡。钢筋混凝土护坡可做成钢筋混凝土板护坡,也可以用钢筋混凝土做成宽度为1.0~1.5 m,高度为0.3 m,厚度为0.15~0.20 m的正方形梁格,在梁格中填石块,在石块层的下面铺设厚度为0.15~0.20 m的砾石或碎石垫层。通常钢筋混凝土格的轴线与防护堤的轴线布置成45°,在钢筋混凝土格梁内,沿梁高的上下面设置直径为6 mm的两层钢筋。

1.6 堤坝及其地基的渗流破坏

堤坝及其地基在渗流的作用下,土中的细小颗粒常常会随着渗透水流被带出坝体及其地基,使得土的孔隙变大。由于土的孔隙增大,土中较大的颗粒也能够被渗透水流带走,按照这种情况逐渐发展,堤坝坝体或其地基内就逐渐形成一个管状的渗流通道,称为

管涌现象。随着管涌的继续发展,坝体或其地基内就会形成空洞,以致造成坝体或其地基的塌陷或坍滑。

在有些情况下,位于坝体及其地基的渗透水流出逸处,在渗透压力作用下,一定范围内的土体会产生移动,这种现象称为流土。

无论是发生管涌现象还是流土现象,最终都会导致堤坝的破坏和失事,所以在堤坝的设计中要采取相应的措施避免这种现象的发生。

1.6.1 防止渗透破坏的措施

由于产生管涌和流土的条件主要是渗流坡降和土的颗粒组成,故防止渗透破坏的措施为:

(1)在堤坝内设置防渗体(如黏土斜墙、心墙),在地基内设置防渗墙、截水墙,以降低渗流坡降。

(2)在可能发生管涌的地段设置反滤排水,在可能发生流土的地段设置反滤盖重。

1.6.2 反滤层设计

(1)反滤层的要求。

反滤层应满足下列要求:

①被保护的土粒不得随渗水穿越反滤层;

②允许随渗水被带走的细小颗粒(一般指粒径 $d<0.1$ mm 的颗粒),应能自由通过反滤层,而不致被截留在反滤层内,造成反滤层堵塞;

③在相邻的两层反滤层之间,颗粒较小一层中的土颗粒不得穿越颗粒较大一层的孔隙;

④反滤层中各层的颗粒在层内不得产生相互移动;

⑤反滤层应始终保持良好的透水性、稳定性和耐久性。

(2)反滤层的设计。

①滤层级配的选择。

为了满足上述反滤层的要求,反滤层相邻两层之间的颗粒级配应符合下列条件:

$$\frac{D_{15}}{d_{85}} < 4 \qquad \text{(保证被保护土的稳定性)}$$

$$5 < \frac{D_{15}}{d_{15}} < 20 \qquad \text{(保证反滤层的透水性)}$$

式中 D_{15} ——相邻两层反滤层中颗粒较大一层内相应于颗粒含量为15%的粒径,mm;

d_{85} ——相邻两层反滤层中颗粒较小一层内相应于颗粒含量为85%的粒径,mm;

d_{15} ——相邻两层反滤层中颗粒较小一层内相应于颗粒含量为15%的粒径,mm。

②反滤层的层数。

反滤层一般为2~3层,如图3-8所示。如被保护土为黏性土,反滤层可采用两层;如被保护土为非黏性土,则反滤层可采用三层。

反滤层的最小厚度 t_{min} 应满足:

$$t_{min} \geqslant (6 \sim 8) D_{50} \text{ 且 } t_{min} \geqslant 20 \quad \text{(cm)}$$

(3)反滤盖重的厚度。

为了防止出现流土现象,在渗流出逸处应铺设反滤盖重(见图3-9),所谓反滤盖重,即其构造符合反滤层要求的盖重。反滤盖重的厚度可按下式计算:

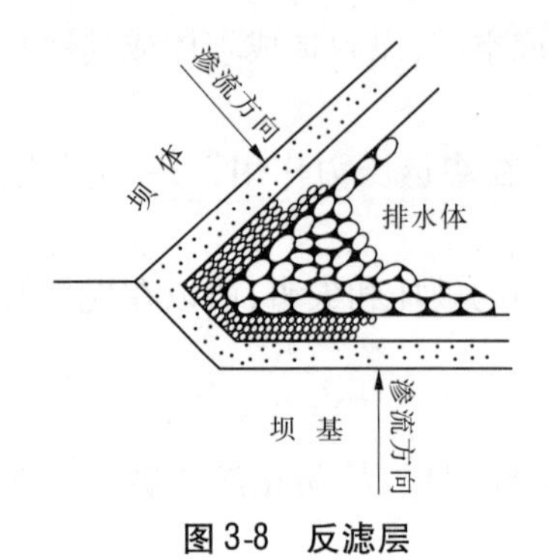

图3-8 反滤层

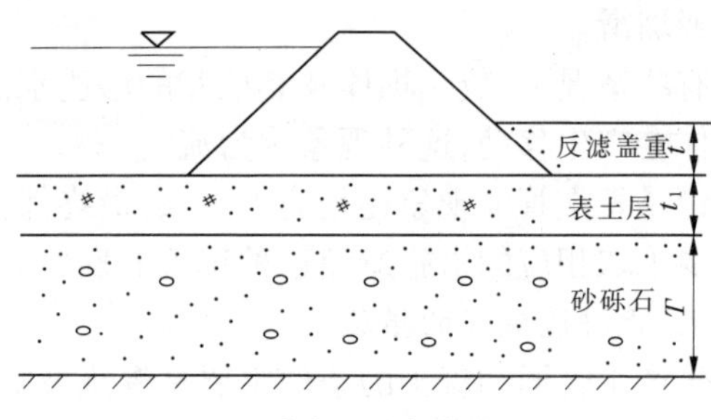

图3-9 反滤盖重

$$t=\frac{k\gamma_{w}h-(\gamma_{1}-\gamma_{w})(1-n_{1})t_{1}}{(\gamma-\gamma_{w})(1-n)} \tag{3-8}$$

式中 t——反滤盖重的厚度,m;

k——安全系数,可采用1.3~1.5;

γ_{w}——冰的重度,kN/m^3;

h——表土层顶面和底面的水头差,m;

γ_1——表土层的土颗粒重度,kN/m^3;

n_1——表土层的孔隙率;

t_1——表土层的厚度,m;

γ——反滤盖重的颗粒重度,kN/m^3;

n——反滤盖重的孔隙率。

2 防洪墙

由于地形条件的限制和河岸距城镇较近,无法布置防护堤时,可以修建防洪墙,以代替防护堤。

防洪墙布置在河岸边缘,底面应埋入地基一定深度,为了防止波浪,特别是反射波的冲刷,墙底应用石块或铅丝笼等材料进行保护。

防洪墙的形式基本上可分为三类,即:

(1)重力式墙,见图3-10(a)。通常用浆砌石或混凝土建筑,墙的迎水面为竖直面,背水面为倾斜面。但有时为了反射冲击墙面的波浪,也可将迎水面做成曲线形。

(2)悬臂式墙,见图3-10(b)。通常用钢筋混凝土建筑,墙的迎水面一般为竖直面。

(3)扶壁式墙,见图3-10(c)。即在悬臂式墙的背水面每隔一定距离增设一道扶壁(支墩),以支撑墙面。扶壁式墙通常也是用钢筋混凝土建筑,适用于墙体较高的情况。

为了增加墙体的稳定,在墙的迎水面可设置水平趾板。为了防止墙底受到风浪淘刷,在悬臂式和扶壁式防洪墙迎水面水平趾板的端部可增设垂直齿墙。为了防止防洪墙因温度变化和沉陷影响而产生裂缝,沿防洪墙长度方向每隔15~20 m应设一道伸缩缝,缝内应设止水,以防漏水。

除了上述三种基本形式,还可采用下列形式的防洪墙:

(1)干砌块石防洪墙,见图3-11(a)。防洪墙的迎水面采用厚度为0.3~0.6 m的干

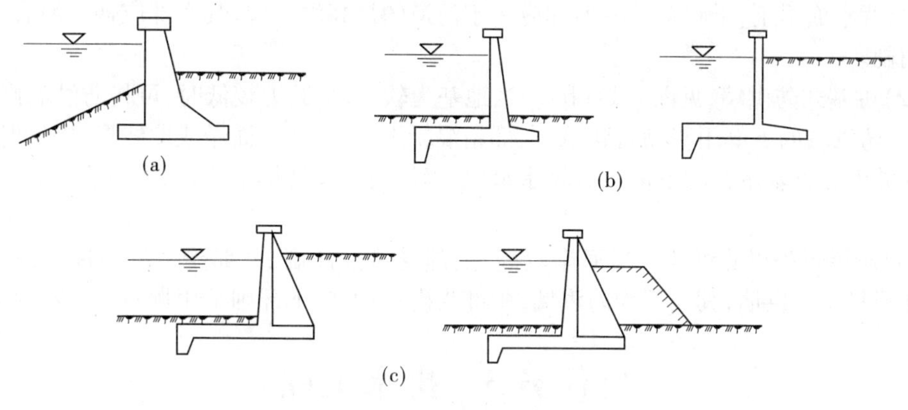

图3-10　防洪墙的形式

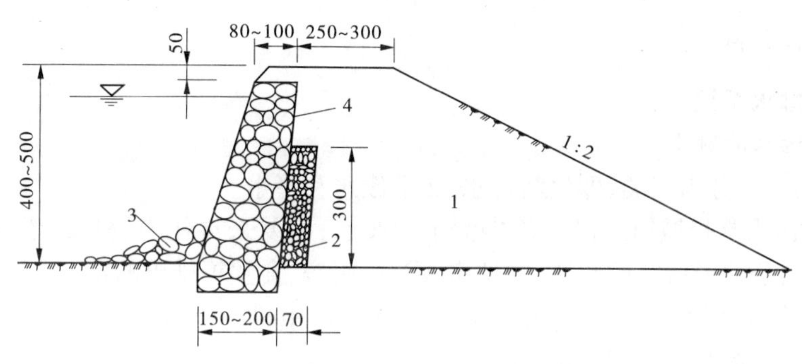

(a)干砌石防洪墙

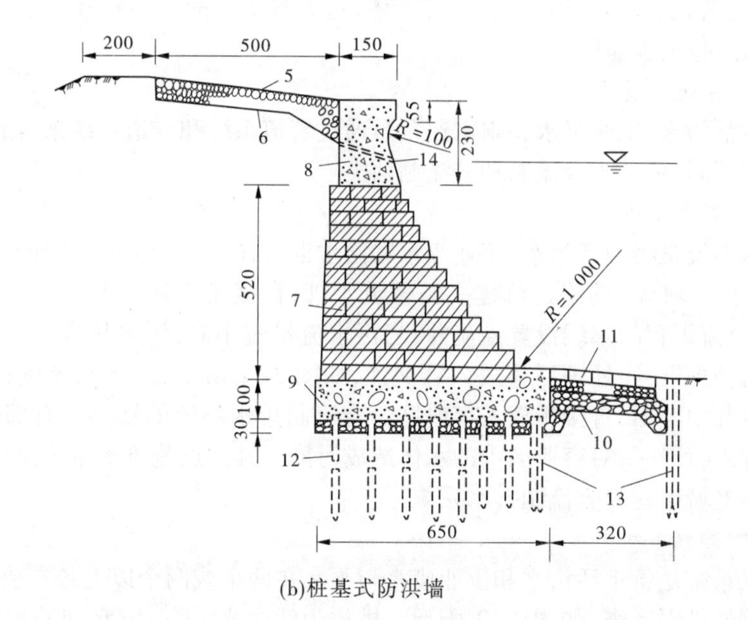

(b)桩基式防洪墙

1—土;2—砂石层;3—堆石护脚;4—干砌石护岸墙;5—砌石护面;6—砾石垫层;7—浆砌石墙体;8—混凝土墙顶;9—混凝土墙基;10—抛石;11—砌石护脚;12—桩基;13—防冲板桩;14—排水孔

图3-11　特殊形式的防洪墙　(单位:cm)

砌石层,背水面填土,干砌石层的顶部应高于河道的最高洪水位,其底部应伸入河底以下,以防淘刷。

(2)桩基式防洪墙,见图3-11(b)。当地基为软土,承载力较低时,可将防洪墙修建在桩基上,防洪墙的下部用浆砌石建筑,上部用混凝土建筑,迎水面做成曲线形,以反射冲击墙面的波浪。桩基承台的下面设有排水垫层,墙体内还设有排水孔,以平衡墙体前后的水压力。

(3)阶梯形护岸防洪墙。当河岸较高,上部受风浪冲刷,下部受主流顶冲时,则可采用阶梯形护岸防洪墙,其顶部为防洪墙,中部为砌石护坡,下部则采用抛石、石笼固脚。

任务3 排水工程

1 城市排水工程

1.1 城市的排水系统

1.1.1 城市污水的种类

城镇的污水可分为三类,即生活污水、工业废水和降水。

(1)生活污水是指城镇居民日常生活中的废水,主要来自住宅、机关、学校、医院、商店、旅馆、饭店、公共场所等的厕所、盥洗室、浴室、厨房、食堂等排出的水。

(2)工业废水是指工厂、矿山等工业企业在生产中排出的废水,根据废水的污染程度,又可分为生产废水和生产污水两种。

(3)降水是指降落在地面的雨、雪、雹等水体,这类水受到的污染较轻,一般可以不经过处理而直接就近排入容泄区。

1.1.2 城市排水系统的类型

城市中的生活污水、工业废水和雨水通常是通过管道系统和渠道系统来排放的,根据排水系统体制的不同,可分为合流制和分流制两类。

1.1.2.1 合流制排水系统

合流制排水系统是将生活污水、工业废水和雨水混合在一个管渠内排放的,通常在靠近容泄区(河、湖、坑塘等)的附近修建一条截流干管,在截流干管的末端设置污水处理厂,同时在污水合流干管的末端设置溢流井,当污水流量较小时,污水从合流干管通过截流干管进入污水处理厂,经处理后排放入容泄区,如图3-12所示;当污水流量较大时,部分污水则从溢流井中溢出,直接排放入容泄区。合流制排水系统的缺点是有部分混合污水未经处理就排入容泄区,对容泄区中的水体造成污染。其优点是排水系统比较简单,目前国内外的一些老城市均为合流制排水系统。

1.1.2.2 分流制排水系统

分流制排水系统是将生活污水和工业废水与雨水在两个或两个以上各自独立的排水管渠内进行排放的排水系统,如图3-13所示。排放生活污水、工业废水和城市污水的系统称为污水排水系统,排放雨水的系统则称为雨水排水系统。

根据雨水排水方式的不同,分流制排水系统又可分为完全分流制排水系统和不完全分流制排水系统两种。完全分流制排水系统是分别设有污水排水系统和雨水排水系统的

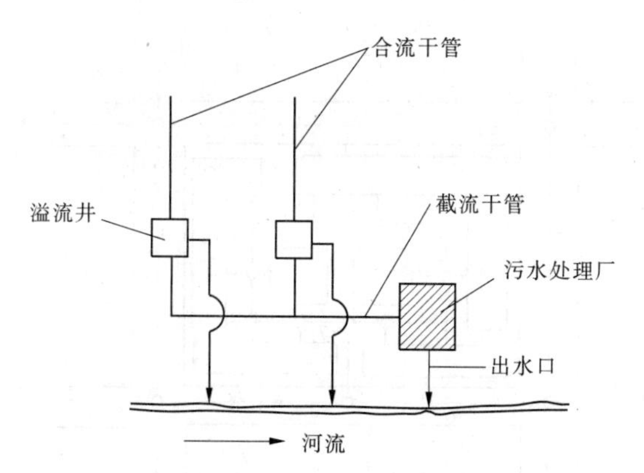

图3-12 合流制排水系统

排水方式，而不完全分流制排水系统则只有污水排水系统，而没有雨水排水系统，雨水通过地面、街道边沟、原有水渠等排入容泄区。

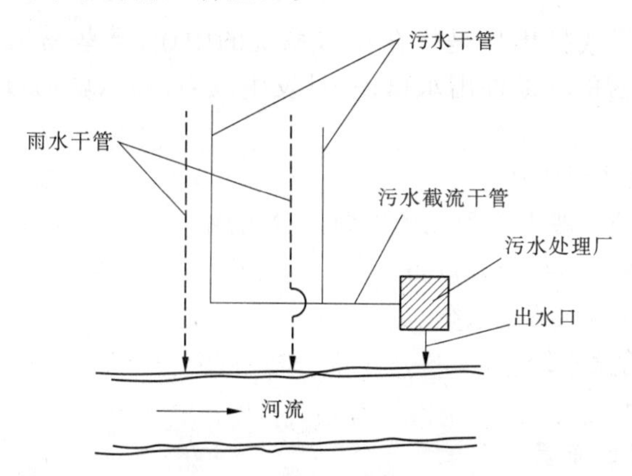

图3-13 分流制排水系统

1.1.3 城市排水系统的组成

1.1.3.1 城市污水排水系统的组成

城市污水排水系统的平面示意见图3-14。城市污水排水系统由以下几个主要部分组成：

(1)室内污水管道系统。

(2)室外(包括庭院、街坊)污水管道系统。

(3)街道污水管道系统。包括承接庭院或街坊流来污水的支管、汇集支管流来污水的干管和汇集干管流来污水的主干管等。

(4)城市总干管。承接主干管输送来的污水，将其输送至总泵站。

(5)污水泵站和压力管道。当受到地形条件限制，污水无法利用重力自流输送时，就需要设置泵站，利用泵站通过压力管道将污水送至较高地点的自流管道。泵站可分为局部泵站、中途泵站和总泵站三类。

(6)污水处理和利用的构筑物。用以处理和利用污水、污泥的一系列构筑物及附属构筑物，通常称为污水处理厂。污水处理厂一般设在离城镇有一定距离的河道下游地段。

(7)出水口及事故排出口。将污水排入容泄区的渠道和出口，称为出水口，是城镇污

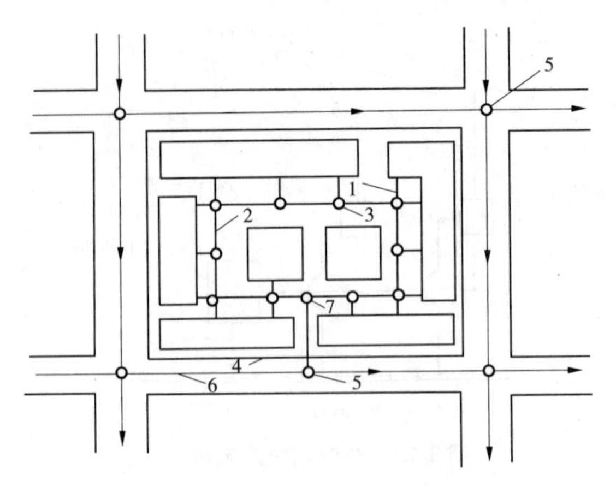

1—出户管;2—污水管道;3—检查井;4—小区界;5—街道检查井;6—街道污水管;7—控制井

图3-14　城镇污水排水系统平面布置示意图

水排水系统的终端。事故排出口是指在排水系统的中途,某些易出现故障的组成部分(例如总泵站)之前设置的辅助性出水口,一旦发生故障,污水就通过事故排出口直接排入容泄区。

1.1.3.2　雨水排水系统的组成

城市雨水排水系统一般由下列几个主要部分组成:

(1)房屋的雨水管道系统及其设备。

(2)街坊或厂区的雨水管渠系统。

(3)街道的雨水管渠系统。

(4)出水口。

1.1.4　城市排水系统的布置

排水系统的布置与当地的地形、土壤情况、城市规划、污水厂位置、容泄区情况、污水种类和污染程度等因素有关,应根据具体条件因地制宜地综合考虑。排水系统的布置形式很多,归纳起来有六种基本布置形式,即正交式布置、截流式布置、平行式布置、分区式布置、分散式布置和环绕式布置。

1.1.4.1　正交式布置

当城市地形向容泄区一侧倾斜时,可将各排水区域的排水系统以最短的距离,按照与容泄区正交的方向直接排放,如图3-15(a)所示。这种布置方式的干管长度短,管径比较小,污水的排放也比较迅速,所以是比较经济的一种布置形式,但是由于污水未经处理就直接排放,将会使容泄区的水质遭受污染,影响环境,因此这种布置方式仅适用于布置雨水排水系统。

1.1.4.2　截流式布置

如果在上述正交布置的方式中,在各排水系统的干管末端再敷设一条主干管,截流各排水系统干管中的污水,将其统一输送至污水处理厂,经处理后再排放至容泄区,这种布置方式称为截流式布置,如图3-15(b)所示。截流式布置由于污水经处理后才排入容泄区,因此减轻了对容泄区水体的污染,改善了城市的环境条件,适用于分流制排水系统中生活污水和工业废水的排水系统布置。

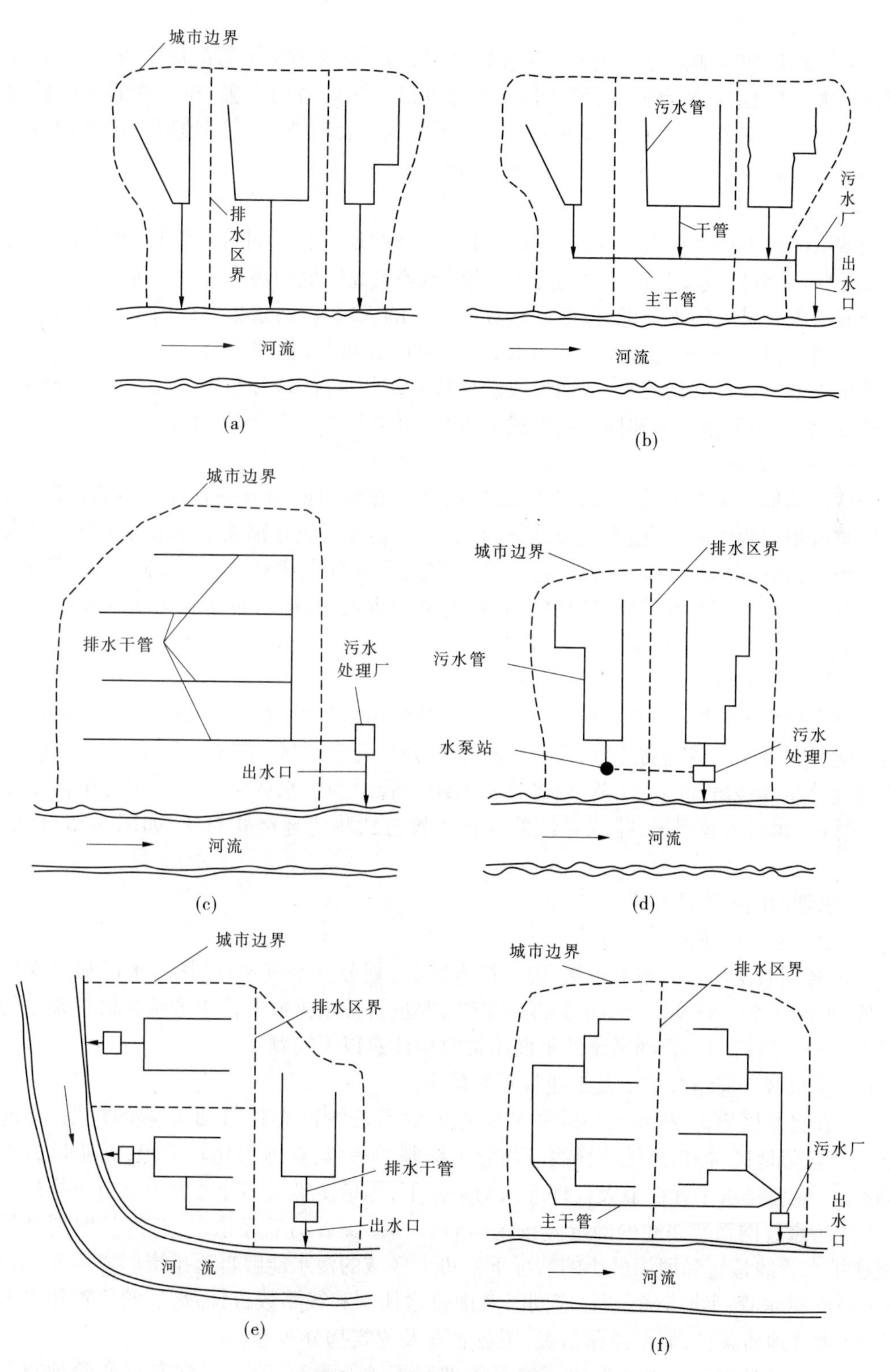

图3-15 排水系统的布置方式

1.1.4.3　平行式布置

当城市地形向容泄区方向倾斜的坡度较大时,为了避免排水干管的坡度较大,引起管内流速增大,进而造成严重冲刷,可使各干管分别沿等高线方向布置,在干管的末端敷设与等高线成一定交角的主干管,将各干管中的污水截流后输送至污水处理厂,经处理后再排入容泄区,这种布置方式称为平行式布置,如图3-15(c)所示。

1.1.4.4　分区式布置

当城市的地形高低相差较大,有的地方较高,有的地方较低时,此时可按地势的高低分为几个区域,分别设置各自独立的管道系统,地势较高区域的污水排水系统靠重力将污水按自流的方式排入污水处理厂,而在地势比较低的区域,将污水集中后用水泵将污水送至污水处理厂,排水系统的这种布置方式,称为分区式布置,如图3-15(d)所示。分区式布置适用于城市地形起伏较大,或地形成阶梯状分布的情况,这种布置方式可以充分利用地形的变化,分别采用自流和抽水的方式来排水,可以节省电力,比较经济。

1.1.4.5　分散式布置

当城市的地形是中央较高,四周较低时,或者是在城市四周分别有容泄区的情况下,可以以城市中央为中心,将整个城市划分为几个区域,各区域分别独立地布置各自的排水管道系统,形成分散状的排水系统,这种布置方式称为分散式布置,如图3-15(e)所示。这种布置方式的干管长度较短,管径较小,管道埋深也较浅,但水泵站和污水处理厂的数量较多,适用于地势比较平缓的较大城市。

1.1.4.6　环绕式布置

当城市较大,容泄区只有一处,或者是为了减少污水厂的数量和建筑用地,节省污水厂的基建投资和运行管理费用,可将整个城市划分为几个区域,分别建立排水管道系统,最后敷设一条环绕城周的主干管,将各排水系统干管中的污水截流后集中输送至污水处理厂,处理后再排入容泄区,排水系统的这种布置方式称为环绕式布置,如图3-15(f)所示。

1.2　污水管网的布置及要求

1.2.1　污水管网的布置

污水管网系统的平面布置包括:确定排水区界,划分排水流域;选择污水厂和出水口的位置;拟定污水干管及主干管的路线;确定需要进行抽水排放的抽水区域和设置泵站的位置等内容。进行污水管网系统的平面布置时应注意以下问题:

(1)排水区界应结合城市及工业规划来确定。

(2)在排水区界内,排水流域的划分要考虑地形条件和城市、工业企业的规划,在地形起伏及丘陵地区,排水流域分界线应与分水线基本一致;在地形比较平坦,无明显分水线的地区,应使排水干管在最大合理埋深的条件下,尽量使绝大部分污水能够自流排放。

(3)污水管网系统路线的确定应按主干管、干管、支管的顺序依次进行,其原则是尽可能在排水管线最短和埋深最小的情况下使最大区域的污水能够自流排出。

(4)在排水管网线路确定时,应同时考虑排水体制和线路数目,污水厂的位置和出水口位置,水文地质条件,城市道路情况,工业企业及建筑物分布等。

(5)污水支管的平面布置取决于地形条件和街坊的建筑特点,通常有下列两种布置方式:

①街道支管可敷设在街坊较低一边的街道下,如图3-16(a)所示。

②当街坊较大,地势平坦时,街道支管也可以沿街坊四周的街道敷设,如图3-16(b)所示。

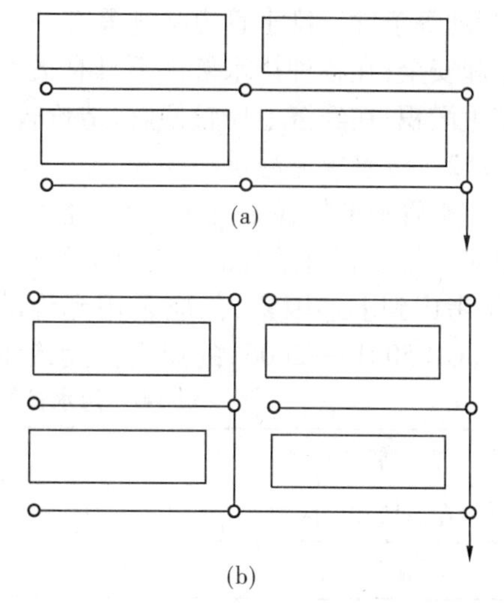

图3-16 污水排水支管的布置形式

1.2.2 污水管道的断面及要求

1.2.2.1 污水管渠的断面形式

污水的排放可以采用暗管,也可以采用明渠,应根据具体条件来选用。排水管渠的断面形式通常有圆形、椭圆形、马蹄形、方圆形(城门洞形)、蛋形、矩形、倒方圆形、具有低水断面的矩形、梯形等,如图3-17所示。

圆形断面具有较好的水力条件,在同样的过水断面情况下流量较大,同时承受外力的性能也较好,而且便于预制,在运输、施工、养护方面也比较方便,所以采用较广。

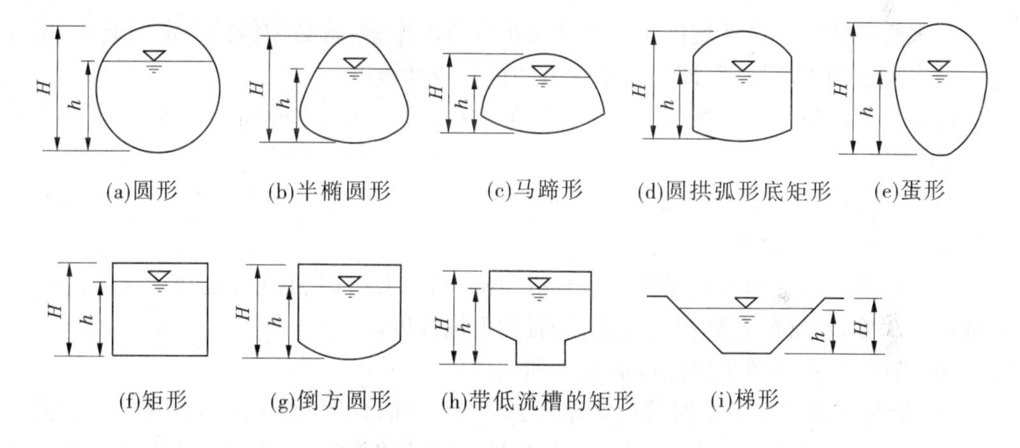

图3-17 排水管渠的断面形式

半椭圆形断面在承受垂直压力和活荷载方面的性能比较好,适用于污水流量变化不大和管渠直径大于2 m的情况。

马蹄形断面具有较好的水力条件和承受外力的条件,但施工比较复杂,适用于流量变化不大的大流量污水排水管道。

蛋形断面能够较好地承受外力,而且在流量较小时仍可具有较大的流速,因此对减小淤积有利,但是这种断面在冲洗和清淤方面比较困难。

矩形断面在水力条件方面较其他断面形式差,但是这种断面可以根据需要任意加深,施工也比较方便,常用于路面狭窄地区的排水管道和一些工业企业的污水管道。

为了改善矩形断面在小流量时的水力条件,常将矩形断面的排水管道做成倒方圆形断面和具有低水断面的矩形断面形式,如图3-17(g)和图3-17(h)。

排水管道断面形式的选择应考虑管道的荷载条件、水力条件、经济条件以及施工、养护、管理等条件。排水管道必须具有一定的强度和刚度,在承受各种荷载的条件下能保持稳定和安全;在各种排水条件下具有最大的排水能力和良好的水力条件,既不产生冲刷也不产生淤积;在经济上比较便宜,造价较低,而且便于施工和管道的冲洗、清通工作。

1.2.2.2　污水管道的最小管径

污水管道的管径不宜过小,直径过小的管道极易堵塞,给管道的养护管理造成困难,所以对于排水管道系统的上游部分管道,虽然流量比较小,根据计算需要的管道直径也很小,但考虑到上述因素,仍应采用允许的最小管径。根据《室外排水设计规范(2016年版)》(GB 50014—2006)的规定,污水管道的最小管径如表3-6所示。

表3-6　污水管的最小管径和最小设计坡度

污水管道位置	最小管径(mm)	最小设计坡度
在街坊和厂区内	150	0.007
在街道下	200	0.004

1.2.2.3　污水管道的最小设计坡度

污水管道的最小设计坡度是指为使污水管道不淤塞,就必须保持一定的流速,相应于这一最小流速的管道坡度,即为污水管道的最小设计坡度。

污水管道的最小设计坡度与污水流量的大小,管道的过水断面和形状,管道的充满程度,以及管道表面的粗糙系数等因素有关,可通过水力计算来确定。在《室外排水设计规范(2016年版)》(GB 50014—2006)中所规定的污水管道最小设计坡度如表3-6所示。

1.2.2.4　污水管道的埋置深度

污水管道的埋置深度既是指污水管道顶部外壁到地面的深度,也是指管道内壁底部到地面的深度,通常前者称覆土厚度,后者称埋设深度。

污水管道的最小覆土厚度应满足下列条件:

(1)能保护管道在冬季时管内污水不致产生冰冻,同时也不致因土壤产生冻胀而使管道破损。污水管道是否会产生冰冻,与当地土壤的冰冻深度、污水的水温和管内的流速有关。《室外排水设计规范(2016年版)》(GB 50014—2006)规定,在保证管顶最小覆土厚度的情况下,无保温措施的生活污水管道和水温与其相近的工业废水管道的管线,可以埋设在土壤冰冻线以上0.15 m;在保证管顶最小覆土厚度的情况下,有保温措施或水温较高的管道,管底在冰冻线以上的距离可以适当加大。

(2)管顶必须有一定的覆土厚度,以保证在地面荷载的作用下管道不致损坏。这一厚度与路面的类型、管道材料的强度、荷载的性质及其大小等因素有关,《室外排水设计规范(2016年版)》(GB 50014—2006)中规定,在行车道下的管道,管顶的最小覆土厚度一般不小于0.7 m。

(3)应满足管道连接上的要求。通常街道污水管起始端的埋深可按下式计算:

$$H = h + iL + G_2 - G_1 + d \tag{3-9}$$

式中　H——街道污水管的最小埋深,m,如图3-18所示;

h——街坊或庭院污水管起始端的最小埋深,m;

i——街坊或庭院污水管和连接支管的设计坡度;

L——街坊或庭院污水管和连接支管的总长度，m，如图3-18所示；

G_1——街道污水管检查井处的地面标高，m；

G_2——街道或庭院污水管起始端检查井处的地面标高，m；

d——连接支管与街道污水管的管内壁底部高差，m。

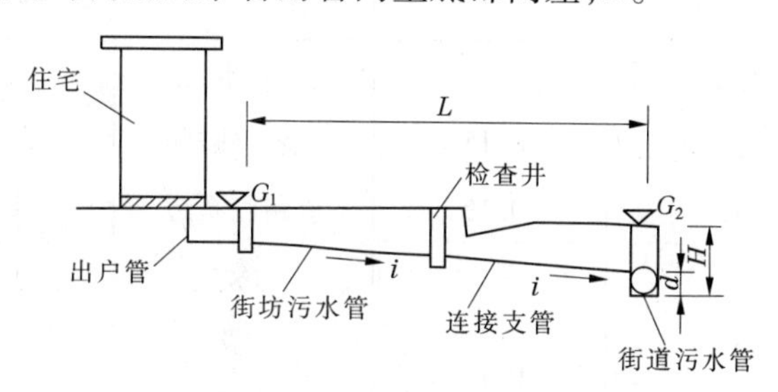

图3-18　街道污水管最小埋深计算图

1.3　雨水管渠系统的布置及要求

雨水管渠的布置应结合建筑物的分布、道路的布置、雨水口的分布、出口位置、地下构筑物的分布及地形情况进行合理的布置，应尽量利用自然地形，用最短的管线长度排入附近的容泄区。在布置时应注意以下几点：

(1)雨水口的布置应使雨水不致漫过路口和路面，通常在交叉口的汇水点和低洼的地方应布置雨水口，在道路的直段上每隔30～80 m也应设置雨水口。雨水口一般沿道路两侧布置，其形式如图3-19所示。

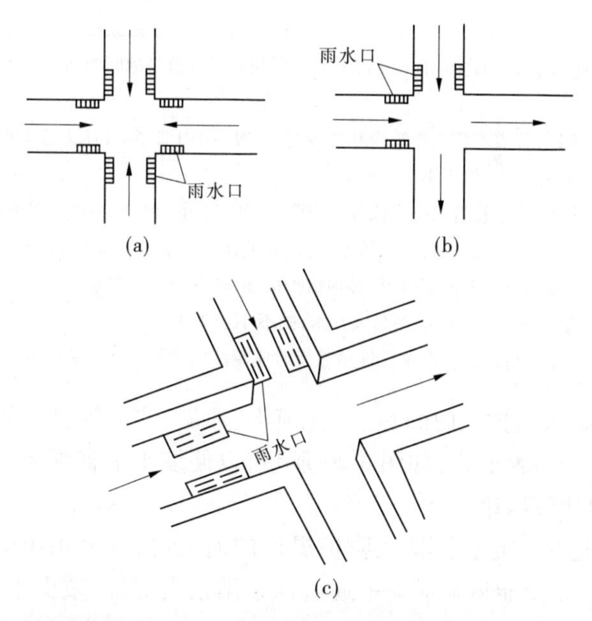

图3-19　雨水口的布置

(2)雨水管道一般应平行道路，敷设在人行道和绿化地带的下面，以便于维修。当路面宽度大于40 m时，也可以在道路两侧分别布置。

(3)雨水干管在高度的布置上，应考虑到其他地下构筑物和地下管线，相互之间应保持一定距离,排水管线与其他管线和构筑物的最小净距如表 3-7 所示。

表 3-7　排水管道与其他管线和构筑物的最小净距

名称	水平净距(m)	垂直净距(m)	名称	水平净距(m)	垂直净距(m)
建筑物	见注①		乔木		
给水管	见注②	0.15	地上柱杆	见注③	
排水管	1.5	0.15	道路侧石边	1.5	
煤气管 低压	1.0	0.15	缘	1.5	
煤气管 中压	1.5		铁路	见注④	
煤气管 高压	2.0		电车路轨	2.0	轨底 1.2
煤气管 特高压	5.0		架空管架基础	2.0	0.25
热力管沟	1.5	0.15	油管	1.5	0.15
电力电缆	1.0	0.50	压缩空气管	1.5	0.25
通信电缆	1.0	直埋 0.50	氧气管	1.5	0.25
			乙炔管	1.5	0.50
		穿埋 0.15	电车电缆		0.50
			隧洞基础底		0.15

注:(1)水平净距指外壁净距,垂直净距指下面管道的外顶与上面管道基础间的净距。

(2)表中注:

①与建筑物水平净距,管道埋深比建筑物基础浅时,一般不小于 2.5 m(压力管不小于 5.0 m);管道埋深比建筑物基础深时,计算确定,但不小于 3.0 m。

②与给水管水平净距,给水管管径小于或等于 200 mm 时,不小于 1.5 m;给水管管径大于 200 mm 时,不小于 3.0 m。与生活给水管道交叉时,污水管道、合流管道在生活给水管道下面的垂直净距不应小于 0.4 m。当不能避免在生活给水管道上面穿越时,必须给予加固,加固长度不应小于生活给水管道的外径加 4 m。

③与乔木中心距离不小于 1.5 m;如遇高大乔木,则不小于 2.0 m。

④穿越铁路时应尽量垂直通过。沿单行铁路敷设时应距路堤坡脚或路堑坡顶不小于 5 m。

(4)当雨水是排入防护区内的容泄区(河沟、池塘、洼地等)时,则雨水干管的布置宜采用分散式出水口的布置形式,如图 3-20 所示,以便缩小干管管径和长度,降低造价,而且出水口的结构也比较简单。

(5)当雨水管道出口是直接排入防护堤外的河流时,宜采用集中出水口式的管道布置,如图 3-21 所示,以便能将雨水集中通过水泵站抽出堤外,减少水泵站的数量,节省费用。

(6)对于傍山建筑的城市,除应在市区内布置雨水排水管道系统外,在城市周边还应设置排洪沟(截洪沟),如图 3-22 所示,以拦截山坡上下泄的洪水,将其排入容泄区,以保证城市的安全。

(7)雨水排水系统既可采用暗管,也可采用明渠,应根据具体情况来决定。通常在市区内多采用暗管；在市郊或建筑物密度较低，交通流量较小的地方，可采用明渠。在暗管与明渠连接处，明渠应进行护砌，护砌长度自管端算起一般为 3～8 m。

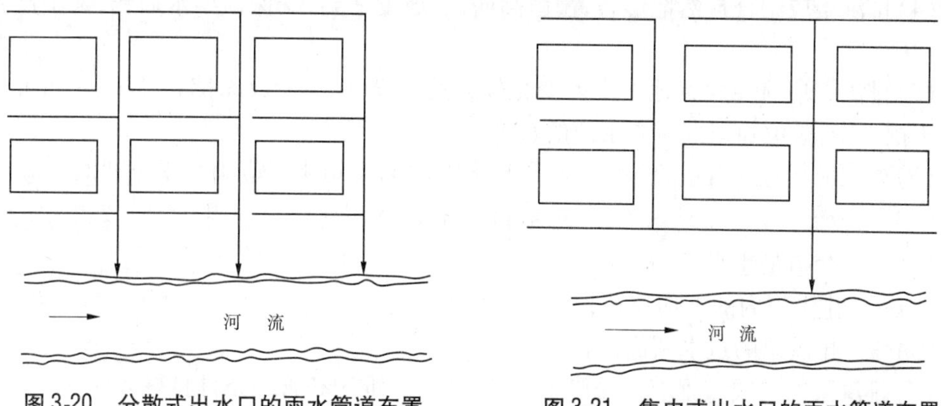

图 3-20　分散式出水口的雨水管道布置　　图 3-21　集中式出水口的雨水管道布置

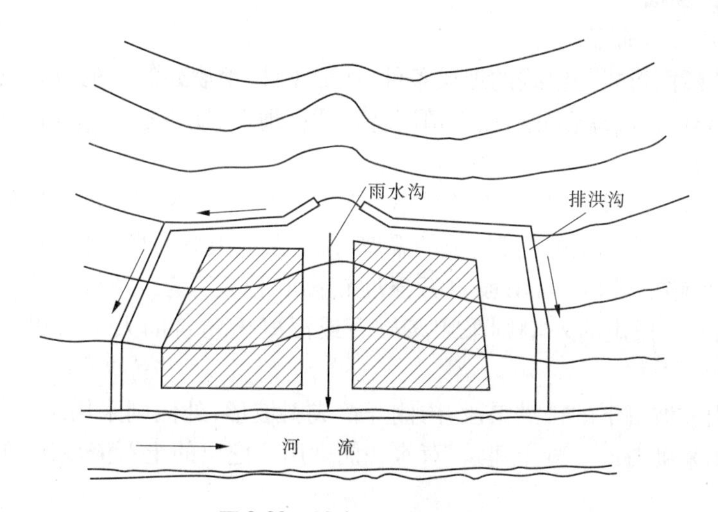

图 3-22　城市周边的排洪沟

2　排(截)洪渠

沿河修建防护堤以后，山溪的天然入江口被堵塞，需要给这些溪流安排新的排水通道；此外在暴雨期间，沿防护区周边山坡上下泄的山洪，也应及时拦截后将其排入河道中。因此，在防护区的周边常常需要修建拦截山洪的排洪渠。

2.1　排洪渠的布置

排洪渠的布置应结合当地的地形、地貌、水文气象、工程地质和水文地质条件来进行，并应注意以下几点：

(1)排洪渠的布置应考虑到防护区的总体规划和今后的发展，应尽量将排洪渠布置在防护区外面地形较高的地方，以便有效地拦截山洪，保证防护区的安全。

(2)排洪渠的渠线应尽量少占农田，沿山坡布置，并且应尽量利用原有的山沟和山溪，以减少工程量。

(3)排洪渠应布置在土质坚实,稳定性好,渗透性小的土层中,应尽量避免穿越陡坡和可能产生流沙和滑坡的地段,以避免产生坍滑。

(4)排洪渠应结合自然地形布置,由高向低,坡度适当,既保证渠水通畅,又不产生淤积和冲刷。

(5)排洪渠应避免穿越地形高差变化较大的地段,以免造成深挖和高填,尽可能使渠道处于挖方中,避免和减少填方渠道的长度。

(6)渠线应尽量布置成直线,在必须布置弯道时,弯道半径应不小于下列值:

$$R = 11v^2\sqrt{A} + 12 \tag{3-10}$$

式中　R——弯道最小半径,m;

v——排洪渠内的平均流速,m/s;

A——排洪渠的过水断面面积,m^2。

(7)排洪渠的渠线布置应使排洪渠的施工方便,维护和管理条件良好。

2.2　排洪渠的断面

2.2.1　排洪渠的断面形式

排洪渠的断面形式与渠线的地质条件、地形条件、地表建筑物的分布及施工条件和排水流量的大小有关,应综合分析以上情况选定适应地形、地质条件,少占农田,施工方便的排洪渠断面形式。

对位于山坡上的排洪渠段,为了减小土石方的开挖量,渠道常做成局部开挖的断面形式,如图3-23(a)所示,内侧是开挖成的渠坡,为了保证山坡的稳定性,通常都开挖成斜坡形,并应具有足够的坡度;当山坡岩石强度较高和稳定性较好时,也可开挖成直坡,如图3-23(b)所示。渠道的外侧则采用浆砌石或混凝土建筑的人工渠堤,如图3-23(a)、(b)所示。

对位于山坡坡脚下的排洪渠段,内侧开挖成斜坡形,外侧则采用组合式的人工渠堤,即迎水一侧用浆砌石或混凝土建筑,背水一侧则用开挖出的土石渣填筑,如图3-23(c)所示。

对位于地势较高,地面比较平坦地区上的排洪渠段,多为挖方渠道,如果为土质渠床,通常做成梯形断面;如果为岩质渠床,且岩石良好,也可开挖成矩形断面,如图3-23(d)所示。

当渠线穿过低洼地区时,则多采用如图3-23(e)所示的填方渠道。

当渠线穿过地势较低的地段时,则可采用半填半挖的梯形断面,即断面的下面部分是开挖的,上部则是用开挖出的土料填筑的人工渠堤,如图3-23(f)所示。

由于排洪渠道中各渠段的流量是变化的,所以上游渠段的断面较小,下游渠段的断面较大,故断面做成渐变的,或者是分段逐渐增大的,此时为了使不同断面尺寸渠段之间水流的连接通畅平顺,在两渠段之间应设渐变段过渡,渐变段的长度应不小于两渠段底宽之差的5~10倍。

2.2.2　排洪渠道的断面尺寸

2.2.2.1　渠道断面的边坡

排洪渠道断面边坡的坡度应保证渠道在不同的运用条件下边坡的稳定,保持渠道的

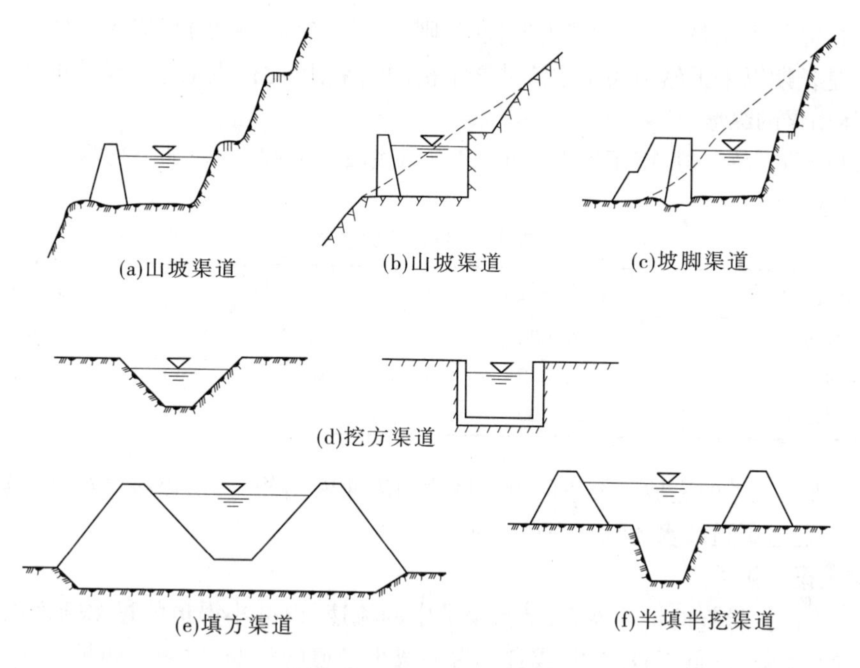

图3-23　排洪渠的断面形式

正常工作。边坡的大小取决于渠床的土质情况,渠道内水位的变化,地下水位的情况等条件,通常可根据排洪渠中流量的大小和渠床土壤的类别,参考有关资料确定。对于深挖方渠道中的高边坡,还应通过边坡的稳定分析后确定。

2.2.2.2　渠道断面的底宽

渠道断面的底宽取决于渠道中的流量和设计的渠底坡度,应通过水力计算来确定。但断面的最小底宽应满足施工的要求,对于人工开挖的排洪渠,断面的最小底宽为0.5 m;对于用机械开挖的排洪渠,断面的最小底宽为1.0~1.5 m。

2.2.2.3　渠堤(渠岸)的超高

排洪渠道的渠堤(渠岸)高出渠道中通过最大设计流量时的渠中水位,并有一定的安全超高。对断面宽度较大和当地风力较大的渠道,还应考虑风浪在边坡上爬高的影响,也就是说,此时渠堤(渠岸)顶部的高程应等于渠中的设计最高水位加风浪在边坡上的爬高,再加上一定的安全超高。排洪渠渠堤的安全加高,可根据渠道的设计流量按表3-8确定。

表3-8　排洪渠渠堤(渠岸)的安全超高

渠道设计流量(m^3/s)	安全超高(m)	渠道设计流量(m^3/s)	安全超高(m)
<0.3	0.1~0.3	10.0~30.0	0.6~0.8
0.3~1.0	0.3~0.4	30.0~50.0	0.8~1.0
1.0~10.0	0.4~0.6	>50.0	>1.0

2.3　排洪渠的底坡

排洪渠的底坡应根据地形条件和渠线的地质条件来确定,对于傍山修筑的排洪渠的上游渠段,如果土质坚实,抗冲能力比较强,则渠道的底坡(纵坡)可以大一些。天然山溪的纵坡,是长期以来天然山溪中水流冲淤平衡的结果,因此排洪渠上游渠段的底坡可令其接近天然山溪的纵坡。

排洪渠的下游渠段,由于地形平坦,渠道的底坡可以缓一些,通常可根据土壤的类别按表3-9选用。

表3-9 排洪渠的纵坡

土壤类别	渠道底坡 i	土壤类别	渠道底坡 i
粉质土	1/6 000	砂土	1/800
黏性土	1/2 000	砾石土	1/250
腐殖土	1/1 000		

由于排洪渠道的底坡与渠道的断面尺寸和流速密切相关,所以排洪渠的底坡应结合断面尺寸,通过渠道的水力计算来最后确定。

2.4 排洪渠的护面

为了提高排洪渠的抗冲能力,增大渠道中的流速,以减小渠道的过水断面面积,节省土石方的开挖量,降低工程费用,或者是为了减小渠道的渗漏,以减小防护区内地下水排水的设备容量和排水工程费用,对排洪渠的渠底和边坡有时要进行护砌。

通常,排洪渠护砌的类型有以下几种:

(1)砌石护面。常用的砌石护面有两种:①干砌石护面,一般用于提高渠道的抗冲能力,护面厚度一般为0.1~0.3 m。②浆砌石护面,既可用于提高渠道的抗冲能力,又可防止渠道的渗漏,护面厚度一般为0.2~0.3 m。

(2)黏土护面。黏土护面主要用于渠道的防渗,护面厚度一般为0.3~0.6 m,护砌高度应超出渠道最高水位0.3~0.75 m,为了防止黏土产生干裂,黏土护面的上面应用护面层保护。

(3)混凝土和钢筋混凝土护面。混凝土和钢筋混凝土护面可以减小渠道的糙率,防止渠道的渗漏,提高渠道的抗冲能力,护面的厚度一般为0.1~0.2 m,护砌高度应超出渠道水位,并不小于0.15 m。混凝土和钢筋混凝土护面又可分为现场浇筑和预制块拼装两种。

(4)沥青混凝土护面。沥青混凝土护面可以提高渠道的防冲、抗渗的能力,又可减小渠道表面的糙率,护面的厚度一般为0.10~0.15 m。

(5)塑料薄膜护面。塑料薄膜护面主要用于防止渠道的渗漏,效果较好,为了保护塑料薄膜,防止受到机械性破坏,薄膜表面应覆盖0.30 m厚的土层作为保护层。

3 地下水排水工程

防护区内由于汛期降雨的影响,造成地下水位过高,将会引起浸没。地下浸没会引起一系列问题,例如使房屋的地下室、地下构筑物、管道等被淹没;造成地面湿陷,房屋开裂、沉陷和倒塌,农作物枯萎、减产和死亡,道路泥泞,边坡坍滑,土地大面积盐碱化和沼泽化,地下水水质恶化,蚊蝇丛生,卫生条件严重恶化等。要防止上述现象的发生,就必须进行地下水排水,降低地下水位。

3.1 排水措施

降低地下水位的措施一般可分为浅层排水和深层排水两类。浅层排水主要是利用明沟和暗管来进行排水;深层排水则是利用排水井来进行排水。当要求的排水深度不大,或者是地面以下不深处存在隔水层或弱透水层时,多采用浅层排水;当地面比较平坦,或地面以下有深厚的含水层或承压含水层时,则多采用排水井排水。

浅层排水一般为自流排水,其中明沟排水还可以兼排地面渍水,排水量大,但占地较多,维修管理费用也较高;暗管排水不影响农田耕作,占地少,但需要大量管材,建设费用比较高。排水井排水可以是自流排水,也可以是抽水排水,因为单井的出水量比较少,所以常常要利用群井才能有效地降低地下水位。

排水形式的选择应结合当地的地形条件、土质情况、地下水情况和所要求的地下水埋深等情况进行综合分析后确定。对于无排水出口的封闭形盆地,宜采用抽水式排水;对于开阔的平坦地区,宜采用管式排水;对于地面坡度较大,或者是阶梯形地区,或者是低洼地区,宜采用沿阶地底面或低洼地底部布置的沟式排水。

在透水性较小的土层中,宜采用明沟排水;在含水层深厚,水量丰富的土层中,既可采用明沟排水,也可采用井式排水;在盐碱性易涝地区,则宜采用暗管或深沟排水;当表土层为较薄的弱透水层,下部为承压含水层时,宜采用自流式或抽水式的井式排水。

当所要求的地下水埋深不深,则可采用明沟式排水或暗管式排水;如要求地下水埋深较大,则宜采用抽水式井式排水。

3.2 地下水排水设施的形式

3.2.1 承压地下水排水设施的形式

根据排水井伸入含水层的深度,排水井可分为下列几种:

(1)完整井,如图3-24(a)所示,排水井从地表面一直向下贯穿整个含水层,适用于不均一的多层深厚地层。

(2)不完整井,如图3-24(b)所示,排水井未完全穿透含水层,只伸入含水层的50%~75%,适用于较均一的透水地层。

(3)浅井,如图3-24(c)所示,排水井只穿透表面弱透水层,井底位于含水层顶面,适用于表土层不厚,下部较薄的均一含水层。

(4)不完整沟,如图3-24(d)所示,沟底挖穿表土层,底部伸入含水层,适用于表土层较薄,而下部含水层又不厚的情况。

(5)浅沟,如图3-24(e)所示,沟底挖穿表土层,达到含水层的顶面,适用于表土层较薄,而含水层不厚又较均一的情况。

(6)混合型,如图3-24(f)所示,由浅沟和不完整井组合而成,适用于表土层较薄,下面的含水层较深而不均一的情况,此时井身贯穿含水层中的隔水层,伸入强含水层中。

3.2.2 非承压地下水排水设施的形式

(1)排水明沟,如图3-25(a)所示,适用于地下水水位较高,接近地表面,同时又排除地表渍水的情况。

(2)排水暗沟(管),如图3-25(b)所示,适用于地下水位较高,排水深度在2~3 m的

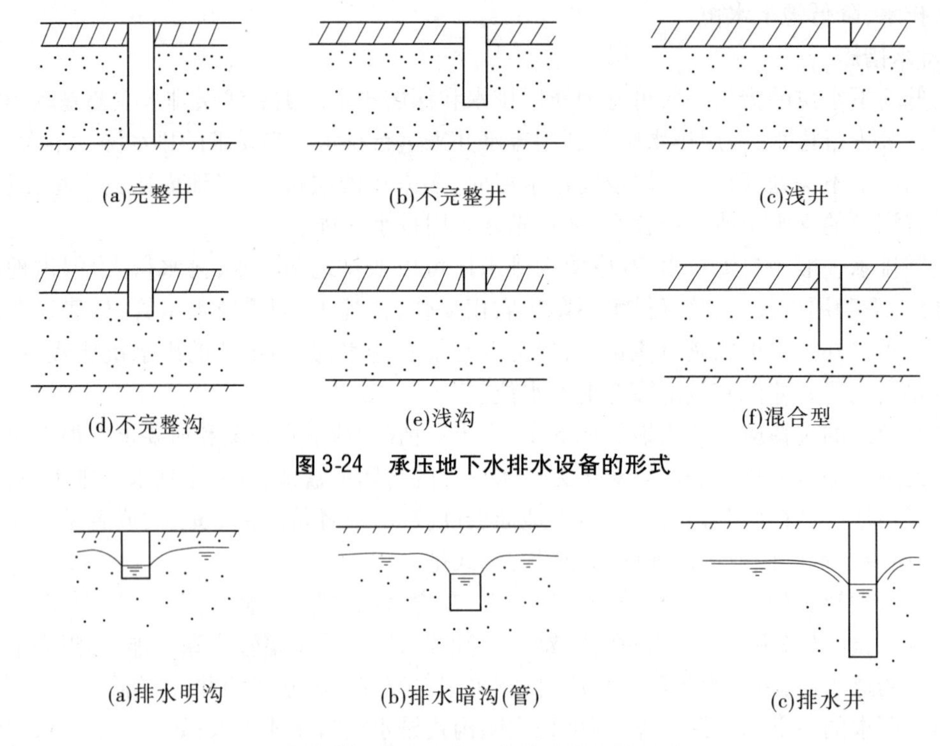

图 3-24　承压地下水排水设备的形式

图 3-25　非承压地下水排水设备的形式

情况。

(3)排水井,如图 3-25(c)所示,适用于地下水位较深或较浅的情况。

3.3　排水设备的形式和构造

3.3.1　排水暗沟(管)

3.3.1.1　排水暗管

排水暗管是用预制的带孔的混凝土管、缸瓦管、塑料管等,埋设在开挖好的沟底,管子的四周填以砂、砾等滤料,上部回填土料,如图 3-26(a)所示。排水管有圆形和方形的两种,如图 3-26(c)所示,直径为 10 ~ 20 cm。

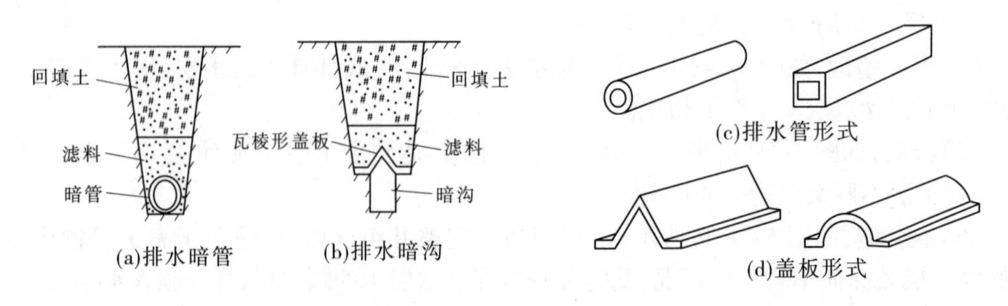

图 3-26　排水暗沟(管)的形式

3.3.1.2　排水暗沟

排水暗沟是先在地面以下一定深度开挖排水沟,排水沟的边壁可用砖、石和混凝土护砌，暗沟的顶部盖上穿孔的瓦棱形或拱形盖板，如图3-26(d)所示，盖板的上面覆盖一定厚度(一般为20～35 cm)的砂砾石滤料，滤料的顶部再回填土料，如图3-26(b)所示。

3.3.2　排水明沟

排水明沟多为梯形断面，首先将表土层挖除直达含水层的一定深度，然后在沟的底部和两侧边坡上铺15～30 cm厚的砂层，砂层上又铺设20～40 cm厚的砾石层，砾石层上再铺设一定厚度的石块，如图3-27所示。

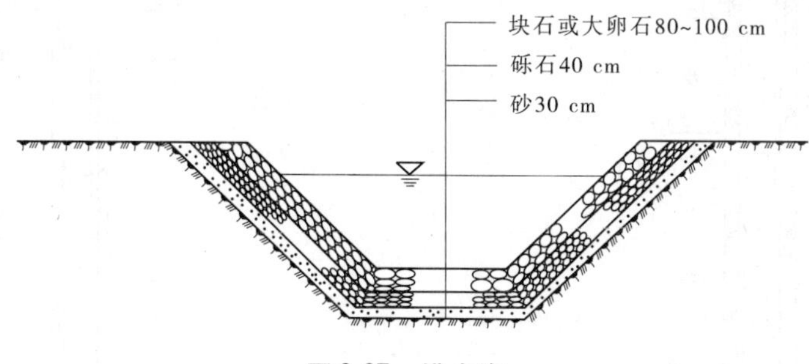

图3-27　排水沟

3.3.3　排水井

根据含水层中地下水有无自由表面线的情况，排水井可分为无压排水井和有压排水井两类。当含水层中地下水有自由表面线时，相应的排水井为无压排水井；当含水层中地下水无自由表面线时，相应的排水井为有压排水井。

排水井通常和排水沟联合使用，以便通过排水井渗出的地下水能够及时地通过排水沟排走。根据排水井与排水沟的相对位置，排水井的布置有两种方式，即排水井布置在排水沟的一侧和排水井布置在排水沟中，如图3-28所示。

当排水井布置在排水沟一侧时，排水井与排水沟之间用明沟或暗管连接，以便将井内涌水引入排水沟中，此时暗管和排水井之间用三通管连接，如图3-28(a)所示。为了缩短暗管的长度，也可以将排水井布置在排水沟的边坡上。

当排水井布置在排水沟中时，排水井中的涌水是通过设在排水井顶部处的出水口排出的，如图3-28(b)所示，出水口的高程应高于排水井不排水时排水沟中可能的最高水位，以防排水沟中的污水向井中倒灌，将井管堵塞。为安全起见，排水井出水口的四周还应罩上钢丝网。

排水井通常由井孔、井管(包括穿孔管、沉淀管、上升管)、反滤层、井口结构(包括井帽、横向暗管和出水口)和排水沟等几个部分组成，如图3-28所示。井孔一般用冲击钻机造孔，直径60～75 cm。井管通常分为三个部分，上部为上升管，中下部为滤水管，下部为沉淀管，井管内径为15～30 cm，可采用水泥混凝土管、钢管、塑料管、石棉水泥管、缸瓦管和木管，其中以石棉水泥管采用较多。滤水管是在井管上开孔，然后在管的外壁包扎棕皮或包扎两层铜丝网或塑料网，并在井管与井壁之间填滤料，以防泥沙颗粒随渗水进入排水井内。排水井的滤水管一般应伸入强含水层中，以提高排水的效果。当透水层厚度不大时应采用完整井；当透水层厚度很大，开凿深井有困难时，可采用不完整井，但井的深度至少应伸入含水层厚度的50%。从排水效果来看，比较理想的是排水井伸入含水层的深度与含水层厚度的比值应在50%～75%。

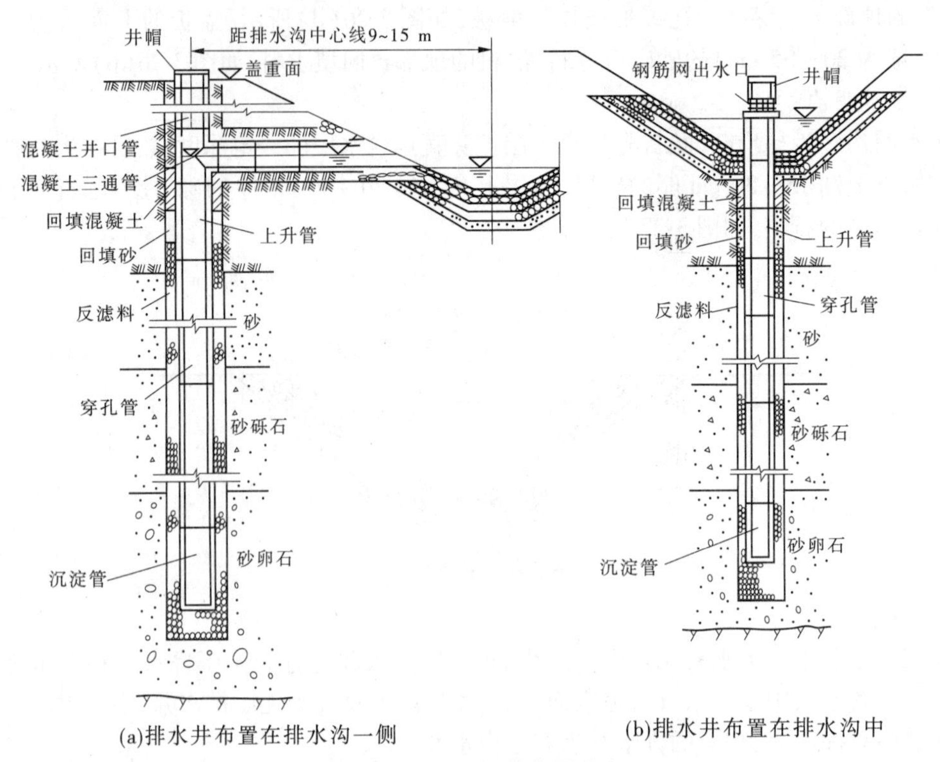

图3-28 排水井的布置形式

排水井的井距取决于井底伸入含水层的深度和地层的透水性,可根据排水井的渗流计算来确定,一般可采用15~30 m;对于透水性强,地下水水头压力较大的地层,可采用较小的间距。

4 抽水站站址的选择

抽水站也称扬水站、水泵站,是将低处的水抽向高处的一种集中的排水设备。

为了保护防护区免遭洪水的淹没,在防护区临河一岸修筑围堤后,防护区原有的排水出路即被隔断,此时防护区内的城镇污水、工业废水、地表雨水、排水沟水、井中排出的地下水,以及防护区内原有河沟中的水流,均需通过抽水站用水泵排出堤外。

4.1 防护区的排水规划

防护区的排水要进行统一规划,以便能有效地进行排水,避免防护区内发生涝、渍、淹没和浸没,确保防护区的安全。在进行防护区的排水规划时,应尽量使防护区内所要排出的水能自流排出防护区,以减小需要进行抽排的水量和最大抽水流量,降低抽水站的容量和费用。为此,在进行排水规划时应注意:

(1)应贯彻高水自流高排的原则,例如沿防护区地形较高地区布置的排洪沟中的水,应尽量从高地沿防护区外侧,绕过防护堤,直接自流排入河道,如图3-29(a)所示。

(2)对于防护区内的原有河沟,应在防护堤处设置涵闸,当堤外河道中的水位高于堤内河沟中的水位时,则将涵闸闸门关闭,利用抽水站将河沟中的水抽出堤外;当堤外河道中的水位低于堤内河沟中的水位时,则将涵闸的闸门开启,使河沟中的水自流排入河道,如图 3-29(b)所示。

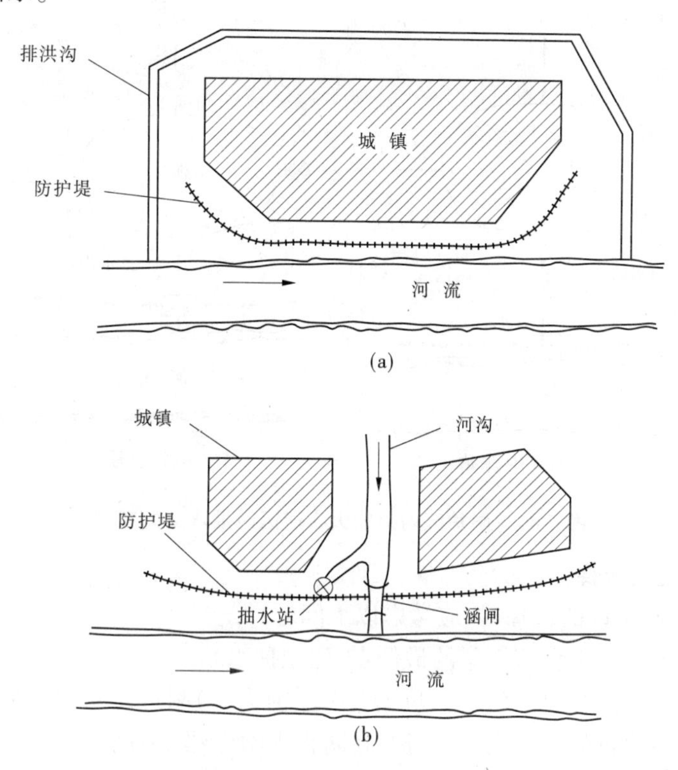

图 3-29　防护区的排水规划

(3)尽量利用防护区内的容泄区(河沟、湖泊、坑塘、洼地等),对防护区内的地表雨水、原河沟中的水流、通过排水沟井排出的地下水等进行调节,以降低抽水站的最大流量。

(4)如果防护区的面积较大,地形的起伏不大,地势为单向倾斜,有单一的骨干排水河沟进行排水的地区,宜在排水出口处修建较大的集中抽水站。当防护区内地形起伏较大,地势高低不平,排水出口分散时,宜分散建立较小的抽水站。

如果防护区内有较大的具有调蓄能力的容泄区,若容泄区的地势较低,可使各排水沟渠自流排水进入容泄区,在容泄区附近集中修建较大的抽水站,将容泄区中的水集中抽出防护堤外,如图 3-30(a)所示;若容泄区的地势较高,则宜在各排水沟渠的末端分散修建抽水站将各排水沟渠中的水抽入容泄区,经容泄区调蓄后,在外河水位较低时,再自流排出防护堤,如图 3-30(b)所示。

(5)应尽量利用地表雨水、处理后的生活污水、地下水、原河沟中的水进行灌溉,使灌排结合,综合利用。对于比较清洁的地表雨水、排水沟井中排出的地下水和原河沟中的水,可作为一部分城市供水,既解决城镇用水的需要,又减小了需要抽排的水量。

在防护区内有较大容泄区、有较大支沟通过、地形比较平坦、排水出口单一的地区,宜比较集中地修建较大的抽水站,以降低建站的投资和便于抽水站的维修管理;在地形起伏较大,水网密集,集中建站排水有困难的地区,则宜分散建立小型抽水站,以便及时排除积水。

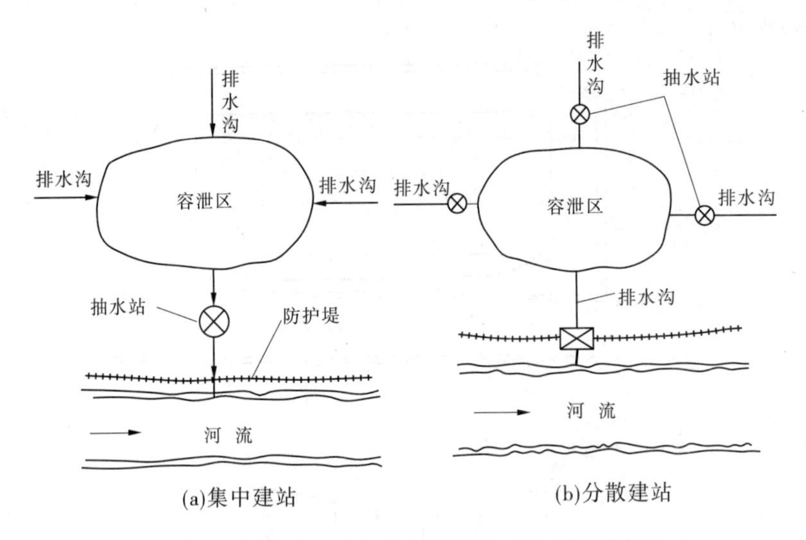

图 3-30　防护区内有较大容泄区时抽水站的布置

4.2　抽水站站址的选择

在进行抽水站站址的选择时,应考虑以下问题:

(1)在防护区地表水自流汇集的最低点,建立抽水站。

(2)在防护区内的容泄区(湖泊、坑塘、洼地、河沟等)附近建立抽水站。

(3)防护区内通过的较大山溪、支沟,在防护堤附近建立抽水站。

(4)抽水站应选择在地质条件良好,承载力较高的地方,应避免在地基软弱、沉降较大、稳定性较差(如淤泥或可能产生流沙)的地方建站。

(5)应选择在近电源,又与居民区和公共建筑物有一定距离(一般应不小于 25 m)的地方建立抽水站,以缩短输电线路和避免相互干扰。

(6)应使抽水站的进水和出水平顺,减小管路的长度。

小　结

根据分洪方式的不同,分洪工程可分为分洪道式、滞蓄式和综合式三类。

分洪方式应根据当地的地形、水文、经济等条件,本着安全可靠、经济合理、技术可行的原则,因地制宜地来选取和确定。

分洪闸和泄洪闸的闸址应根据地形、地质、水文、水力、施工、管理和经济等条件,因地制宜地综合分析后确定。

滞蓄区可以是洼地、坑塘、废墟、民坑、湖泊等,如果防护区附近有支沟或沟壑,也可以在支沟或沟壑上修建堤坝形成水库作为滞蓄区;对于较大型的滞洪区,在滞洪区内人口比较密集的居民点、贸易集镇和工厂比较集中的地点,应选择地势较高的地方,必要时可在四周修筑围堤,布置安全台或安全区。

分洪道有两类:一类是利用临近的河沟经过整治后用作分洪道,另一类是新开挖渠道作为分洪道。

防护堤通常都采用土料建造,其类型有均质防护堤、斜墙式防护堤和心墙式防护堤等三种,其中最常采用的是均质防护堤;筑堤土料应该就地取材,便于施工,而且不易受冲刷和产生开裂,同时土料的抗渗性能和密实性能也都比较好。

为了防止风、风浪、冰、雨水、温度变化和河道中水位变化等因素对防护堤边坡的影响,防护堤的迎水坡和背水坡应均进行护坡。

由于地形条件的限制和河岸距城镇较近,无法布置防护堤时,可以修建防洪墙,以代替防护堤。

防洪墙布置在河岸边缘,底面应埋入地基一定深度,为了防止波浪,特别是反射波的冲刷,墙底应用石块或铅丝笼等材料进行保护。

城市中的生活污水、工业废水和雨水通常是通过管道系统和渠道系统来排放的,根据排水系统体制的不同,可分为合流制和分流制两类。

排水系统的布置与当地的地形、土壤情况、城市规划、污水厂位置、容泄区情况、污水种类和污染程度等因素有关,应根据具体条件因地制宜地综合考虑。排水系统的布置形式很多,归纳起来有六种基本布置形式,即正交式布置、截流式布置、平行式布置、分散式布置、分区式布置和环绕式布置。

污水管网系统的平面布置包括:确定排水区界,划分排水流域;选择污水厂和出水口的位置;拟订污水干管及主干管的路线;确需要进行抽水排放的抽水区域和设置泵站的位置等内容。

污水的排放可以采用暗管,也可以采用明渠,应根据具体条件来选用。排水管渠的断面形式通常有圆形、椭圆形、马蹄形、方圆形(城门洞形)、蛋形、矩形、倒方圆形、具有低水断面的矩形、梯形等。

雨水管渠的布置应结合建筑物的分布、道路的布置、雨水口的分布、出口位置、地下构筑物的分布及地形情况进行合理的布置,应尽量利用自然地形,用最短的管线长度排入附近的容泄区。

在防护区的周边常常需要修建拦截山洪的排洪渠,排洪渠的布置应结合当地的地形、地貌、水文气象、工程地质和水文地质条件来进行;排洪渠的断面形式与渠线的地质条件、地形条件、地表建筑物的分布、施工条件和排水流量的大小有关,应综合分析以上情况选定适应地形、地质条件,少占农田,施工方便的排洪渠断面形式。

降低地下水位的措施一般可分为浅层排水和深层排水两类。浅层排水主要是利用明沟和暗管来进行排水,深层排水则是利用排水井来进行排水。

抽水站也称扬水站、水泵站,是将低处的水抽向高处的一种集中的排水设备。防护区的排水要进行统一规划,以便能有效地进行排水,避免防护区内发生涝、渍、淹没和浸没,确保防护区的安全。在进行防护区的排水规划时,应尽量使防护区内所要排出的水能自流排出防护区,以减小需要进行抽排的水量和最大抽水流量,降低抽水站的容量和费用。

复习思考题

1. 如何选择分洪道线路?

2. 如何选择分洪方式?
3. 如何确定分洪道断面尺寸?
4. 如何布置排洪渠? 如何确定排洪渠断面尺寸?
5. 如何选择防洪堤线路?
6. 如何确定防洪堤断面尺寸?
7. 防护区如何进行排水规划?
8. 如何选择抽水站的站址?
9. 怎样设计反滤层? 应满足哪些要求?

学习项目4 城市河道整治

【学习指导】

目标:1. 了解城市河道整治的原则、整治规划的内容、整治规划设计的主要参数;

2. 了解城市河道整治多功能化;

3. 掌握城市河道整治的主要措施。

重点:城市河道整治的主要措施。

任务1 城市河道整治规划

城市河道整治就是为了满足人类对社会进步、经济发展、城市建设、生存环境提升中的某些要求,按照河道演变规律,稳定和改善河势,改善河道边界条件、水流流态和生态环境而对城市河道进行的修复、改造和治理活动,是融入现代水利工程学、环境科学、生物科学、生态学、城市规划学、园林学、美学等多学科为一体的、复杂的系统工程。

1 城市河道整治原则

城市河道整治必须综合考虑自然条件、治河技术与社会因素的影响,随着国民经济的发展和治河技术水平的提高,河道整治的原则也不断得到修改、补充和完善,概括起来有以下几点。

1.1 尊重自然、协调统一

尊重自然的原则是城市河道整治的基本原则。对河道进行治理的过程中应尽量维持河流的自然形态,注意结合生态学的相关知识,充分发挥河流生态系统的自净能力和自我调节能力。进行河道景观规划与设计的根本目的是在不破坏总体生态平衡的基础上进行一定的自然景观美化处理,城市河道景观设计应满足生物的生存需要,适宜生物生息繁衍,尽量保留原有生物群落及其栖息地,实现城市河道生态系统的可持续发展,创造一个独具特色的河道景观。

发挥城市河道生态系统在景观中的作用,将美学融到城市河道整治之中。使整治后的城市河道生态系统与周围环境协调统一,形成城市景观中的一道亮点。

1.2 全面规划、综合治理

城市河道整治涉及国民经济多个部门以及沿岸众多的单位、个人,他们对河道整治的要求既相适应又相矛盾,尤其在岸线利用上,有些城市甚至达到了"寸岸寸金"的程度。因此,进行城市河道整治时,应合理协调上下游、左右岸关系,统筹考虑各方面要求,做到全面规划,并使近期规划与远期规划相结合,城市河道整治规划与城市建设总体规划、流域总体规划相结合。

城市河道整治的主要目的各不相同,有的以防洪为主,有的以航运为主或防洪、航运并重,有的则以岸线利用或土地开发为主等。综合治理是指根据河道的具体特点,既要满足整治的主要目的,又要统筹兼顾城市经济的发展、人居环境的改善、相关的国民经济各部门以及沿岸的单位、个人的利益和要求,以达到综合效益最大。

1.3　因势利导、重点整治

因势利导是指通过对河道实测资料的分析,找出河道演变规律,掌握有利时机,选择有利流路,及时整治,以达到事半功倍的效果。另外,设置的河工建筑物也应顺应河势,适应水沙变化规律。

城市河道整治的工程量一般较大,难以在短期内完成,因此在实施过程中应根据城市实际情况、投资力度等,分轻重缓急,突出重点,注意远近结合,合理安排实施程序。对河势变化剧烈,不及时整治将会引起上、下游河势连锁反应,造成重大影响与不良后果的河段,应优先安排;对国民经济发展有重大作用的整治工程,应优先安排;对远期开发整治有显著作用的部分工程也应适当优先考虑。

1.4　以人为本、生态治河

城市河道整治要先分析河流自然规律,结合城市特有风貌特点、文化特点和经济特点等确定整治方案。切忌片面追求河道的渠化、硬化,而违背河流自然规律,破坏河道的生态系统,致使河道丧失自然美感和资源、生态等方面的作用。

以人为本、生态治河就是要做到人与自然的融合。为此,在城市河道整治中必须要保持滨水空间与城市整体空间结构的联结;延续城市历史文脉和城市记忆;维护河流的连续性;维持水流的横向扩展功能和与河岸的循环交换能力;保护生态平衡,充分发挥河道在防洪、资源、生态等方面的作用。

1.5　因地制宜、就地取材

由于城市河道整治工程量大面广,因此在整治措施、整治建筑物的布置和结构形式上,要吸取同类型河道的成功经验,因地制宜地选择,切忌生搬硬套,并注意吸纳新技术、新工艺。在工程材料上,应尽量就地取材,降低造价,保证工程需要。传统的土、石等河工材料曾得到广泛应用,效果较好。随着科技的发展,新型河工材料如土工织物、绿化混凝土等在治河工程中也得到迅速应用。规划中应根据工程的重要性和材料来源,通过比较,恰当选用。

2　城市河道整治规划设计要点及内容

城市河道整治的首要任务是拟定整治规划,规划范围可根据城市发展要求,结合河道除害兴利,并考虑河道本身的特点具体确定。编制规划时要根据整治任务和要求,进行河势查勘,收集和整理相关资料,分析河道的演变规律。当资料缺乏时,应根据需要进行观测,对尚不十分明确的问题,还需通过模型试验来研究解决。在充分了解河道特性和城市经济、历史、文化特点等的基础上,提出包括河道整治工程措施、水环境保护和水景观设计等在内的整治方案,并做技术经济分析,选择技术上可行、经济上合理的方案。

规划设计要点:①通过规划,确定河网的骨干排涝河道,形成相互沟通、水流畅通的排水网络,使河道布局及规模满足防洪排涝要求;②在明确骨干排水系统的基础上,细化支线河道的布置及其控制规模,通过河道分级,明确各级河道的功能;③针对目前河道淤积

严重,河网蓄水容量大幅减少,调蓄能力减弱的实际情况,提出分步实施整治的要求和措施,以恢复河道原有蓄水容量,增强河道调蓄功能;④研究不同分类河道的平面格局、空间布置、断面景观方案,使河道的水面、河线形态、河岸景观与城乡发展、人民生活水平相协调;⑤从防止和控制污染,改善水体水质出发,对水污染问题原则性提出治理措施和建议,使河道水体达到水功能区划要求的水质标准。

城市河道整治规划的主要内容包括:整治任务和要求、整治规划的基本原则、河道特性分析、整治方案及预算的编制、方案比较及论证等。

必须指出,城市河道整治与传统意义上的河道整治大相径庭,河道功能被大大扩展,因此城市河道整治涉及水利、城市设计、生态环境、园林景观等多方面,需多专业协作,采用立体化设计,才能达到河道综合利用、城市可持续发展等目的。

3 城市河道整治规划设计的主要参数

整治规划设计的主要技术参数有治导线、设计水位、设计流量和设计断面等。

3.1 治导线

治导线又名整治线,是河道经过整治后,在设计流量下的平面轮廓线,也是整治工程体系临河面的边界连线,一般用两条平行线表示。治导线是布置河道整治建筑物的依据。设计流量不同,治导线也有所不同。对应于设计洪水、中水、枯水流量,有洪水治导线、中水治导线、枯水治导线。

其中,洪水治导线应根据设计泄洪流量制订。有堤防的河段,应以堤线作为洪水治导线。

中水治导线在河道整治中最为重要,宜根据造床流量或排涝流量,经综合分析平滩水位制订,它是与造床流量相对应的中水河槽整治的治导线,此时造床作用最强烈,如能控制这一时期的水流,则不仅能控制中水河槽,而且能控制整个河势的发展,达到稳定河道的目的。制订中水治导线应符合下列要求:

(1)应根据整治的目的,因势利导,按河床演变和河势分析得出的结论制订。

(2)应利用已有整治工程、河道天然节点和抗冲性较强的河岸。

(3)上、下游应平顺连接,左、右岸应兼顾。

(4)上、下游相衔接的河段应具有控制作用。

(5)应协调各有关部门对河道整治的要求。

(6)按排涝要求开挖的河段,应根据设计开挖的河槽断面上口宽制订。

枯水治导线可根据供水、灌溉、通航和生态环境等功能性输水流量选择制订。制订枯水治导线应符合下列要求:

(1)宜在中水治导线的基础上制订。

(2)宜利用较稳定的边滩和江心洲、矶头等作为治导线的控制点。

(3)有通航要求的河段,宜按集中水流形成具有控制作用的优良枯水航道的要求制订。

(4)有灌溉、供水任务的河段,应满足灌溉、供水的基本要求。

(5)宜满足生态环境流量的基本要求。

治导线的形式是从河道演变的分析中得出的,一般为圆滑的曲线,曲率半径逐渐变化。从上过渡段起,曲率半径为无穷大,由此往下曲率半径渐小,在弯顶处最小,过此后逐渐增大,至下过渡段达到无穷大,曲线和曲线之间连以适当的直线段(过渡段),如图 4-1 所示。

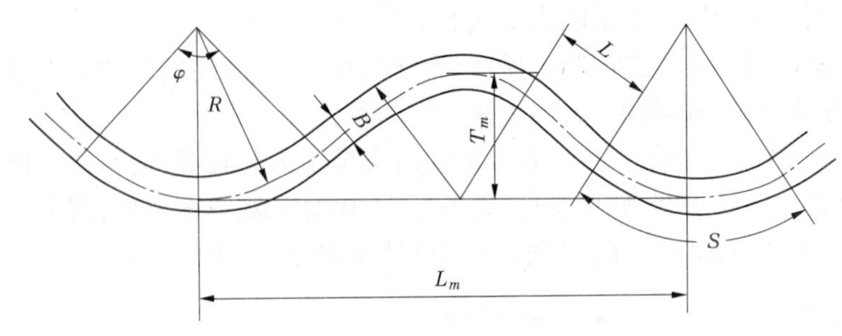

图 4-1　治导线曲线特性示意

治导线主要特性参数包括:整治河宽 B、曲率半径 R、直线过渡段长度 L、河弯间距 L_m、摆幅 T_m、中心角 φ、曲线段长度 S。这些参数均可按平面河相关系所确定的经验关系式或通过整治河段的河床演变分析及河工模型试验结果求得。

3.2　设计水位及设计流量

在整治规划中,相应于不同整治河槽对应有不同的设计水位和设计流量。

3.2.1　洪水河槽的设计流量及设计水位

洪水河槽主要从宣泄洪水的角度来考虑,设计流量根据某一频率的洪峰流量来确定,其频率的大小根据保护区的重要程度而定。相应于设计流量下的水位即为洪水河槽的设计水位。

3.2.2　中水河槽的设计流量及设计水位

造床流量是造床作用最持久、影响最强的特征流量,或者说它是对塑造河床形态所起的作用最大的特征流量,其造床作用与多年流量过程的综合造床作用相当。确定造床流量的方法有:平滩水位法和马卡维也夫法。

中水河槽是在造床流量作用下形成的,因此设计流量即为造床流量,相应于造床流量下的水位即为中水河槽的设计水位。

3.2.3　枯水河槽的设计水位及相应的流量

枯水河槽的治理是为了解决航运、取水和水环境等问题,确保枯水期的航运和取水所需的水深或最小安全流量。一般来说,确定这一河槽整治相应的设计水位、流量的方法有:

(1)由长系列日平均水位的某一水位的保证率来确定,保证率一般采用 90% ~95% 。

(2)采用多年平均枯水位或历年最枯水位作为枯水河槽的设计水位,其相应的流量为枯水设计流量。

3.3　设计断面

3.3.1　洪水河槽设计断面

由于较高的漫滩洪水位作用时间很短,且滩地流速较小,造床作用不显著,洪水河床的宽、深之间无显著的河相关系。设计洪水河槽断面尺寸主要从宣泄洪水的角度来考虑。

3.3.2　中水河槽设计断面

河相是指河床在某特定条件下的面貌。能够自由发展的冲积河流的河床，在水流长期作用下，其河道的形态及几何尺寸可能形成与所在河段具体水沙条件相适应的某种均衡状态，或者说它们之间存在着某种函数关系。通常把处于冲淤相对平衡状态河流的河床形态与来水来沙及河床边界条件间最适应（稳定）的关系称为河相关系。河相关系一般可用横断面、纵剖面和平面三种形式的河相关系来表征。河道水面宽度与水深之间的关系称为横断面河相关系。把河流纵剖面沿程的变化规律称为纵剖面河相关系。天然河弯在水流与河床的长期作用下，所具有的平面形态特征称为平面河相关系。

中水河槽主要是在造床流量作用下形成的，取决于来水来沙条件及河床地质组成，即服从河相关系。中水河槽的宽、深可采用河相关系计算。

3.3.3　枯水河槽设计断面

枯水河槽设计断面是为满足航运要求，一般只限于过渡段即浅滩的设计。采取浅滩疏浚工程挖出碍航部分的泥沙、河岸突嘴、石嘴，保持和增加航宽和航深。所需的航宽和航深按航运部门的要求而定。

4　城市河道整治规划的意义

（1）城市河道的有效规划可提高城市防洪标准，确保了全市的防洪安全，消除了洪水隐患，保证了正常的生产、生活秩序。

（2）根治河道的水体污染，提高了群众的生活质量。水质可以改善，对提高市民的健康水平和生活质量具有重要意义。

（3）提高了休闲娱乐的场所，改善了城市的整体形象。“碧水蓝天共一色，绿树青草相辉映”，不仅给人民提供了一个清新舒适的休闲娱乐场所，而且对改善城市形象，优化投资环境都是意义重大的。

（4）伴随着科学技术水平的提高，社会经济的不断发展，城市河流的自然生态环境建设将成为河流建设的主体，通过制订建设目标及效果评价指标，将多方面知识、经验加以综合和贯通，在实际施工中使城市河流的自然生态环境建设工作得以顺利进行，为生物栖息和繁殖创造良好的生态环境，造福子孙后代。

任务2　城市河道整治措施

城市河道整治措施主要包括河道清理（清障）、堤防工程、护岸工程、弯曲型河段的整治、分汊型河段的整治、游荡型河段的整治、疏浚、截污治污与水生态修复技术等。

1　河道清理（清障）

市区河道是环境、景观的一部分，更是行洪信道和排水出路，必须加强整治，确保平顺通畅，提高行洪排涝能力。

1.1　行洪排涝障碍

城市防洪规划范围内主要的行洪排涝障碍有四类：

(1)常年停泊在市区河道内的各类船只。这些船只不但堵塞河床妨碍排水,而且还产生大量垃圾污染河水、淤垫河床。

(2)广大市民弃置在河内的各种垃圾,这种情况尤其在建成区的外围更加突出。

(3)工厂、企业及居民在行洪排涝河道内违章搭建的各种各样的建筑物。

(4)路河交叉点不按标准建桥,随意设置小断面过路洞,汛期成为阻水障碍。

河道清理(清障)是指对河道范围内的阻水障碍物,根据《中华人民共和国水法》规定,所有河道中,一律不准设置任何行洪障碍,对已建的碍洪建筑物——围堤、坝埂、码头、房屋等,一律按照“谁设障、谁清除”的原则,由河道主管机关提出清障计划的实施方案,由防汛指挥机构责令设障者在规定的期限内清除。河道清理(清障)的范围包括河道内的堆积物,如矿石、矿渣、石渣、碎砖、各种建筑材料和生活垃圾等;为了扩大建筑用地和农田而修建的围墙或围堤;在河滩上修建的各种建筑物,滩地上生长的灌木丛和杂草等。河道内的堆积物、围墙或围堤以及建筑物,占据了部分河槽,束窄了河道的过水断面面积,在洪水时期将会在上游河道形成壅水,从而对上游河道的防洪造成威胁,必须及时清理(清障)。

1.2 河道清理整治内容

(1)加强规划、建设和管理工作,设立河岸规划保护蓝线,蓝线一般距河岸20 m,在规划保护范围内任何单位均不得占用。

(2)河道分年清淤,消除盲沟、死水,使河道脉络相通,提高河道调蓄能力。

(3)偏离市区一定距离设立船只停泊区,对进城船只实行许可证发放制度,控制通行时间和数量。

(4)整顿清理沿河工厂企业的码头、堆场、吊机等影响泄洪及排涝的建筑物,限期拆除。

(5)保证市区排水河道间距,加强河网建设,河道两侧服从河道整治规划、环境绿化的要求,两岸在土地开发建设中实行开发商同步实施的沿河驳岸工程建设制度。

1.3 河道清障措施

(1)由公安、水政、航政、环保、市容等相关单位组成联合执法队,统一行动,驱逐非法停泊在市区河道内的所有船只。

(2)按属地管理原则,责成相关街道、村组限期清除堵塞河道的各种垃圾,成立市区河道保洁队伍。

(3)由市政府发布公告,要求有关工厂、企业和居民限期拆除根据《城市防洪实施办法》等所确定的河道管理范围内的任何违章建筑物,逾期则予强行拆除。

(4)建立全民清障机制,在市规划区范围内设立若干举报电话,采取一定激励措施鼓励市民检举一切违章行为。

(5)建立巡查机制,由水政部门组织力量,成立专门的小分队,常年不间断地进行市区河道的巡回检查,及时制止水上设障行为。

此外,加强水法和河道管理条例的宣传教育,加强水政执法力度,力保河道行洪排涝通畅。

2　堤防工程

修筑堤防是河道整治的基本措施之一，堤防工程是为了保护防护对象的安全而修建的，其自身并无特殊的防洪要求。筑堤的目的是防止河水、湖水、海水等的满溢造成的城市灾害。筑堤是防御洪水泛滥，保护居民和工农业生产的主要措施。河堤约束洪水后，将洪水限制在行洪道内，使同等流量的水深增加，行洪流速增大，有利于泄洪排沙。堤防还可以抵挡风浪及抗御海潮。堤防按其修筑的位置不同，可分为河堤、江堤、湖堤、海堤以及水库、蓄滞洪区低洼地区的围堤等；按其功能可分为干堤、支堤、子堤、遥堤、隔堤、行洪堤、防洪堤、围堤（圩垸）、防浪堤等；按建筑材料可分为土堤、石堤、土石混合堤和混凝土防洪墙等。

我国堤防工程大部分是土堤或土石混合堤，加高、加固相对比较容易，而水闸、涵洞、泵站等建筑物及其他构筑物一般为钢筋混凝土、混凝土或浆砌石结构，加高、改建比较困难；堤防工程自身的防洪安全直接关系到防护区人民生命财产和生态环境的安全，其与建筑物的结合部在洪水通过时易出现险情，引起溃决。所以，这些建筑物的防洪设计标准较高。

3　护岸工程

护岸工程常有三种形式：平顺护岸、丁坝护岸及守点顾线式护岸。护岸工程应按河道整治线布置，布置的长度应大于受冲刷或要保护的河岸长度。

3.1　平顺护岸

平顺护岸采用抗冲性材料直接覆盖于河岸，以抵抗水流的冲刷，起到保护岸坡的作用。其特点是不挑流，水流平顺，不影响泄洪与航运，但防守被动，重点不突出。覆盖式平顺护岸工程以枯水位作为分界线，枯水位以下部分称为护脚工程，常用的护脚工程有抛石、沉排、沉柳石枕或石笼等；枯水位以上部分称为护坡工程，常采用浆砌块石护坡、干砌块石护坡等。其中，护脚工程是重点，必须按照“护脚为先”的原则优先考虑。

抛石护脚是在需要防护地段从深泓到岸边均匀地抛一定厚度的块石层，以减弱水流对岸边的冲刷，稳定河势。其施工简便易行、工程造价低、防护效果明显，是采用较多的一种护脚工程。设计抛石护脚时应考虑块石规格、稳定坡度、抛护范围和厚度等几方面问题，水下抛石护脚为隐蔽工程，其工程质量的优劣全部体现在施工过程的控制中，因此施工时应采用先进科学的管理方法来保证施工质量、提高工程管理效率。

沉排又名柴排，用上下两层梢枕做成网格，其间填以捆扎成方形或矩形的梢料（多采用秸料或苇料），上面再压石块的排状物，其厚度根据需要而定，一般为0.45～1.0 m，长度一般为40～50 m，宽度为8～30 m。如图4-2所示为沉排护岸。

柳石枕是在梢料内裹以石块，捆扎成直径为0.8～1.0 m的柱状物体，长度可根据需要而定，是一种常用的护岸和护底的基本构件。

石笼是用梢料、木条、竹条或铅丝编成的笼子，内填以石块做成的护坡和护底材料，石笼常做成矩形和圆柱形两种，如图4-3所示。

块石护坡主要由脚槽、坡面、封顶三部分组成。脚槽主要起到阻止砌石坡面下滑、稳

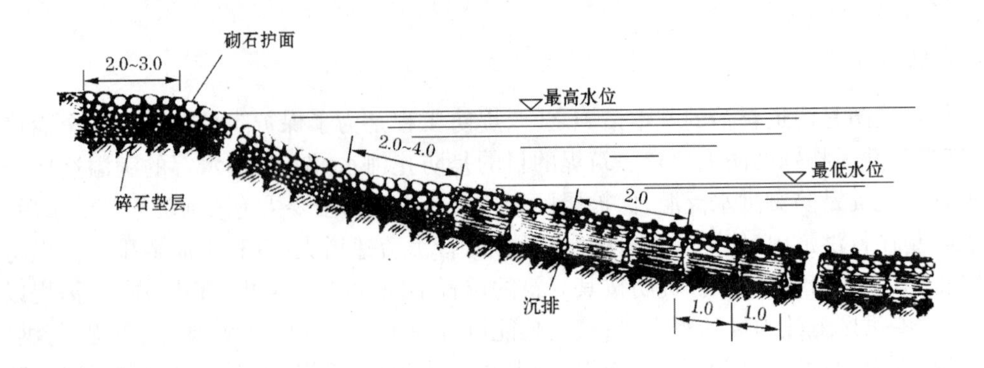

图 4-2　沉排护岸　(单位:m)

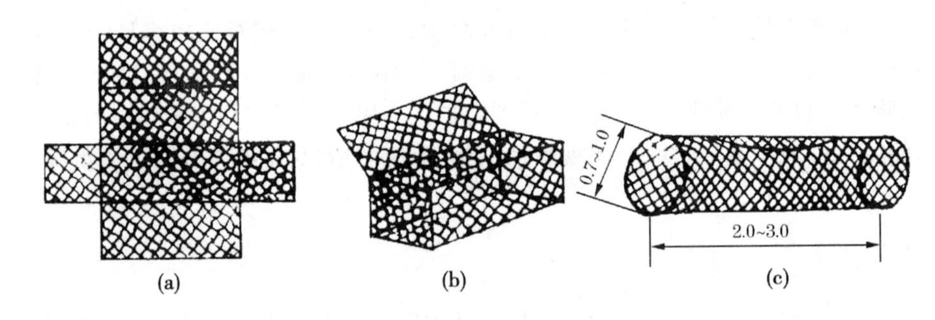

图 4-3　石笼的形状　(单位:m)

定坡面的作用;坡面由面层与垫层构成,面层块石大小及厚度,应能保证水流和波浪作用下不被冲动,垫层起反滤作用;封顶的作用在于使砌石和岸滩衔接良好,并阻止雨水入侵,防止护坡遭受破坏。

3.2　丁坝护岸

丁坝是一种坝形的建筑物,它的一端与河岸相连接,另一端则伸向河槽,其方向可以与水流正交或斜交,在平面上与河岸形成丁字形,故称为丁坝。丁坝能起到挑流和导流的作用。丁坝由坝头、坝身和坝根三部分组成。

丁坝的种类很多,按丁坝坝轴与水流方向交角的不同,丁坝可分为上挑丁坝、正挑丁坝和下挑丁坝三种,如图 4-4 所示。按丁坝坝身形式的不同,丁坝可分为一般挑水坝、人字坝、月牙坝、雁翅坝、磨盘坝等几种。按丁坝坝身透水的情况,丁坝又可分为不透水丁坝和透水丁坝两种。

常用的不透水丁坝有以下几种:

(1)土丁坝。坝身用土料做成,外部用石块、柳石枕等耐冲材料围护,有时也植活柳进行围护。为了防止丁坝底部被淘刷,常用沉排、柳石枕、抛石等护底,如图 4-5 所示。

(2)抛石丁坝。坝身用抛石砌成,在比较松软的河床上则先用沉排做底,然后抛石做成坝身。

(3)柳石丁坝。用柳石枕、沉排或一层柳枝一层石块叠砌而成的丁坝。

常用的透水丁坝有下列几种:

(1)木桩编篱丁坝。在河床上打入木桩,在木桩上用柳枝编篱做成。为了防止冲刷,

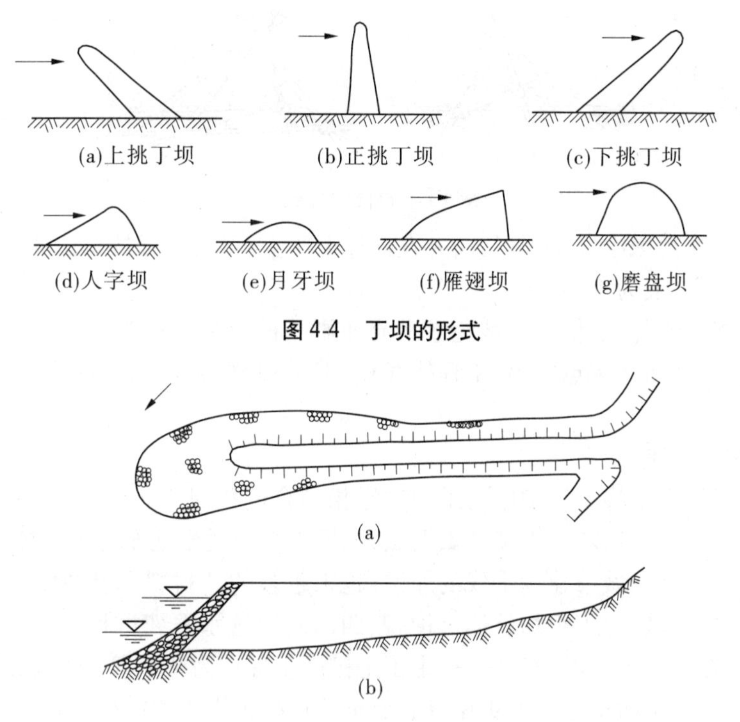

图 4-4 丁坝的形式

图 4-5 不淹没的土丁坝

在丁坝根部用抛石护根,在丁坝坝头迎水和背水面则用柳石枕保护,防止水流冲击,如图 4-6 所示。

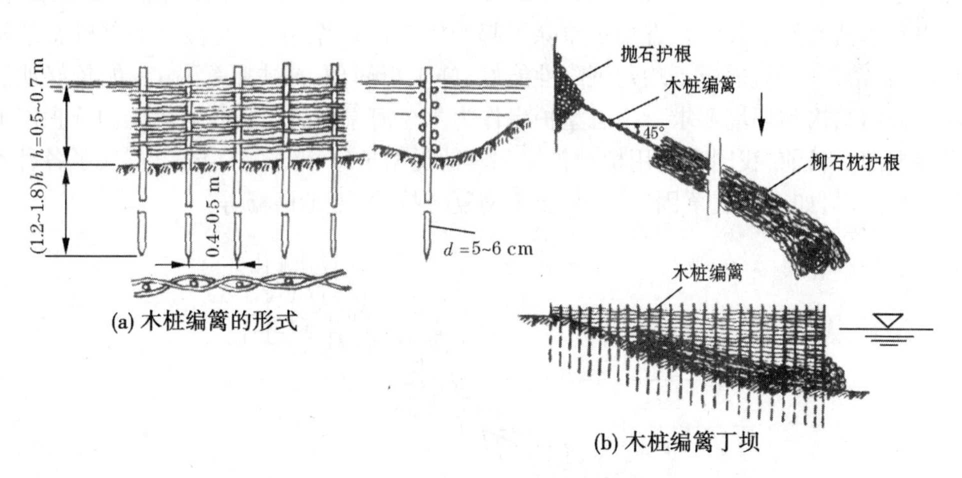

(a) 木桩编篱的形式

(b) 木桩编篱丁坝

图 4-6 木桩编篱的形式和木桩编柳丁坝

(2)沉柳丁坝。用石块或淤泥包绑缚在树根上,沉入水中而构成的丁坝。

(3)活柳丁坝。用种植活柳树做成的丁坝,或用活柳树做成的沉柳丁坝。

(4)杩槎丁坝。

杩槎是用三根或四根直径为 0.1 ~0.2 m 的木棍搭接成支架,下部加上横撑后绑扎而成,如图 4-7 所示。

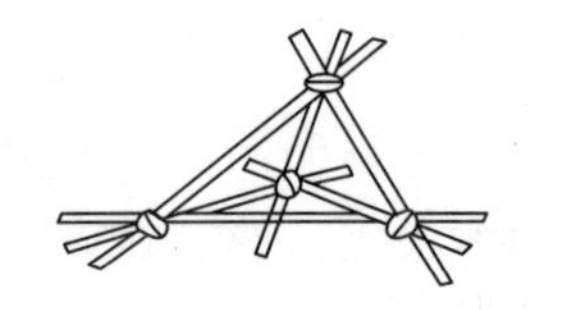
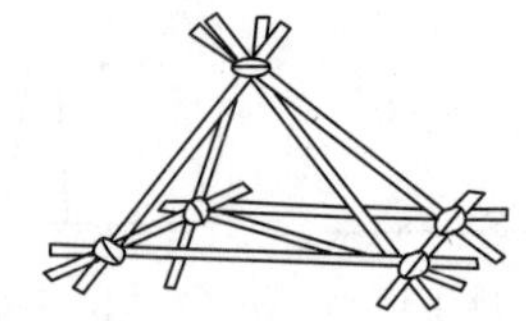

图4-7　杩槎的形式

将杩槎排放在河床中成丁坝形式,并在横撑上压上石块,以保持杩槎的稳定。杩槎的高度随水深而定,一般为4~8 m。

利用丁坝将主流外挑,保护岸坡免遭水流冲刷的护岸工程称为丁坝护岸。其特点是有挑流和导流作用,防守重点突出,工程战线短,但工程复杂,坝前冲刷严重,增加河床糙率。

3.3　守点顾线式护岸

守点顾线式护岸是将丁坝护岸与平顺护岸相结合的护岸工程,常用在崩岸线较长的河段。其具体做法是先用若干丁坝群做据点,在据点之间适当地布置平顺护岸进行防护。

随着科技的发展和城市建设步伐的加快,越来越多的新材料和新技术应用于护岸工程,如混凝土模袋护坡、土工织物软体排护脚、四面六边透水框架群护岸等。特别值得一提的是,近年来在护岸工程的设计中,产生了把护岸工程作为整个河流生态系统一部分来考虑的新思想,出现了所谓生态型护岸。它要求在选择护岸工程结构形式及材料时,不导致生态环境的破坏,并向绿化、美化环境的方向发展。图4-8为一种典型的生态型护岸工程,水下部分采用软体排或松散抛石,为各类水生动植物创造一个小小的生态环境,水上部分则是在柔性的垫层(土工织物或天然织席)上种植草本植物,并且垫层上的压重抛石不妨碍草本植物的生长。生态型护岸除了起着生态保护作用外,与传统的浆砌石结构护岸相比,有结构简单、适应不均匀沉降性能好、施工更简便、成本低等优点,能较好地满足护岸工程的结构和环境要求。生态型护岸作为永久河岸防护工程正成为国内外护岸形式的发展方向。目前,我国多采用植被护岸和其他类型护岸相结合的方式,形成了各种不同的生态型护岸,如土工植草固土网垫、土工网复合技术、土工格栅等。

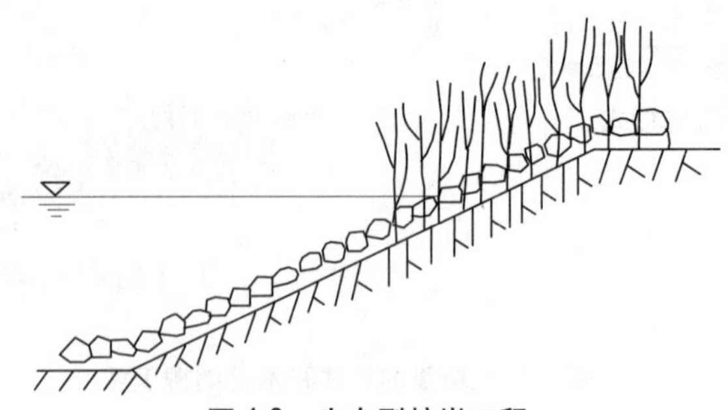

图4-8　生态型护岸工程

4　弯曲型河段的整治

弯曲型河段,凹岸冲刷,凸岸淤积,随着凹岸的冲刷崩塌,将毁坏大片农田、房屋和工厂,河势也蜿蜒曲折,造成水流不畅,壅高上游洪水位,威胁河弯附近城镇的防洪安全,必须予以整治。弯曲型河段的整治通常有下列三种方法。

4.1 平顺规则河弯的整治

对于比较平顺规则的河弯,整治的目的是防止河弯继续发展而恶化,所采取的整治措施是在河弯的凹岸,用足够长度的各种护岸工程加以保护,防止冲刷,稳定河岸。

4.2 不规则河弯的整治

对于不规则的河弯,整治的目的是改造原有的河弯,使其变成平顺规则的河弯。因此,在整治时先要根据河段的具体情况,并参考附近平顺规则河弯的曲率半径,确定该河段的整治线,即河道整治的新岸线,然后采用丁坝、顺坝、格坝等整治建筑物,改变河道的主流线,使整治后的河岸符合比较规则的整治线。

顺坝是顺着水流方向沿整治线修建的坝形建筑物,它的上游坝根与河岸相连接,下游坝头则与河岸有一定距离,如图4-9所示。顺坝的坝身一般比较长,通常都是淹没在水中的,可以做成透水的或不透水的,其结构与丁坝类似。为了加速顺坝与河岸之间的淤积,在顺坝与河岸之间常用格坝连接,将顺坝与河岸之间间隙分割成格状。

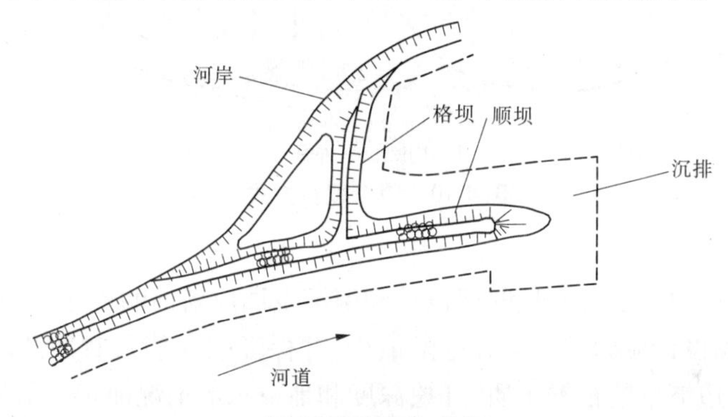

图4-9 顺坝与格坝

4.3 过度弯曲河弯的整治

当河道过度弯曲形成河环时,河环处水流与河床的矛盾严重激化,这时要顺应河势的发展趋势,在河环狭颈处,采取人工裁弯的措施,以加速河道由曲变直的转化过程。这个转化过程是在严密的人工控制下进行的,可以避免随机性的自然裁弯时可能出现的种种弊害。

裁弯可使过度弯曲河段的问题大部分得到解决。例如,裁弯后河道流程缩短,比降增大,河床阻力减少,河床刷深,泄洪能力加大,洪水位降低,从而改善防洪条件;裁弯后碍航浅滩和急弯得以排除,且水流平顺,航程缩短,利于航运;裁弯后水流冲刷崩岸问题得以解决;新河向有利的方向发展。但河段裁弯后也会出现一些新的问题,例如:原有凹岸取水工程或港埠将因故道淤积而失去作用;因裁弯引起的上游水位降低,可能使上游的浅滩碍航程度加剧;水流改走新道后,也可能影响下游河势,从而引发新的问题。这些问题都是规划河段裁弯时必须考虑的。

裁弯取直的工程规划设计,主要解决裁弯的位置、方式、引河断面设计及整治设计。

4.3.1 裁弯的位置和方式

裁弯的位置要考虑对上下游、左右岸可能产生的有利和不利影响,尽可能满足防洪、航运、引水及工农业生产需要。必须注意因势利导,保证进口迎流、出口顺畅。引河线路所经地区的地质情况,也是决定引河选线的一个重要条件。

裁弯取直时,一般先沿选定的引河线路开挖出一条断面较小的引河,再利用水力冲成符合最终断面设计要求的新河。其方式一般有两种,即外裁和内裁,如图4-10所示。外裁是将引河的进出口设在上游弯道前和下游弯道后,与上下游形成一个大弯道,外裁时引河进出口很难与上下游弯道平顺衔接,且引河线路较长,故较少采用。内裁是将引河布置在河弯狭颈处,引河进口布设在上游弯道顶点稍下方,并使得引河与老河水流的交角 θ 越小越好,出口布置在下游弯道顶点的上方,使出口水流平顺,内裁时引河与上下游弯道可连成三个平缓弯道,线路较短,对上下游影响也较小,故多采用。

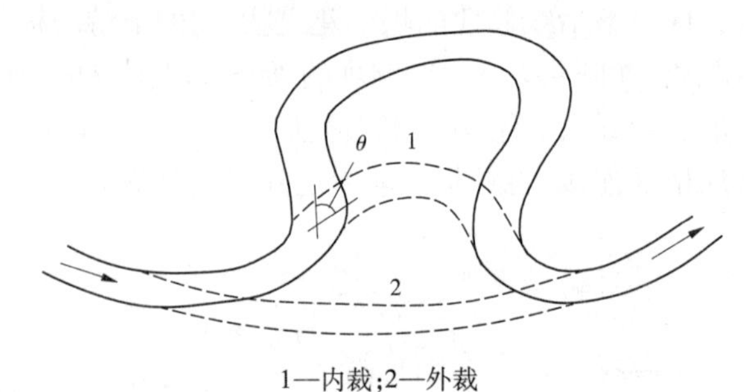

1—内裁;2—外裁

图4-10 裁弯取直方式

4.3.2 引河断面设计

引河断面设计,包括引河开挖断面设计和引河发展成新河的最终断面设计两个部分。

引河开挖断面设计应力求土方开挖量最少,并保证引河能及时冲开。引河断面通常设计成梯形断面,边坡系数根据土质、开挖深度和地下水等情况而定。引河河底的开挖高程和宽度,须满足枯水期通航要求。

引河发展成新河后的最终断面,可参照本河道临近平顺河弯的断面资料选定。

4.3.3 整治设计

当引河发展到接近最终断面时,应抓住有利时机,在凹岸自上而下全线护岸,以限制其继续向弯曲方向发展,避免周而复始的裁弯。另外,为保证引河能与上下游河段平顺衔接,形成有利的河道平面形态,在引河放水后,应密切注意引河上下游河势的变化,抓住有利时机,进行适当控制。

4.3.4 裁弯后的河道演变

河段裁弯后由于边界条件发生了变化,老河和引河以及裁弯段以上和以下的河段将发生变化。

引河发展过程可分为三个阶段:第一阶段为普遍冲刷阶段,引河挖成过流后冲刷发展十分迅速,分流比由小变大,比降由大变小,引河很快被冲深、展宽,逐渐形成凹岸深槽。第二阶段为弯道形成阶段,随着引河的冲刷,分流比继续增大,比降逐渐调平,过水断面继续扩大,并向凹岸单侧展宽,凸岸出现淤积现象,逐渐形成弯道。由于比降的调平,流速减小,演变的速度较前一阶段为缓。第三阶段为弯道正常演变阶段,引河比降调平已接近完成,引河的演变与一般弯道演变规律相似,过水断面不再继续扩大,河床平行向凹岸方向

位移。

老河的淤积过程发展也相当快。在初期由于流量减少，比降减缓，流速变小，沿程将发生淤积，但还保持弯道洪冲枯淤的规律。当老河分流比小于0.5时，进入中期，此时水流挟沙能力进一步降低，老河由原有的冲淤规律转向单向淤积的过程。在末期由于老河的上下口门淤积断流而形成牛轭湖。

引河以上的河段，由于引河比降变陡，流速加大，挟沙力增大形成溯源冲刷，河势发生摆动或加速原有演变过程的发展。对引河以下河段的影响，主要表现在河势和来沙情况的可能改变。若引河出口与下游平顺连接，则对下游河势无明显影响；若引河出口不能平顺与下游连接，则可能引起下游河势的较大变化。至于下游河段来沙情况的改变，主要取决于引河的冲刷量和老河的淤积量的对比关系，若差异较大，可能导致下游河床的显著冲淤变化。

5 分汊型河段的整治

分汊型河段在演变发展过程中，往往出现主、支汊交替消长，并具有明显的周期性。这对防洪、引水、航运等都带来不利的影响。因此，必须根据汊道水流泥沙运动特点与河床演变规律，研究制订整治方案与措施。

5.1 分汊型河段的固定

当分汊型河段正处于对国民经济各方面均有利时，可采取措施把现状汊道的平面形态固定下来，维持各级水位下良好的分流比和分沙比，使江心洲得以稳定。为了达到这种目的可在分汊型河段上游节点处、汊道入口处、弯曲汊道中局部冲刷段以及江心洲首部和尾部分别修建整治建筑物，工程平面布置如图4-11所示。

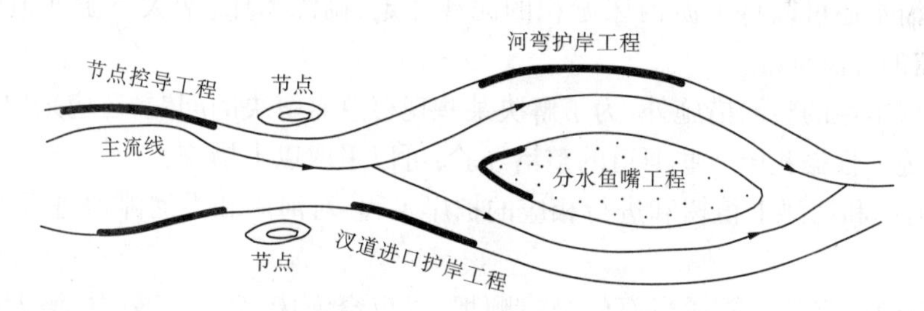

图4-11 固定分汊型河段工程措施

5.2 塞支强干

在一些多汊的河段或两汊道流量相差较大的河段，当通航或引水要求增加某一汊道的流量时，往往采取塞支强干的方法。堵塞汊道时，应分析该河道的演变规律，尽可能选择逐渐衰退的汊道加以堵塞，这样可收到事半功倍的效果。一汊堵塞后，另一汊将逐渐展宽与刷深。堵塞汊道的措施视具体情况而定，可修建挑水坝、锁坝等。对于主、支汊有明显兴衰趋势的分汊河段，宜修建挑水坝，将主流逼向另一汊，以加速其衰亡，见图4-12；在中小河流上，为取得较好的整治效果通常修建锁坝堵汊。在含沙量较大的河流上，锁坝也可用沉树编篱等透水块体代替，起缓流落淤的作用，见图4-13。在含沙量较小的河流上，宜采用实体锁坝堵塞，见图4-14。当堵塞的汊道较长或汊道的比降较大时，为了保证建筑物的安全,也可修建几道锁坝。

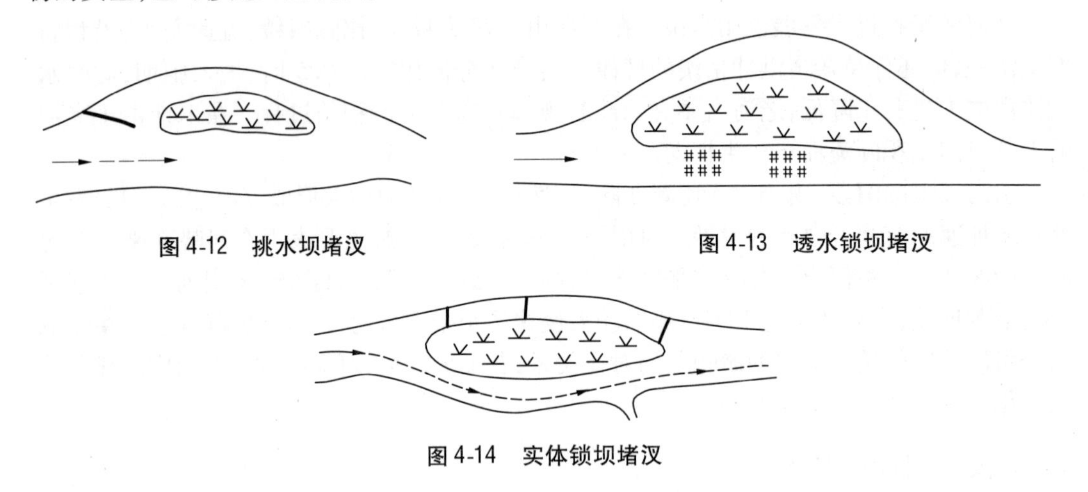

图4-12　挑水坝堵汊

图4-13　透水锁坝堵汊

图4-14　实体锁坝堵汊

6　游荡型河段的整治

游荡型河段一般是水浅河宽,河床变化迅速,主流摆动不定,对堤防的安全和河道的防洪影响很大。

游荡型河段的整治措施主要是减少河道的来水量和来沙量,增大河床的坡降,提高河道的排水和排沙能力,同时还应加强河岸的保护,提高河岸的抗冲能力。最根本的措施是改善上游的生态环境,加强水土保持,并且在游荡型河段的上游修建既能蓄水又能拦沙的水库,减小下游游荡型河段的流量和泥沙量,从而消除游荡型河段产生的主要原因,而且水库下泄的清水还可以将下游河床淤积的泥沙冲走,刷深河床,增大下游河道的泄水能力,提高河道的防洪标准。

除上述根本性的整治措施外,为了解决某些现存急需解决的问题,还应采取一些局部性的整治措施。根据我国一些河道的整治经验,可以采取以下措施:

(1)在河岸和河滩上植树和进行相应的护岸工程,对河岸和沿河滩地进行加固,提高其抗冲能力。

(2)在弯道凹岸的下游适当部位修建顺坝,以束窄河床,使水流集中,增大水流对主河槽的冲刷。同时在顺坝与河岸之间修筑格坝,以加速顺坝与河岸之间的淤积,使其逐步形成比较稳定的滩岸。

(3)在河岸和江心滩之间修建锁坝,堵塞汊道,使汊道淤塞,使江心滩与河岸连成一片,形成稳定的滩岸。

通过以上整治措施,使主河槽冲刷加深,汊道淤塞,稳定的河岸逐渐形成,而游荡型河段就逐渐发展为弯曲型河段。

7　疏浚

疏浚是用机械或人工的方法浚深拓宽河道、清除污染底泥、增加泄洪能力、维持航道标准尺寸以及改善水环境。疏浚工作主要包括两方面内容:一是将河道内的淤沙用机械

或人工的方法加以挖除,即挖泥;二是将挖出的泥沙加以妥善处理,即抛泥。

应用水力或机械的方法,挖掘水下的土石方并进行输移处理的工程称为疏浚工程。疏浚工程的主要目的是:开挖港池、进港航道等,吹填造陆以兴建码头、港区和临港工业区、沿海城市用地和娱乐休闲用地,岸滩养护,水利防洪和库区清淤,江河湖海等水环境的改善和生态恢复,以及各类水下管线沟的施工和填埋等。疏浚工程广泛应用于:①开挖新航道、港口和运河;②浚深、加宽和清理现有航道和港口;③疏通河道、渠道,水库清淤;④开挖码头、船坞、船闸等水工建筑物基坑;⑤结合疏浚进行吹填造地、填海等工程;⑥清除水下障碍物。疏浚工程对人类社会进步、环境改善及经济发展的作用非常重大。

以增加泄洪能力、维持航道标准尺寸为目的的疏浚,挖槽定线应按照河道和浅滩的演变规律,结合当前的自然发展趋势,因势利导地进行,同时也要考虑施工技术的可能性和经济上的合理性。在挖槽定线时还应注意:挖槽方向应尽量与主流方向一致以利于泥沙向下运行;挖槽应位于主流线上,底部与上、下游河床平顺连接,以保证水流畅通;挖槽在平面上应为直线,当因其他原因必须设计成折线时,应将曲率半径尽量放大,以利于航行和施工;挖槽断面宜窄深,以便得到较大的单宽流量和流速,增加挖槽的输沙能力,有利于挖槽稳定;挖槽定线要考虑挖泥机械的施工条件。抛泥区位置的选择直接关系到疏浚工程的成败和效果,按照既不能影响挖槽的稳定性和泄流通航,又要求尽可能地利用所挖出泥沙的原则来选择抛泥区。在选择抛泥区位置时,须考虑:尽可能利用抛泥加高边滩、抛填土堤及堵塞有害的倒套、串沟等;尽量利用河道附近的低洼、荒废土地,把疏浚与改土结合起来;注意挖泥船或排泥管的施工条件与工效。

以清除污染底泥、改善水环境为目的的疏浚,至少应将污染层的底泥全部挖除,挖泥时应采取措施减小底泥搅动后的扩散范围,防止底泥中的污染物释放到河水中,造成二次污染;底泥运输过程中应设专人巡视排泥管线、检查运输泥驳的密封性,避免因泄漏造成污染;底泥脱水过程中,应对渗滤水进行处理,防止渗滤水进入水体和土壤,污染自然水体和地下水。底泥的最终处置方法有综合利用、填埋、焚烧等多种方式,无论采用哪一种方法,都要防止对水体、空气、人群健康产生危害。

8　截污治污与水生态修复技术

截污是采取一定措施,将污染物控制在一定范围内或收集起来,以防止污染物扩散,方便集中处理。治污是采用一定的技术方法处理污染物,使其转化或转移,消除其对环境的影响和生态的破坏。

城市人口集聚,产业集中,污染源多,城市河道往往成为纳污的容器,致使水质恶化、生态系统破坏。因此,要恢复城市河道的自然生态和生物多样性,就必须治污。治污的主要措施有:划分水功能区域、倡导节约用水、提高污水的接管率和处理率、推行中水回用等。必须指出,治污只有通过政治、经济、法律、行政等手段多管齐下,实施长效管理,才能达到应有的效果。

水生态修复技术是生态工程技术的一个分支,其基本含义是根据水生态学及恢复生态学的基本原理,对受损的水生态系统的结构进行修复,促进良性的生态演替,达到恢复受损生态系统生态完整性的一种技术措施。根据水生态系统所受胁迫的主要类型,水生态修复技术大体可划分为两类:第一类是利用生物生态方法治理和修复受污染水体的技术。如人工湿地技术,是人工建造的、可控制的和工程化的湿地系统,可以进行污水处理,调节气候,补充地下水,改观生态景观,作为教育科研基地,形成水体植被生态网络,实现人与自然高度和谐。第二类是与生态友好的水利工程技术。如河道修复技术,是对人类活动引起河道空间结构的不利改变而进行的修复,使河道在基本满足行洪需求的基础上,宜宽则宽、宜弯则弯、宜深则深、宜浅则浅,形成河道的多形态、水流的多样性,满足不同生物在不同阶段对水流的需要,满足人们对水景观的渴求。

任务3　城市河道整治多功能化

城市河道是城市的重要基础设施,承担着多种功能,概括为经济功能、社会功能和生物功能,社会功能和生物功能中又蕴含着文化功能。经济功能,即直接为经济服务的功能,如泄洪排涝,引水灌溉和城乡供水,水力发电,水上运输等。社会功能,即河流为社会安定、经济发展、文化繁荣、精神文明、改善气候、美化环境等提供的服务功能。生物功能,即河流水文对于生态系统孕育繁衍、进化、发展的功能,如对局部气候的改善稳定作用,水体的自我净化功能,对各种废弃物的解毒分解功能,各种适水生物的养殖传播功能,为生物多样性提供水服务的功能等。

过去,城市河道整治是以“人类中心主义”来进行的,片面追求河道的经济功能,亦即仅强调河道的防洪、排涝、航运、蓄水等功能,使河道渠化、硬化,断面形式单一,走向笔直,忽视河道的社会功能和生物功能,对保护水的自然清洁、城市生态和城市环境产生了较大的负面影响,甚至造成人水对抗。如今,随着城市发展和社会进步,人与自然和谐相处的科学理念,已成为指导城市河道整治工作的中心思想,它强调在城市河道整治中不是从单一的某项功能出发,而是从整体上把握,即包括防洪、排涝、航运、蓄水、水土保持、污水治理、生态护岸、景观、两岸交通设计及滨水地带开发等,并且尊重河道的完整性、连续性、清洁性、自身用水以及造物等权利,维持河道的健康,使其经济、社会和生物三方面功能同步、协调、持续发展,实现人水和谐共处。

例如,张家浜是浦东新区中心区域的一条骨干河道,全长23.5 km,西连黄浦江,东接长江口,沿途穿过陆家嘴金融贸易区、上海科技城、花木行政中心,是浦东新区经济文化最为集中的区域(见图4-15)。由于长期未进行疏浚,河道淤积严重,同时两岸工业区、居住区的大量污水直排张家浜,河道水体严重污染,河道水体功能丧失,尤其是西段位于中心城区,城市化过程中受到较大干扰,生态环境遭到严重破坏,两岸社会经济发展也受到了严重的影响,曾被称为“臭水浜”。

为了加快张家浜环境保护和生态建设,保护城市河流水环境,浦东新区政府于1998年起对张家浜实施以景观为龙头,以“水清岸绿景美”为目标的河道综合整治工程,共投资10.9亿元,具体措施有:河道疏浚拓建17 km,疏浚底泥367.4万m^3,新增绿化面积约20万m^2,河流沿途流经区域逐步实施污水截流纳管,打通浦东运河至长江口段5.25 km,从长江、黄浦江为张家浜引进清水,增强其自净能力。该整治工程完成后,不仅满足了防洪、排涝等要求,而且水环境质量明显改善,水体生态系统逐步恢复,沿线房地产开发得到进一步推动，取得了明显的环境效益、社会效益和经济效益。张家浜也因此获得“中国人居环境范例奖”等称号，被联合国副秘书长托普弗赞为“城市规划的典范”，现在已是上海有名的生态型景观河道，也是全国河道整治的样板河道。

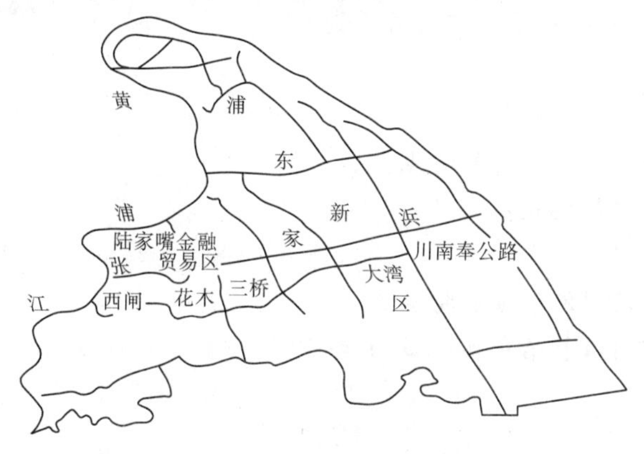

图4-15 张家浜地理位置

小 结

(1)城市河道整治应遵循“尊重自然、协调统一，全面规划、综合治理，因势利导、重点整治，以人为本、生态治河，因地制宜、就地取材”的整治原则，整治的首要任务是拟定整治规划，涉及的主要技术参数有设计水位及设计流量、设计断面和治导线等。其中，造床流量是指其造床作用与多年流量过程的综合性造床作用相当的某一流量，是一个比较大但又并非最大的洪水流量。河相关系是指处于冲淤相对平衡状态河流的河床形态与来水来沙及河床边界条件间最适应(稳定)的关系。治导线是河道经过整治后，在设计流量下的平面轮廓线，也是布置河道整治建筑物的依据。

(2)进行城市河道整治需要一系列的工程措施和生物措施，主要有河道清理(清障)、堤防工程、护岸工程、弯曲型河段的整治、分汊型河段的整治、游荡型河段的整治、疏浚、截污治污与水生态修复技术等。护岸工程常有平顺护岸、丁坝护岸及守点顾线式护岸三种形式，各有优缺点，采用时应根据河岸的具体情况、流势特点来确定。裁弯取直是一种根本改变过度弯曲河道现状的大型整治工程措施，要保证工程取得成功，必须认真做好规划设计工作，以解决裁弯的位置、方式、引河断面设计及整治设计等问题。塞支强干是整治分汊型河段和游荡型河段常用的措施之一，是用工程措施将分散的水流集中，以改善水流条件，实施时应分析该河段的演变规律，尽可能选择逐渐衰退的汊道加以堵塞。疏浚是增加河道泄洪能力、维持航道标准尺寸以及改善水环境的整治措施，其工作主要包括挖泥和抛泥两方面内容。

(3)城市河道是城市的重要基础设施，承担着经济、社会和生物等多种功能，在整治时不能片面地从单一的某项功能出发，而应从整体上把握，并尊重河道的权利，维持河道的健康，使其经济、社会和生物三方面功能同步、协调、持续发展，实现人水和谐共处。

复习思考题

1. 如何理解因势利导、重点整治的原则?
2. 何谓造床流量?
3. 何谓河相关系?
4. 何谓治导线? 其形式有何特点?
5. 平顺护岸有何优缺点?
6. 丁坝有何作用?
7. 请分析裁弯后引河的演变特点。
8. 如何在城市河道整治中实现多功能化?

学习项目5　水库防洪

【学习指导】

目标:1. 了解水库进行防洪计算的目的;

2. 掌握水库调洪计算的原理和方法;

3. 掌握无闸水库的调洪计算方法;

4. 掌握有闸门控制水库以及下游有防洪要求水库的调洪计算;

5. 了解防洪调度方案编制的依据和内容;

6. 掌握水文预报进行防洪调度方法;

7. 了解水库群进行防洪调度。

重点:1. 水库调洪计算原理;

2. 水库调洪计算的试算法、辅助线法;

3. 不同泄洪建筑物形式的水库调洪计算;

4. 利用水文预报进行水库调节。

任务1　利用水库进行防洪调度

在河道上修建水库,通过兴利调节计算,可以把枯水年或枯水年组的径流重新分配,以满足各用水部门的需水要求。但是天然河道水资源存在着利弊两重性,设计或运用水库时既要考虑兴利问题,又应注意防洪问题。在河道上游修建水库,洪水通过水库时,受到水库调洪库容的滞蓄作用,由水库下泄到下游河道去的洪水历时增长,最大流量减小,洪水过程线变得比较平缓,洪水对下游的威胁就可以减小。例如,淮河流域的簿山水库,1975年8月发生暴雨洪水时,入库洪峰流量为10 200 m^3/s,经过簿山水库拦蓄后,最大下泄量为1 600 m^3/s,滞洪水量达3.57亿 m^3,对下游防洪安全起到了重要作用。

所以,水库的防洪调节就是利用水库的防洪库容来滞蓄洪水,削减洪峰,防止和减轻洪水的灾害,以达到保护下游防护区安全度汛的目的。

1　防洪计算的目的

水库调洪计算的目的就是通过设计洪水的调节计算,确定通过水库下泄的最大流量或下泄流量过程线和水库的最高水位。对于新修建水库来说,在水库设计(或校核)频率洪水通过水库调节后的水库最高水位,可用来确定水库大坝坝顶所应具有的高程;洪水经调节后下泄的最大流量,可用来确定泄洪建筑物的设计方案(形式和尺寸)。对于已建水库来说,设计频率的洪水经水库调节后下泄的最大流量及下泄过程,可用来确定是否超过下游河道的安全泄量,以及下游防护区的防护方案(防护的范围、防护堤的尺寸等);水库调节后的最高水位可用来确定水库洪水临时淹没区和浸没区的范围,以及确定临时淹没区和浸没区的防护方案。

2 防洪设计标准

水库枢纽的水工建筑物坐落于河流上,直接承受着洪水的威胁。一旦洪水漫溢溃坝,将会造成严重的灾害。因此,在设计水工建筑物时,必须选择某一频率的洪水作为设计依据,此即为防洪设计标准问题。

防洪设计标准的确定是一个复杂的问题。若防洪设计标准定得过高,工程比较安全,但工程造价高而不经济;若防洪设计标准过低,虽然工程造价低了,但遭受破坏的风险过大,不安全。由于许多因素难以确切估计,给确定防洪标准的技术经济分析带来了困难。我国现行的办法是根据工程的重要性,选择不同频率洪水(常用洪水发生频率或重现期表示)来体现。这样,既把洪水作为随机现象,以概率形式估计未来设计值。同时,以不同的洪水频率来处理安全与经济关系。根据水库的防洪任务与防洪对象的性质,防洪设计标准分为水工建筑物安全泄洪的设计标准与防护对象的防洪标准两大类。

3 水库的泄洪方式与调洪作用

水库的泄洪建筑物类型有表面式溢洪道和深水式泄水洞。表面式溢洪道又分为无闸溢洪道和有闸溢洪道。不同形式的泄洪建筑物,调节入库洪水后,下泄的流量过程线是不相同的,说明它们的调洪作用也不相同。

3.1 无闸溢洪道

此时当水库水位低于溢洪道顶高程时,水库不泄水;当水库水位超过溢洪道顶时,水库开始泄水[见图 5-1(a)]。随着水库水位的升高,泄水流量增大[见图 5-1(b)],当水库水位最高时,泄水流量最大,然后随着洪水的消退,水库水位回落,泄水流量又逐渐减小,如图 5-1(c)所示。

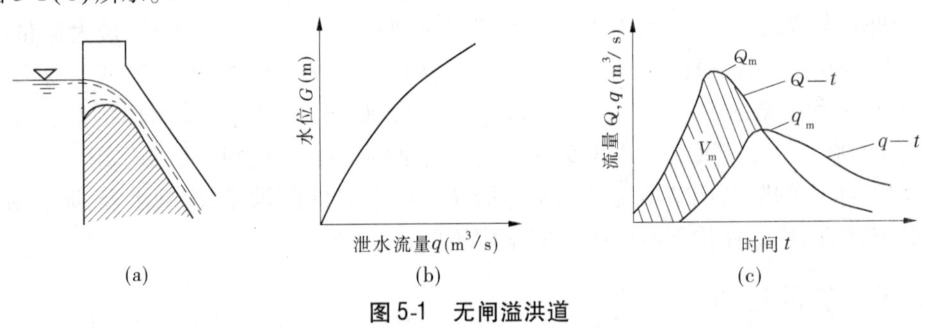

图 5-1 无闸溢洪道

3.2 有闸溢洪道

此时当水库水位低于溢洪道顶高程时,水库不泄水;当水库水位超过溢洪道顶时,打开闸门,水库开始泄水[见图 5-1(a)]。随着水库水位的升高,泄水量逐渐增大,泄水量 q 与水库水位 G 的关系如图 5-2(b)所示。当泄水量达到下游防洪最大流量 q_m时,则用闸门控制下泄水量,使其保持 q_m,随着洪水的消退,水库水位回落,泄水量又逐渐减小,水库入流过程线与水库出流过程线如图 5-2(c)所示。

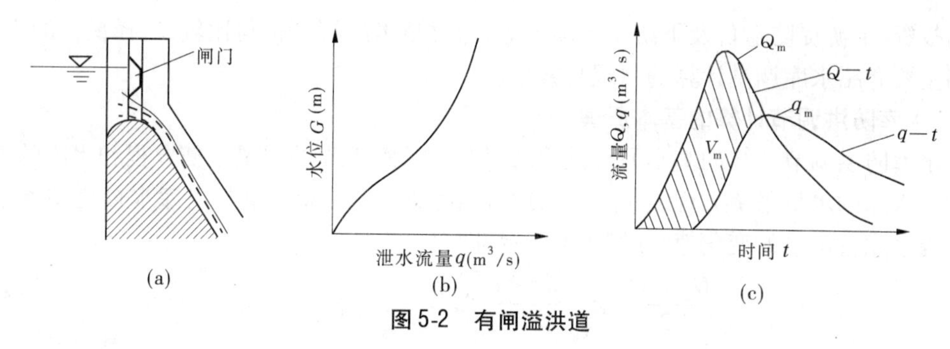

图5-2 有闸溢洪道

3.3 深水式泄水洞

若洪水入库前水位(汛限水位)超过深式泄水孔孔口底部高程以上,在洪水进入水库时,就可打开闸门泄洪[见图5-3(a)],随着水库水位的升高,泄洪流量增大,泄洪流量 q 与水库水位 G 的关系如图5-3(b)所示;当泄洪流量达下游防洪最大流量 q_m 时,则用闸门控制泄水孔下泄流量,使其保持 q_m,当洪水消退(入库流量减小),水库水位回落,泄水孔的下泄流量又逐渐减小,此时的入库流量过程线和出库流量过程线如图5-3(c)所示。

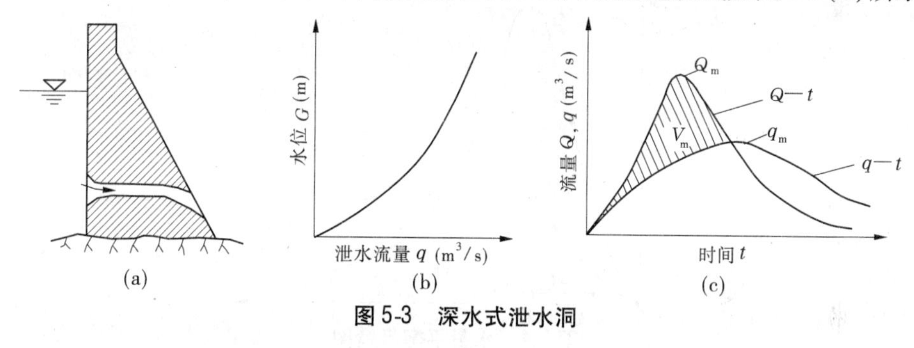

图5-3 深水式泄水洞

4 水库调洪计算的任务和原理

4.1 水库防洪调节计算的任务

4.1.1 规划设计阶段

水库防洪计算的主要任务是:根据水文计算提供的设计洪水资料,通过调节计算和工程的效益投资分析,确定水库的调洪库容、最高洪水位、最大泄流量、坝高和泄洪建筑物尺寸。

4.1.2 运行管理阶段

水库防洪计算的主要任务是:求出某种频率洪水(或预报洪水),在不同防洪限制水位时,水库洪水位与最大下泄流量的定量关系。为编制防洪调度规程、制订防洪措施提供科学依据。

水库防洪调节计算主要有三个步骤:

(1)拟订比较方案。根据地形、地质、施工条件和洪水特性,拟订若干个泄洪建筑物形式、位置、尺寸以及起调水位方案。

(2)调洪计算。求得每个方案相应于各种安全标准设计洪水的最大泄流量、调洪库容和最高洪水位。

(3)方案选择。根据调洪计算成果,计算各方案的大坝造价、上游淹没损失、泄洪建筑物投资、下游堤防造价及下游受淹损失等,通过技术经济分析与比较,选择最优的方案。本书主要介绍水库调洪计算的原理与方法。

4.2　水库防洪调节计算的基本原理

水库防洪调节计算的基本原理是逐时段联立求解水库的水量平衡方程和水库的蓄泄方程。水库的水量平衡方程表示为:在计算时段 Δt 内,入库水量与出库水量之差等于该时段内水库蓄水量的变化值,如图 5-4 所示,即

$$\frac{Q_1 + Q_2}{2}\Delta t - \frac{q_1 + q_2}{2}\Delta t = V_2 - V_1 = \Delta V \tag{5-1}$$

式中　Q_1、Q_2—— 计算时段初、末的入库流量,m^3/s;

q_1、q_2—— 计算时段初、末的水库下泄流量,m^3/s;

V_1、V_2——计算时段初、末的水库库容,m^3;

ΔV——计算时段中水库蓄水量的变化值,m^3;

Δt——计算时段,h。

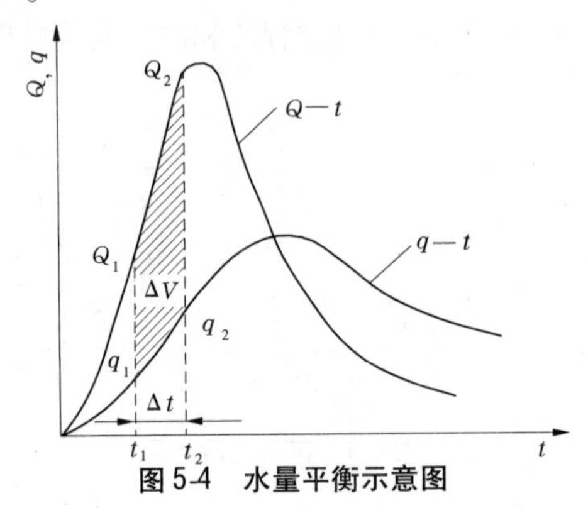

图 5-4　水量平衡示意图

当已知水库入库洪水过程线时,Q_1、Q_2均为已知。计算时段 Δt 的选择,应以能较准确反应洪水过程线的形状为原则,陡涨陡落时, Δt 取短些;反之,取长些。时段初的水库蓄水量 V_1和泄流量 q_1 可由前一时段求得,而第一个时段的 V_1、q_1 为已知的起始条件,未知的只有 V_2、q_2。但由于一个方程存在两个未知数,为了求解,需再建立第二个方程,即水库的蓄泄方程。

水库的泄洪建筑主要是指溢洪道和泄洪洞,水库的泄流量就是它们的过水流量。在溢洪道无闸门控制或闸门全开的情况下,其泄流量可按堰流公式计算,即

$$q_{溢} = m_1 B H^{\frac{3}{2}}$$

式中　m_1——流量系数;

B——溢洪道堰顶宽度,m;

H——溢洪道堰上水头,m。

而泄洪洞的泄流量可按有压管流计算,即

$$q_{洞} = m_2 F H_{洞}^{\frac{1}{2}}$$

式中　m_2——流量系数;

F——泄洪洞洞口的断面面积,m^2;

$H_{洞}$——泄洪洞的计算水头,m。

可见,当水库的泄洪建筑物形式和尺寸一定的情况下,其泄流量只取决于水头 H。而根据水库的水位库容曲线 $G—V$,泄流水头 H 是水库蓄水量 V 的函数,所以泄流量 q 也是水库蓄水量 V 的函数,即

$$q = f(V) \tag{5-2}$$

式(5-2)就是水库的蓄泄方程。由于水库容积曲线 $G—V$ 没有具体的函数形式,故很难列出 $q=f(V)$ 的具体函数式。水库的蓄泄方程只能用列表或图示的方式表示出来。

联立求解方程式(5-1)和式(5-2),就可求得时段末的水库蓄水量 V_2 和泄流量 q_2。而逐时段联解方程式(5-1)和式(5-2),即可求得与入库洪水过程相应的水库蓄水过程和泄流过程。

当水库拟订不同的泄洪建筑物尺寸时,通过上述计算,就可得到水库泄洪建筑物尺寸与水库洪水位、调洪库容、最大泄流量之间的关系,为最终确定水库调洪库容、最高洪水位、最大泄流量、大坝高度和泄洪建筑物尺寸提供依据。

5　水库的调洪计算

5.1　无闸水库的调洪计算

中小型水库为了节省投资、便于管理,溢洪道一般不设闸门。无闸门控制的水库有如下特点:①水库的调洪库容和兴利库容难以结合,因此水库的防洪起调水位(防洪限制水位)与正常蓄水位相同,均与溢洪道堰顶高程齐平;②水库下游一般没有重要保护对象,或有保护对象也难以负担下游防洪任务;③库水位超过堰顶高程就开始泄洪,属于自由泄流状态。

5.1.1　列表试算法

为了求解式(5-1)和式(5-2),通过列表试算,逐时段求出水库的蓄水量和下泄流量,这种方法称列表试算法。其主要步骤是:

(1)确定水库的入库洪水过程线。

(2)根据水位库容曲线和拟订的泄洪建筑物类型、尺寸,用水力学公式计算并绘制水库的下泄流量与库容的关系曲线 $q=f(V)$。

(3)选取合适的计算时段 Δt,由设计洪水过程线摘录 Q_1、Q_2、Q_3、…。

(4)调洪计算。确定计算开始时刻的 q_1、V_1,然后列表试算。试算方法:由起始条件已知的 V_1、q_1 和入库流量 Q_1、Q_2,假设时段末的下泄流量 q_2,就能根据式(5-1)求出时段末水库的蓄水变化量 ΔV,而 $V_2 = V_1 + \Delta V$,用 V_2 查 $q—V$ 曲线得 q_2,若与假设的 q_2 相等,则 q_2 即为所求,若两者不等,则说明假设的 q_2 与实际不符,需重新假设 q_2,直至两者相等。

(5)将上一时段末的 q_2、V_2,作为下一时段初的 q_1、V_1,重复上述试算,求出下一时段的 q_2、V_2。这样,逐时段试算就可求得水库泄流过程线和相应的水库蓄水量过程线。

(6)将入库洪水过程线 $Q—t$ 和计算的水库泄流量过程线 $q—t$ 点绘在一张图上,若计算的最大泄流量 q_m 正好是两线的交点,则计算的 q_m 是正确的;否则,应缩短交点附近的计算时段,重新进行试算,直至计算的 q_m 正好是两线的交点。

【例5-1】　南方某年调节水库,100年一遇设计洪水过程资料见表5-1中①、②栏,水

位库容曲线如图5-5所示。设计溢洪道方案之一为无闸门控制的实用堰,堰宽70 m,堰顶高程与正常蓄水位相齐平,均为59.98 m。试用列表试算法求下泄流量过程、水库蓄水过程、水库设计洪水位、最大下泄流量q_m和相应的设计调洪库容。

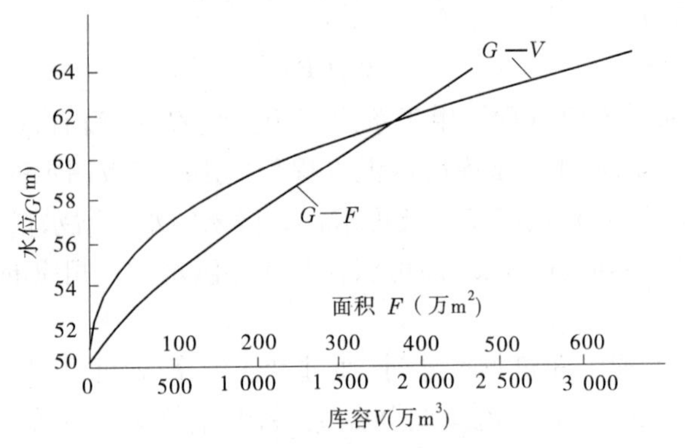

图5-5 水位库容曲线

解:(1)计算绘制水库的q—V关系曲线。实用堰泄流公式:$q = mBH^{\frac{3}{2}}$,已知$B = 70$ m,采用$m = 1.77$。用不同的库水位分别计算H和q,再由水位库容曲线查得相应的V,将计算结果列于表5-1中,并绘制水库的q—V关系曲线,如图5-6所示。

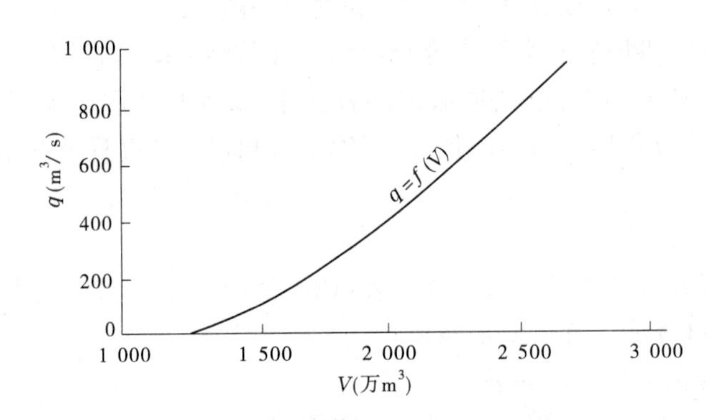

图5-6 下泄流量与蓄水量关系曲线

表5-1 某水库$q = f(V)$关系曲线

水库水位G(m)	59.98	60.5	61.0	61.5	62.0	62.5	63.0	63.5	64.0	64.5
总库容V(万m^3)	1 296	1 460	1 621	1 800	1 980	2 180	2 378	2 598	2 817	3 000
堰上水头H(m)	0	0.52	1.02	1.52	2.02	2.52	3.02	3.52	4.02	4.52
下泄流量q(m^3/s)	0	46.5	127.6	232.2	356	496	650	818	999	1 191

(2)选定计算时段,摘录洪水过程线。先将给出的设计洪水过程划分计算时段Δt = 1 h(当后期泄流量减少时,可改为Δt = 2 h以上),按选定的计算时段摘录设计洪水过程并填入表5-2中②栏。

(3)计算时段平均流量和时段入库水量。例如第1时段平均流量为$(Q_1 + Q_2)/2 = (0 + 390)/2 = 195$($m^3$/s),入库水量为:

$$\frac{Q_1+Q_2}{2}\Delta t = 195 \times 3\ 600 = 70.2(万\ m^3)。$$

(4)逐时段试算时段末的出库流量 q_2。因时段末出库流量 q_2 与该时段水库内蓄水量的变化有关,而蓄水量的变化程度又决定了 q_2 的大小,故需用试算确定。

例如第1时段,水库水位 $G_1=59.98$ m,$h_1=0$,$q_1=0$,$V_1=1\ 296$ 万 m^3。假设 $q_2=40$ m^3/s,则 $\frac{q_1+q_2}{2}\Delta t=\frac{0+40}{2}\times 3\ 600=7.2$(万 m^3),代入水量平衡方程,则

$$\Delta V=\frac{Q_1+Q_2}{2}\Delta t-\frac{q_1+q_2}{2}\Delta t=70.2-7.2=63.0(万\ m^3)$$

而 $V_2=V_1+\Delta V=1\ 296+63.0=1\ 359$(万 m^3),查 $q=f(V)$ 关系曲线图5-6得 $q_2=15$ m^3/s,与原假设不相符。

表5-2　某水库调洪计算(列表试算法,$P=1\%$)

时间 t (h)	流量 Q (m^3/s)	时段 Δt (1 h)	$\frac{Q_1+Q_2}{2}$ (m^3/s)	$\frac{Q_1+Q_2}{2}\Delta t$ (万 m^3)	时段末出库流量 q (m^3/s)	$\frac{q_1+q_2}{2}$ (m^3/s)	$\frac{q_1+q_2}{2}\Delta t$ (万 m^3)	ΔV (万 m^3)	V (万 m^3)	G (m)
①	②	③	④	⑤	⑥	⑦	⑧	⑨	⑩	⑪
0	0	0	0	0	0			0	1 296	59.98
1	390	0~1	195	70.2	18	9	3.2	+67.0	1 363	60.20
2	770	1~2	580	208.8	88	53	19.1	+189.7	1 553	60.77
3	1 150	2~3	960	345.6	256	172	61.9	+283.7	1 836	61.60
4	986	3~4	1 068	384.5	436	346	124.6	+259.9	2 096	62.30
5	820	4~5	903	325.1	544	490	176.4	+148.7	2 245	62.65
6	656	5~6	738	265.7	596	570	205.2	+60.5	2 306	62.83
7	492	6~7	574	206.6	588	592	213.1	−6.5	2 299	62.80
8	326	7~8	409	147.2	540	564	203.0	−55.8	2 243	62.68
9	162	8~9	244	87.8	476	508	182.9	−95.1	2 148	62.40
10	0	9~10	81	29.2	384	430	154.8	−125.6	2 023	62.10
11		10~11	0	0	298	341	122.8	−122.8	1 900	61.80
12		11~12			233	266	95.8	−95.8	1 804	61.52
13		12~13			186	210	75.6	−75.6	1 728	61.31
14		13~14			154	170	61.2	−61.2	1 667	61.13
15		14~15			130	142	51.1	−51.1	1 616	60.98
		15~16			106	118	42.5	−42.5	1 574	60.85
		16~17			84	95	34.2	−34.2	1 540	60.75
		17~18			72	78	28.1	−28.1	1 511	60.66
		18~20			52	62	44.6	−44.6	1 467	60.50
		20~22			36	44	31.7	−31.7	1 435	60.42
		22~26			22	29	41.8	−41.8	1 393	60.30
		26~30			16	19	27.4	−27.4	1 366	60.20
		30~36			10	13	28.1	−28.1	1 338	60.11
		36~42			6	8	17.3	−17.3	1 321	60.08
		42~48			4	5	10.8	−10.8	1 310	60.02
		48~58			2	3	10.8	−10.8	1 299	59.99
		58~62			1	1.5	2.2	−2.2	1 297	59.98
		62~66			0	0.5	0.7	−0.7	1 296	59.98

再设 $q_2 = 18\ m^3/s$,则

$$\frac{q_1 + q_2}{2}\Delta t = \frac{0 + 18}{2} \times 3\ 600 = 32\ 400(m^3) \approx 3.2\ 万\ m^3$$

$$\Delta V = \frac{Q_1 + Q_2}{2}\Delta t - \frac{q_1 + q_2}{2}\Delta t = 70.2 - 3.2 = 67.0(万\ m^3)$$

$$V_2 = V_1 + \Delta V = 1\ 296 + 67.0 = 1\ 363(万\ m^3)$$

由 V_2查 $q = f(V)$ 关系曲线图 5-6 得 $q_2 = 18\ m^3/s$,与原假设相符,故所设 $q_2 = 18\ m^3/s$ 即为所求。再由 V_2查 $G—V$ 曲线得 $G_2 = 60.20$ m。分别将试算正确的结果填入表 5-2 中⑥、⑦、⑧、⑨、⑩、⑪栏内。

(5)将上一时段的 q_2、V_2作为下一时段的 q_1、V_1。再假设 q_2,重复上述试算步骤,如此循环下去,即可求得各时段的出库流量 q_2、V_2和 G_2,将结果填入表 5-2。

(6)从表 5-2 中③、⑥栏可绘出水库下泄流量过程线;③、⑩栏可绘出水库蓄水过程线;③栏和⑪栏可绘出水库调洪后的水位过程线。由表 5-2 中⑥、⑩和⑪栏可以看出 $q_m = 596\ m^3/s$。

相应的设计调洪库容 $V_{设洪} = 2\ 306 - 1\ 296 = 1\ 010$ (万 m^3)。

设计洪水位 $G_{设洪} = 62.83$ m。

列表试算法能够准确地表达出调洪计算的基本原理,因此概念清楚,适用于变时段、有闸门、无闸门各种情况下的防洪调节计算,但计算量大。

5.1.2　半图解法

式(5-1)和式(5-2)也可以用图解和计算相结合的方式求解,这种方法称为半图解法。常用的有双辅助曲线法和单辅助曲线法。

5.1.2.1　双辅助曲线法

将水量平衡方程式改写为:

$$\frac{Q_1 + Q_2}{2} - \frac{q_1 + q_2}{2} = \frac{V_2 - V_1}{\Delta t}$$

移项整理后得:

$$\frac{V_2}{\Delta t} + \frac{q_2}{2} = \overline{Q_1} + \left(\frac{V_1}{\Delta t} - \frac{q_1}{2}\right) \tag{5-3}$$

式中　$\overline{Q_1}$ —— Δt 时段内的入库平均流量,m^3/s。

因为 V 是 q 的函数,故 $\left(\frac{V}{\Delta t} + \frac{q}{2}\right)$ 和 $\left(\frac{V}{\Delta t} - \frac{q}{2}\right)$ 也是 q 的函数,因此可以计算绘制 $q = f\left(\frac{V}{\Delta t} + \frac{q}{2}\right)$ 和 $q = f\left(\frac{V}{\Delta t} - \frac{q}{2}\right)$ 两关系曲线,如图 5-7 所示,根据时段初 V_1、q_1,应用这两条辅助曲线推求时段末的 V_2、q_2的方法就是双辅助曲线法。其调洪计算的步骤如下:

(1)已知时段初的出库流量为 q_1,在图 5-7 纵坐标上取 $OA = q_1$。

(2)过 A 点向右平行于横坐标引线,交 $q = f\left(\frac{V}{\Delta t} - \frac{q}{2}\right)$ 曲线于 B 点,则 $AB = \frac{V_1}{\Delta t} - \frac{q_1}{2}$,延长 AB 至 C 点,取 $BC = \overline{Q}$。

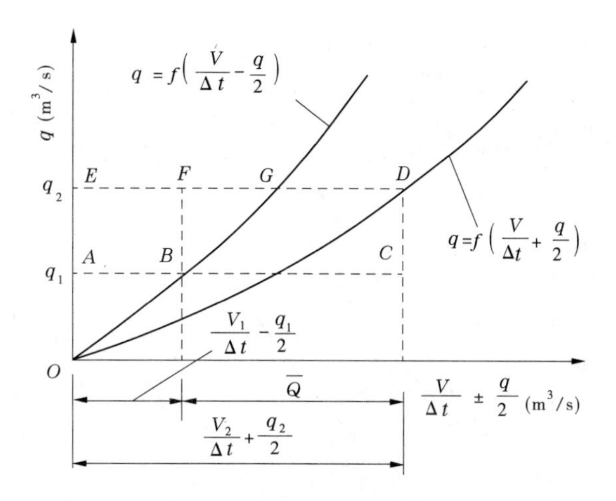

图5-7 双辅助曲线图

(3)由 C 点向上作垂线(过了 q_m后则向下作垂线)交 $q=f\left(\frac{V}{\Delta t}+\frac{q}{2}\right)$ 曲线于 D 点。

(4)由 D 点向左作平行于横坐标的直线交纵坐标于 E 点,则 DE 纵坐标 $OE=q_2$。

按照上述步骤,利用求得的时段末泄流量 q_2作为下一时段初的泄流量 q_1,依次逐时段进行计算,即可求得水库泄流过程。

【例5-2】 基本资料及要求同例5-1,用双辅助曲线法求最大下泄流量 q_m、设计调洪库容 $V_{设洪}$ 及设计洪水位 $G_{设洪}$。

解:(1)计算双辅助曲线。计算表格见表5-3,其中①、②、⑤栏均摘自表5-1,为计算方便,式(5-3)中的 V 均采用溢洪道堰顶以上库容列入表中③栏(也可采用 $V_{总}$)。$\Delta t=1\ h=3\ 600\ s$,注意表中计算时段必须与洪水过程线的摘录值时段相同。表中⑥、⑦、⑧栏按所列公式计算。根据表中⑤、⑦栏及⑤、⑧栏即可绘制双辅助曲线,另外,根据①栏与⑤栏可绘出下泄流量与水位关系曲线,如图5-8所示。

表5-3 双辅助曲线计算

水库水位 G(m)	库容 $V_{总}$ (万 m^3)	溢洪道堰顶以上库容 V(万 m^3)	$\frac{V}{\Delta t}$ (m^3/s)	下泄流量 q(m^3/s)	$\frac{q}{2}$ (m^3/s)	$\frac{V}{\Delta t}-\frac{q}{2}$ (m^3/s)	$\frac{V}{\Delta t}+\frac{q}{2}$ (m^3/s)
①	②	③	④	⑤	⑥	⑦	⑧
59.98	1 296	0	0	0	0	0	0
60.5	1 460	164	456	46.5	23	433	479
61.0	1 621	325	903	127.6	64	839	967
61.5	1 800	504	1 400	232.6	116	1 284	1 516
62.0	1 980	684	1 900	356	178	1 722	2 078
62.5	2 180	884	2 456	496	248	2 208	2 704
63.0	2 378	1 082	3 006	650	325	2 681	3 331
63.5	2 598	1 302	3 617	818	409	3 208	4 026
64.0	2 817	1 521	4 225	999	500	3 725	4 725
64.5	3 000	1 704	4 733	1 191	596	4 137	5 329

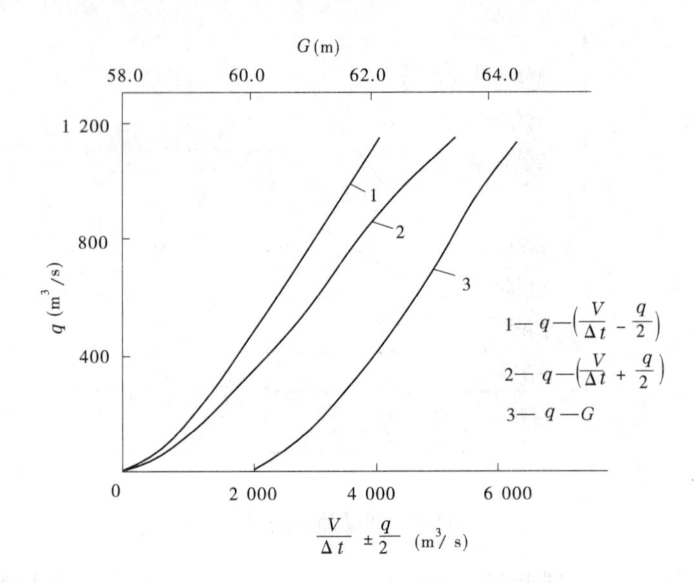

图 5-8　某水库调洪计算双辅助曲线

(2)用双辅助曲线计算下泄流量过程,见表 5-4。

表 5-4　某水库双辅助曲线法调洪计算($P=1\%$)

时间 t (h)	流量 Q (m^3/s)	时段 Δt (1 h)	平均流量 $\overline{Q}$ (m^3/s)	时段末的 $\left(\frac{V}{\Delta t}-\frac{q}{2}\right)$ (m^3/s)	时段末的 $\left(\frac{V}{\Delta t}+\frac{q}{2}\right)$ (m^3/s)	时段末的下泄流量 q(m^3/s)	总库容 $V_{总}$ (万 m^3)	库水位 G (m)
①	②	③	④	⑤	⑥	⑦	⑧	⑨
0	0	0	0	0	0	0	1 296	59.98
1	390	0～1	195	177	195	18		
2	770	1～2	580	669	757	88		
3	1 150	2～3	960	1 373	1 629	256		
4	986	3～4	1 068	2 005	2 441	436		
5	820	4～5	903	2 364	2 908	544		
6	656	5～6	738	2 506	3 102	596	2 306	62.83
7	492	6～7	574	2 492	3 080	588		
8	326	7～8	409	2 356	2 901	545		
9	162	8～9	244	2 125	2 600	475		
10	0	9～10	81	1 822	2 206	384		
11		10～11	0	1 524	1 822	298		
12		11～12		1 289	1 524	235		
13		12～13		1 101	1 289	188		
14		13～14		949	1 101	152		
15		14～15		834	949	125		
⋮		⋮		⋮	⋮	⋮		

第1时段，按照起始条件，时段初 $q_1=0$，$V_1=0$，即 $OA=0$，入库平均流量 $\overline{Q_1}=195$ m^3/s。

因为 $\frac{V_2}{\Delta t}+\frac{q_2}{2}=\overline{Q_1}+\left(\frac{V_1}{\Delta t}-\frac{q_1}{2}\right)=195+0=195\ (m^3/s)$。故可先在横坐标上截取 $AC=AB+BC$，即 $AC=0+195=195(m^3/s)$，如图5-7和图5-8所示。过 C 点向上作垂线交2线于 D 点，该点纵坐标 $OE=q_2=18\ m^3/s$，就是所求第1时段末的下泄流量，将其填入表5-4的⑦栏。而 ED 与1线于 G 点，$EG=177\ m^3/s$，即是 q_2 所对应的 $\left(\frac{V_2}{\Delta t}-\frac{q_2}{2}\right)$ 值，填入⑤栏，$ED=AC=195\ m^3/s$，就是 q_2 所对应的 $\left(\frac{V_2}{\Delta t}+\frac{q_2}{2}\right)$ 值，将其填入⑥栏。

第2时段，$\overline{Q}=580\ m^3/s$，$q_1=18\ m^3/s$，同第1时段，先作 $A'C'=\frac{V_2}{\Delta t}+\frac{q_2}{2}=\overline{Q}+\left(\frac{V_1}{\Delta t}-\frac{q_1}{2}\right)=580+177=757\ (m^3/s)$，填入⑥栏，再由 C' 点向上作垂线交2线于 D' 点，则 D' 点的纵坐标 $OE'=q_2=88\ m^3/s$，填入⑦栏。将所求上一时段末的 q_2 作为下一时段初的 q_1，用同样的步骤连续求解，即可求出下泄流量过程线，即表5-4中⑦栏，由⑦栏可知最大下泄流量 $q_m=596\ m^3/s$。

(3)确定设计调洪库容及设计洪水位。根据 q_m 查 $q=f(V)$ 曲线(见图5-6)可得最大库容 $V_{总}=2\ 307$ 万 m^3，从而求得设计调洪库容 $V_{设洪}=2\ 307-1\ 296=1\ 011$(万 m^3)，再根据 q_m 查图5-8中3线，即可得设计洪水位为62.83 m。

5.1.2.2 单辅助曲线法

将水量平衡方程式分离已知项和未知项后，式(5-3)还可改写为

$$\frac{V_2}{\Delta t}+\frac{q_2}{2}=\overline{Q_1}-q_1+\left(\frac{V_1}{\Delta t}+\frac{q_1}{2}\right) \tag{5-4}$$

这样只绘制 $q=f\left(\frac{V}{\Delta t}+\frac{q}{2}\right)$ 一条关系曲线(见图5-9)，就能求解 q_2 了，这种方法称为单辅助曲线法。

调洪开始时，对于第1时段，已知 Q_1、Q_2、V_1、q_1，将它们代入式的右端，即得出 $\left(\frac{V_2}{\Delta t}+\frac{q_2}{2}\right)$。依此数值在 $q=f\left(\frac{V}{\Delta t}+\frac{q}{2}\right)$ 曲线上即可查出 q_2。对于第2时段，上时段末的 Q_2、q_2 及 $\left(\frac{V_2}{\Delta t}+\frac{q_2}{2}\right)$ 作为本时段初的 Q_1、q_1、$\left(\frac{V_1}{\Delta t}+\frac{q_1}{2}\right)$，重复上时段求解的过程，又可求得第2时段的 q_2、$\left(\frac{V_2}{\Delta t}+\frac{q_2}{2}\right)$。这样逐时段连续计算，便可求得水库的泄流过程 $q—t$，如图5-9所示。

【例5-3】 基本资料与设计方案同例5-1，用单辅助曲线法求最大下泄流量 q_m、设计调洪库容 $V_{设洪}$ 和设计洪水位 $G_{设洪}$。

解：(1)绘制单辅助曲线图。计算表格见表5-3，表内⑦栏可省去。以⑤栏与⑧栏对

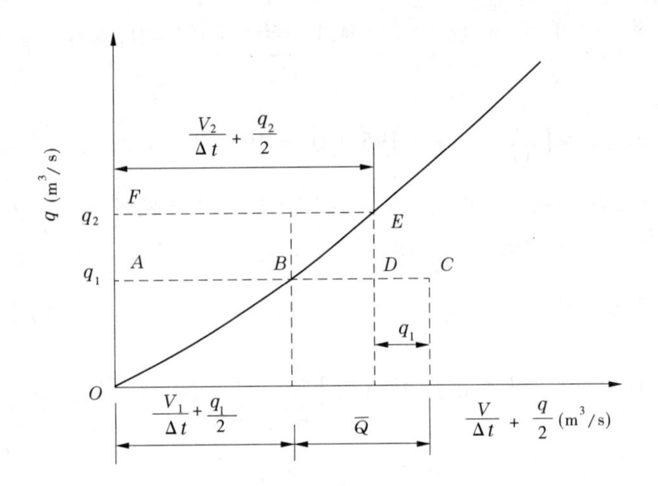

图 5-9　单辅助曲线图

应值绘制 $q—f\left(\frac{V}{\Delta t}+\frac{q}{2}\right)$ 关系曲线,即单辅助曲线。用表中⑤栏与①栏绘制水位与下泄流量关系曲线 $q—Z$,如图 5-8 中的 2、3 线。

(2)用单辅助曲线法进行水库的防洪调节计算。计算表格如表 5-5 所示。

第 1 时段,按照起始条件,时段初 $q_1=0, V_1=0$,入库平均流量 $\overline{Q_1}=195\ \mathrm{m^3/s}$。代入公式 $\frac{V_2}{\Delta t}+\frac{q_2}{2}=\overline{Q_1}+\left(\frac{V_1}{\Delta t}+\frac{q_1}{2}\right)-q_1=195+0-0=195(\mathrm{m^3/s})$。填入⑤栏,在单辅助曲线(图 5-8 中的 2 线)上截取横坐标 195 m³/s,并由此向上作垂线交 $q—\left(\frac{V}{\Delta t}+\frac{q}{2}\right)$ 关系曲线于一点,该点纵坐标为 18 m³/s,这就是所求第 1 时段末的下泄流量 q_2,将其填入本表⑥栏。

第 2 时段,$\overline{Q}=580\ \mathrm{m^3/s}, q_1=18\ \mathrm{m^3/s}$,第 2 时段的 $\left(\frac{V_1}{\Delta t}+\frac{q_1}{2}\right)$ 就是第 1 时段的 $\left(\frac{V_2}{\Delta t}+\frac{q_2}{2}\right)$,同第 1 时段,第 2 时段 $\left(\frac{V_2}{\Delta t}+\frac{q_2}{2}\right)=\overline{Q}+\left(\frac{V_1}{\Delta t}+\frac{q_1}{2}\right)-q=580+195-18=757$ m³/s,填入⑤栏,再由单辅助曲线横坐标 757 m³/s 向上作垂线交 2 线于一点,则该点的纵坐标 $q_2=88\ \mathrm{m^3/s}$,就是第 2 时段末的下泄流量,填入⑥栏。

其他时段,将所求上一时段末的 $\left(\frac{V_2}{\Delta t}+\frac{q_2}{2}\right)$ 作为下一时段的 $\left(\frac{V_1}{\Delta t}+\frac{q_1}{2}\right)$,用同样的步骤连续求解,即可求出下泄流量过程线,即表中⑥栏,由⑥栏可知最大下泄流量 $q_m=596$ m³/s。

(3)确定设计调洪库容及设计洪水位。由 $q_m=596\ \mathrm{m^3/s}$,查图 5-6 的 $q=f(V)$ 曲线,可得最大库容 $V_{总}=2\,307$ 万 m³,已知起调库容 $V=1\,296$ 万 m³,则设计调洪库容 $V_{设洪}=2\,307-1\,296=1\,011$(万 m³),再根据 q_m 查图 5-8 中 3 线,即可得设计洪水位 $G_{设洪}=62.83$ m。

表5-5 某水库单辅助曲线法调洪计算

时间 t (h)	流量 Q (m^3/s)	时段 Δt (1 h)	平均流量 $\overline{Q}$ (m^3/s)	时段末的 $\left(\frac{V}{\Delta t}+\frac{q}{2}\right)$ (m^3/s)	时段末的下泄流量 q(m^3/s)	总库容 $V_{总}$ (万 m^3)	库水位 G(m)
①	②	③	④	⑤	⑥	⑦	⑧
0	0	0	0	0	0	1 296	59.98
1	390	0 ~ 1	195	195	18		
2	770	1 ~ 2	580	757	88		
3	1 150	2 ~ 3	960	1 629	256		
4	986	3 ~ 4	1 068	2 441	436		
5	820	4 ~ 5	903	2 908	544		
6	656	5 ~ 6	738	3 102	596	2 307	62.83
7	492	6 ~ 7	574	3 080	588		
8	326	7 ~ 8	409	2 901	545		
9	162	8 ~ 9	244	2 600	475		
10	0	9 ~ 10	81	2 206	384		
11		10 ~ 11	0	1 822	298		
12		11 ~ 12		1 524	235		
13		12 ~ 13		1 289	188		
14		13 ~ 14		1 101	152		
15		14 ~ 15		949	125		
⋮		⋮		⋮	⋮		

5.2 有闸门控制水库的调洪计算

5.2.1 溢洪道设闸门的目的

(1)溢洪道设置闸门可以控制泄洪流量的大小和时间,使水库防洪调度灵活,控制运用方便,提高水库的防洪效益。因此,当下游要求水库蓄洪、与河道区间洪水错峰或水库群防洪调度时,都需要设置闸门。

(2)设置闸门有利于解决水库防洪与兴利的矛盾,提高水库综合利用效益。对防洪来说,汛期要求水库水位尽可能低一些,以有利于防洪;对兴利来说,则要求库水位尽可能高一些,以免汛后蓄水量不足,影响兴利用水。有闸门时,可以在主汛期之外分阶段提高防洪限制水位,也可以拦蓄洪水主峰过后的部分洪量。既发挥水库的防洪作用,又能争取多蓄水兴利。

(3)可选择较优的工程布置方案。当溢洪道宽度 B 相同,若调洪库容 $V_{调}$ 相等,设闸门可以降低最大泄流量 q_m;若 q_m 相等,有闸门可以减少 $V_{调}$;若 $V_{调}$、q_m 都相等,则所需溢洪道宽度要比无闸门的小得多。因此,根据地形、地质条件、淹没损失及枢纽布置情况,可以优选 B 、$V_{调}$ 和 q_m 的组合方案。

5.2.2 有闸门控制时水库调洪计算的特点

水库溢洪道有闸门控制的调洪计算原理与无闸门控制时相同,其调洪计算的特点是:

(1)溢洪道有闸门控制时,水库调洪计算的起调水位(防洪限制水位),一般低于正常蓄水位,高于堰顶高程。这样在防洪限制水位和正常蓄水位之间的库容,既可兴利,又可以防洪,从而协调了防洪腾空库容与兴利蓄水之间的矛盾。而汛前限制水位高于堰顶高程,就可以从洪水开始时得到较高的泄流水头,增大洪水初期的泄洪量,以减轻下游防洪的压力。对于以兴利为主的水库,防洪限制水位的确定应以汛后能蓄满兴利库容为原则。

(2)只有闸门全开才属自由泄流,相当于无闸门控制,可用列表试算法、双辅助曲线法或单辅助曲线法进行计算,当闸门没有全开时,属控制泄流,可直接用水量平衡方程计算。

(3)水库溢洪道有闸门控制的调洪计算,要结合下游是否有防洪要求所拟订的调洪方式进行。

5.3 满足水库防洪要求的调洪计算

水库的防洪要求,主要是当出现水工建筑物的设计(或校核)标准洪水时,确保水库工程的安全。一般水工建筑物的设计洪水标准高于下游防护区的设计洪水标准。这样,就需要分两级调洪计算:一级调洪计算,以相应于下游防护标准的设计洪水,作为入库洪水,控制下泄流量 $q \leqslant q_{安}$,进行调洪计算,求出防洪库容 $V_{防}$ 和防洪高水位 G_{m};二级调洪计算,用大坝的设计标准洪水作为入库洪水,进行调洪计算。

二级调洪计算的过程,开始时下泄流量以 $q \leqslant q_{安}$ 控制,其泄流过程如图 5-10 中的 OAB 段;当水库蓄洪量蓄满 $V_{防}$ 后,水库水位达到防洪高水位 $G_{防}$(图 5-10 中 t_2 时刻),因来水量仍大于所控制的泄量 $q_{安}$,库水位将继续上升,说明该次洪水超过了下游防洪标准相应的洪水,已不能再满足下游防洪要求,需作第二级调洪计算,以保证水库大坝的安全,故将闸门全部打开,形成自由泄流,下泄流量 $q > q_{安}$,泄流过程线由 b 点突增到 c 点(图 5-10 中 t_2 时刻或稍后),再增到 d 点,下泄流量 q 和库水位均达到最大值,此时的库水位为设计洪水位。d 点之后下泄流量变小,库水位逐渐下降。从图 5-10 中可见防洪库容增加了 ΔV。

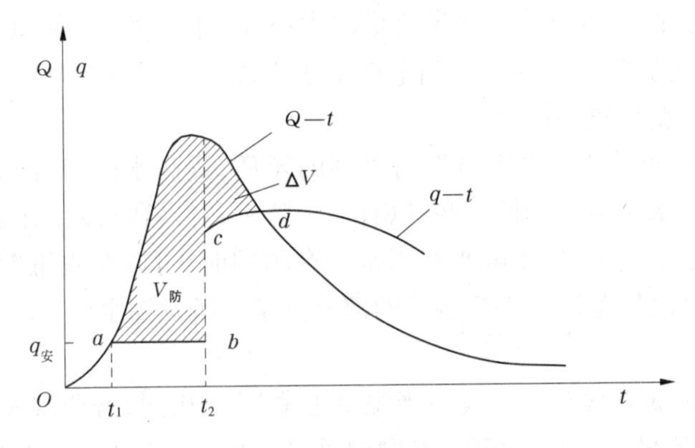

图 5-10 水库二级调洪示意图

上述调洪计算法首先考虑其下游的防护要求,当洪水超过了保护对象的洪水标准时,就应只考虑大坝的安全。这样的两级防洪调节所需要的调洪库容为 $V_{防} + \Delta V$。具体计算方法详见例 5-4。

【例5-4】　大坝的设计洪水标准为$P=1\%$，要求水库既考虑下游防洪($P=10\%$标准洪水)要求，又要保证大坝安全。溢洪道净宽$B=28$ m，求所需要的设计调洪库容$V_{设洪}$及设计洪水位$G_{设洪}$。

解：用水量平衡与单辅助曲线相结合的方法，进行调洪计算。

(1)计算并绘制单辅助曲线。计算成果列于表5-6。由⑥、⑧两栏绘制单辅助曲线；由⑥、②两栏绘制曲线$q—V$，如图5-11所示。

表5-6　调洪辅助曲线计算

水库水位 G(m)	库容 V(万 m^3)	$\frac{V}{\Delta t}$ (m^3/s)	堰上水头 H(m)	$H^{3/2}$	q (m^3/s)	$\frac{q}{2}$ (m^3/s)	$\frac{V}{\Delta t}+\frac{q}{2}$ (m^3/s)	$\frac{V}{\Delta t}-\frac{q}{2}$ (m^3/s)
①	②	③	④	⑤	⑥	⑦	⑧	⑨
57.48	647	1 797	0	0	0	0	1 797	1 797
58.00	770	2 139	0.52	0.375	18.6	9.3	2 148	2 130
58.50	885	2 458	1.02	1.030	51.0	25.5	2 484	2 433
59.00	1 017	2 825	1.52	1.874	92.9	46.5	2 872	2 779
59.50	1 160	3 222	2.02	2.871	142.3	71.2	3 293	3 151
60.00	1 300	3 611	2.52	4.00	198.2	99.1	3 710	3 512
61.00	1 621	4 503	3.52	6.60	327.1	163.6	4 667	4 339
62.00	1 980	5 500	4.52	9.61	476.2	238.1	5 738	5 262
63.00	2 378	6 606	5.52	12.97	642.8	321.4	6 927	6 285
64.00	2 817	7 825	6.52	16.65	825.2	412.6	8 238	7 412

(2)求各时段的平均入库流量。

(3)满足下游防洪要求控制泄量的调洪计算，见表5-7。首先，以$P=10\%$洪水进行防洪调节计算得出$\frac{V}{\Delta t}$的最大值5 412 m^3/s为控制值。初始仍采用闸门控制流量泄流方式，当$Q\leq q_{允}$时，来多少，泄多少；当$Q>q_{允}$时，下泄流量q控制在$q_{允}$内。到第5段末出现$\frac{V}{\Delta t}>5\ 412$ m^3/s，说明入库洪水已超过下游防护区的防洪标准，$V_{防}$已蓄满，应立即进行第2级洪水调节，将闸门全开，成为自由泄流，以保证大坝安全。

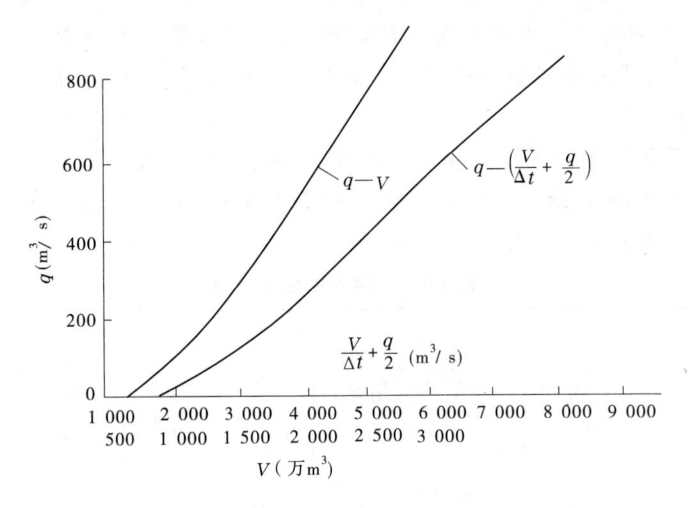

图 5-11　单辅助曲线图

表 5-7　有闸门水库调洪计算($P=1\%$)

时间 t(h)	流量 Q (m^3/s)	时段 Δt(h)	平均流量 $\overline{Q}$(m^3/s)	时段末的 $\frac{V}{\Delta t}$ (m^3/s)	时段末的 $\frac{V}{\Delta t}+\frac{q}{2}$ (m^3/s)	时段末的 q (m^3/s)	总库容 $V_{总}$ (万 m^3)	库水位 G (m)
①	②	③	④	⑤	⑥	⑦	⑧	⑨
0	0	0	0	2 367		0(47.32)	852	58.38
1	390	0 ~ 1	195	2 512		50		
2	770	1 ~ 2	580	3 042		50		
3	1 150	2 ~ 3	960	3 952		50		
4	986	3 ~ 4	1 068	4 970		50		
5	820	4 ~ 5	903	5 823	6 085	50(524)		
6	656	5 ~ 6	738		6 299	554		
7	492	6 ~ 7	574		6 319	558	2 170	62.52
8	326	7 ~ 8	409		6 170	536		
9	162	8 ~ 9	244		5 878	497		
10	0	9 ~ 10	81		5 462	436		
11		10 ~ 11	0		5 026	376		
12		11 ~ 12			4 650	324		
13		12 ~ 13						

(4)满足水库大坝防洪标准的调洪计算。第 5 时段末为控制泄流转变为自由泄流的时

刻，故调洪计算的水量平衡方程式应由$\frac{V_1}{\Delta t}+\overline{Q}-\overline{q}=\frac{V_2}{\Delta t}$转变为$\frac{Q_1+Q_2}{2}-q_1+\left(\frac{V_1}{\Delta t}+\frac{q_1}{2}\right)=\frac{V_2}{\Delta t}+\frac{q_2}{2}$；第5时段末，$q$由50 m³/s突增到自由泄量$q'$，由已知的$\frac{V}{\Delta t}=5\ 823$ m³/s，求出相应库容$V=5\ 823\times3\ 600=2\ 096$(万m³)，查$q—V$曲线，得$q'=524$ m³/s；第6时段，按自由泄流用单辅助曲线法进行调洪计算，6 085 + 738 − 524 = 6 299 (m³/s) 填入⑥栏，查$q—\left(\frac{V}{\Delta t}+\frac{q}{2}\right)$曲线，得$q=554$ m³/s，填入⑦栏。依此类推，见表5-7。

(5)求设计洪水位和设计调洪库容。以⑦栏的最大泄流量$q_{max}=558$ m³/s查图$q—V$曲线，得设计洪水位相应的总库容$V_{总}=2\ 170$万m³，再以2 170万m³查库容曲线，得设计洪水位$G_{设洪}=62.52$ m，设计调洪库容$V_{设洪}=2\ 170-852=1\ 318$(万m³)。

6　水库防洪调度方案的编制

6.1　防洪调度方案编制的依据

水库的防洪调度方案是水库防洪调度的总计划和总安排，应根据水库的实际情况每隔若干年重新编制一次。

编制防洪调度方案的主要依据是：国家的有关方针政策和各用水部门的要求，上级部门对防汛的要求，水库的防洪任务，水库枢纽的各设计参数，各建筑物的操作和管理规程，建筑物历年运用情况，工程质量及存在问题，水库的特性曲线（水库的水位与面积关系曲线$G—F$、水位与库容关系曲线$G—V$、水位与下泄流量关系曲线$G—q$、水库的回水曲线），有关的水文气象预报，水库的设计洪水和上下游有关的设计洪水资料，上游防护对象的基本情况等。

6.2　防洪调度方案的主要内容

水库防洪调度方案的内容取决于各水库的具体情况，通常包括：

(1)防洪调度方案编制的目的、原则及基本依据。

(2)工程概况。如坝型、坝高、放水设备情况、泄洪设备情况、水库库容、水电站容量、正常高水位、设计洪水位、校核洪水位及各水位相应的库容。

(3)水库的运用原则。水库的防洪能力及防洪标准、水库上下游的防洪标准及对水库泄流量的要求、防洪调度的原则等。

(4)有关的防洪指标。各种频率洪水的最高调洪水位和经水库调节后的下泄量，各种频率洪水的允许下泄量，考虑下游区间洪水时有关错峰的规定。

(5)在保证水库本身及下游防洪安全，充分发挥水库综合效益的前提下，制定水库的洪水调度规则，并使判别方式简单易行。

(6)本年度的防洪调度图，并附有水库的泄流方式、允许泄量、调洪库容使用原则及水库水位消落方式等的说明。

7　水库的调洪参数

水库的调洪参数主要包括防洪限制水位及相应于各种防洪标准的最高调洪水位和调

洪库容,应根据水文气象条件、工程的运用情况和水库所承担的任务,通过调洪计算和分析论证来确定。

水库的防洪限制水位(汛限水位)是指洪水来临前(汛前)水库允许的蓄水位,在调洪计算时从这一水位开始进行调洪计算,所以又称起调水位。由于汛前将水库水位限制在一定高度上,有时往往需要减小兴利库容,因而影响到水库的效益。为了发挥水库的综合效益,可以将水库的兴利库容和防洪库容结合使用,进行分期防洪调度,即将汛期划分为几个时段,可划分为前汛期和后汛期,或者划分为汛初、汛中、汛末等,根据各时段的设计洪水分期进行洪水调节计算,分别确定所需的防洪库容,逐步抬高防洪限制水位,分期进行蓄水,以便既能满足汛期的防洪要求,在汛末又能有较大的兴利库容。

分期防洪限制水位的确定有下列两种方法:

(1)从设计洪水位(或校核洪水位)反推防洪限制水位。将汛期划分为几个时段后,根据各分期的设计洪水,从设计洪水位(或防洪高水位)开始按逆时序进行调洪计算,反推各分期的防洪限制水位及调节各分期洪水所需的防洪库容。

(2)假定不同的分期防洪限制水位,计算相应的设计洪水位,经综合比较后确定分期的防洪限制水位。对每一个分期的设计洪水,拟订几个防洪限制水位,然后对每一个防洪限制水位,按规定的防洪限制条件和调洪方式,对分期设计洪水进行顺时序的调洪计算,求出相应的设计洪水位、最大泄流量和调洪库容,最后经综合分析后确定各分期的防洪限制水位。

8 水库的调洪方式

水库的调洪方式就是水库的防洪调度方式,取决于水库所承担的防洪任务、洪水的特性和其他影响因素,因此调洪方式是多种多样的,但概括起来可分为自由泄流和控制泄流两种,其中控制泄流又可分为固定泄流、变动泄流和错峰调节三种方式。

8.1 自由泄流方式

对于溢洪道不设闸门的水库,当水库水位超过溢洪道的溢流堰堰顶高程时,水库中的水即从溢洪道自由泄流。对于溢洪道设置闸门的水库,当入库洪水超过水库的设计洪水位时,为了保证水库的安全,将溢洪道闸门全部开启,采取自由泄流。在自由泄流的情况下,水库的防洪调度比较简单,水库的泄流量取决于入库洪水的大小和水库泄水设备的泄水能力。

8.2 固定泄流方式

水库在调洪过程中根据下游防洪保护区的重要性,水库和下游防洪设施的防洪能力,按某一个(一级)或几个(多级)固定流量用闸门控制泄流时,即为固定泄流方式。这种泄流方式适用于对下游承担防洪任务,水库距下游防洪保护区较近,区间集水面积较小的情况。采用固定泄流方式必须规定明确的判别条件,以便按此条件调节洪水。通常,对于防洪库容较小的水库,以入库流量作为判别条件;对于防洪库容较大的水库,则以入库流量结合调洪库容(水位)来判别下泄流量。例如,某水库距下游防洪保护区为 3.5 km,区间洪水较小,调洪时将频率为 2% 以下的洪水分三级固定泄量下泄,其判别条件和分级泄量如表 5-8 所示。

表 5-8 某水库调洪时的分级泄量

判别条件（入库流量 Q,m^3/s）	泄流方式	说明
<2 500	$q=Q$	q 为下泄流量,m^3/s
2 500 ~ 4 000	$q=2\ 500\ m^3/s$	
4 000 ~ 6 100	$q=3\ 500\ m^3/s$	
>6 100	自由泄流	为保大坝安全

8.3 变动泄流方式

对于调节性能较好,用闸门控制泄流的水库,通常采用变动泄量的泄流方式。在洪峰进入水库之前,水库的泄量逐渐增大,在洪峰进入水库时,水库的泄量加大到相应频率洪水的最大泄量,然后用变动泄量的方式逐渐减小泄量,使水库水位缓慢下降,或者是关闭泄水道闸门,通过发电来消落水位。

8.4 错峰调节方式

错峰调节是水库在进行洪水调节时,使水库的最大泄量与下游水库或下游区间的洪峰流量在时间上错开,以减轻下游水库或下游河道的防洪负担,这是承担下游防洪任务的水库的一种调节方式。错峰调节一般有两种方式,即前错峰调节和后错峰调节。

前错峰调节是在洪水入库前将水位降低,腾出一部分库容来拦蓄洪水,以便经水库调节后的最大泄量能与下游水库或区间洪水的洪峰错开。后错峰调节也是在洪水入库前先腾出一部分库容,在洪水入库后,先将洪水拦蓄在水库内,减小下泄流量或完全不泄水,以便下游区间洪峰通过下游水库或下游防护区后,再加大泄水流量,以错开两者在下游出现的时间。

9 水库防洪调度方案实例

某水库承担下游某城市防洪任务,水库采取错峰调节方式,并将汛期划分为前汛期和后汛期两个时段,进行分期洪水调节,洪水调度规则如下:

(1)前汛期(7月1日至8月10日)。汛前限制水位为255.40 m。

当库水位低于256.74 m(相应泄量为750 m^3/s),入库流量大于下泄流量时,泄水闸门全部开启宣泄洪水。

当库水位超过256.74 m时,水库泄量控制在750 m^3/s;使下游错峰。

当库水位超过261.20 m时,或下游防护城市处河道已出现洪峰减退时,水库停止错峰调节。

当库水位达到266.43 m时,根据防汛指挥部命令启用或不启用非常溢洪道。

(2)后汛期(8月11日至9月30日)。后汛期的分期防洪限制水位如表5-9所示。

表5-9　水库后汛期的分期防洪限制水位

日期	8月11～15日	8月16～20日	8月21～30日	9月1日～9月10日	9月11～30日
防洪限制水位(m)	257.0	258.0	259.0	259.5	260.5

当入库流量小于错峰流量和小于水库泄流能力时,按入库流量泄洪;若入库流量大于泄洪能力,则按水库泄流能力泄洪。

当入库流量大于750 m^3/s时,按750 m^3/s泄洪错峰。

当库水位达到262.10 m或下游防护城市处河道出现洪峰消退时,水库停止错峰调节,泄水闸门全部开启泄洪。

任务2　利用水库群进行防洪调度

水库群是指在同一河流的干流和支流上各个水库所组成的水库群体,如图5-12所示,其中1、4、5水库组成的水库群称为梯级水库群,又称串联水库群;1、2、3水库组成的水库群,称为并联水库群;1、2、3、4、5水库组成的水库群,则称为混联水库群。

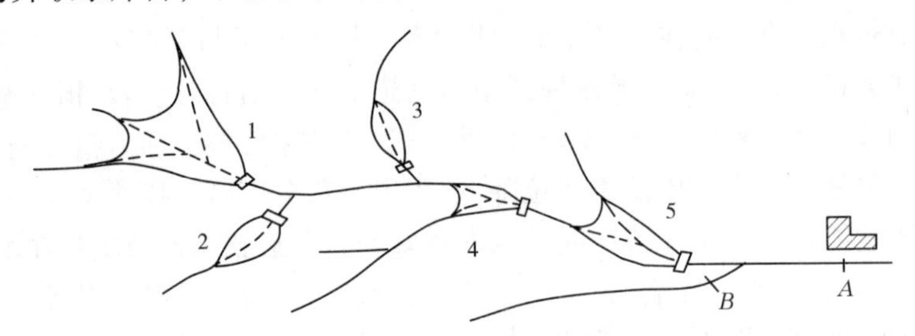

图5-12　水库群示意图

水库群的防洪调度就是指上述水库群为了保证各水库及其区间的防洪安全而共同进行的防洪调度。由于水库群的各水库之间存在着水文、水利和水力上的种种联系,所以水库群的防洪调度就是使各水库很好地配合使用,以解决各水库和水库区间的防洪联合调度问题,主要是通过洪水遭遇和组合分析计算,确定各水库的设计洪水标准、校核洪水标准和各区间及下游的防洪标准,同时通过联合调洪计算,确定防洪库容在各水库间合理分配和各水库的调洪方式等。

1　串联(梯级)水库的防洪标准

在串联水库中,上下游水库之间存在着直接的水文水力联系,共同对下游河道起着防洪保障作用,如果上游水库失事,则将危及下游水库和河道沿岸的安全。因此,串联水库的防洪标准应全面考虑,除各水库自身的防洪标准外,还应考虑梯级水库整体的防洪标准。对于上游水库防洪标准较高,下游水库防洪标准较低的梯级水库,也应采取措施适当加大下游水库的泄洪能力,提高其抗洪标准,以增强梯级水库整体的防洪标准。对于上游

水库防洪标准较低的梯级水库,在确定下游水库的防洪标准时,应考虑上游水库失事对下游水库产生的影响。所以,在确定梯级水库的防洪标准时,除根据各水库本身的规模、重要性、防洪任务和等级按有关规定选取相应的防洪标准,以保证各水库自身的安全外,还应从梯级水库的整体防洪出发,全面考虑各水库相互的影响和对下游所承担的防洪任务,进行统筹安排和必要的调整。

2 梯级水库的设计洪水

梯级水库的设计洪水,应根据梯级内水库的具体情况而定。对于上游为大水库,下游为小水库,两水库间的区间面积不大的梯级水库,主要是确定上游水库的设计洪水(其方法与单一水库相同)和下游各级区间的洪水,而下游各级水库的设计洪水,则等于下游各级水库防洪标准相应的上游水库设计频率的泄水量加区间相应频率的洪水。对于区间面积较小,自然地理特征和暴雨洪水特性与本流域相邻流域基本相似的情况,可将本流域或相邻流域的洪水(按比例放大或缩小),作为区间洪水。对于区间面积较大的情况,无论大水库是在上游或下游,或者两者都是大水库,均应分别确定上、下水库和区间的设计洪水,并考虑几种可能的组合,然后确定其中的一种或几种控制性的组合,作为梯级的设计洪水。

3 梯级水库防洪库容的分配

由于梯级水库的防洪任务是既要保证各水库本身的防洪安全,又要保证下游的防洪安全,所以梯级水库的防洪库容除要满足各水库防洪安全的要求外,还必须满足下游保护对象对梯级水库的防洪要求。前一部分库容可根据梯级中各水库本身的防洪标准、设计洪水、库容的大小、泄流能力和兴利要求等因素来推求。后一部分库容则应根据下游保护对象的防洪安全对梯级水库总库容的要求,结合水库库容的大小、泄流能力、防洪标准、设计洪水和兴利要求等因素综合考虑后进行分配,确定各水库所应分担的库容。此时根据梯级中上、下游水库库容的大小,有以下几种分配原则。

3.1 大水库在上游、小水库在下游的梯级水库

当下游水库库容很小,调节能力有限时,上游水库既要保证本身的防洪安全,又要保证下游水库和下游保护对象的防洪安全,因此全部防洪库容都将安排在上游水库,下游水库主要是依靠本身的泄流能力来保证水库的安全。下游水库泄流能力的大小取决于上游水库的泄流量和区间洪水的大小。

当下游河道无重要保护对象,防洪要求不高时,下游各级水库的泄流能力可适当加大,以减小上游水库的防洪库容,降低水库的投资。

3.2 对于有两个以上大水库的梯级

由于在这种梯级中,区间面积一般比较大,所以各水库的防洪库容除应满足本身防洪要求外,还应利用各水库间的库容补偿,使梯级总的防洪效益最高。

3.3 对于下游河道无重要保护对象和防洪要求不高的情况

此时可先按技术经济最优的原则确定各自的防洪库容和泄流能力,然后对不同的洪水组合,用调整上、下游水库的防洪库容和泄流能力的办法进行技术经济比较,选择最优

的分配方案。

3.4 当下游河道有防洪要求时

应在确定各水库的防洪库容和泄流能力后,对各种洪水组合进行梯级水库的连续调洪计算,在满足下游河道防洪要求的情况下,调整上下游水库的防洪库容和下泄流量,并在安全可靠的前提下选择防洪库容的最优分配方案。

3.5 当上游水库的控制流域面积较小时

当上游水库的控制流域面积较小时,防洪库容也应根据对不同洪水组合进行技术经济比较后确定。但在一般情况下,宜将防洪库容安排在下游水库。

为了使防洪库容与兴利库容能有效地结合使用,梯级水库也应研究分期洪水调度问题。

4 梯级水库的防洪调度原则

通常梯级水库的防洪调度原则是:位于上游的水库在保证自身安全的前提下尽量拦蓄洪水,采取先蓄后泄的调洪方式,如遇大洪水,则应根据预报,提前腾出库容来拦蓄洪水。位于下游的水库,应根据上游水库和区间可能的来水,保持较大的防洪库容。如果梯级中的几个水库都是大水库,则可根据各水库的蓄水能力自上而下采用间隔蓄水迎汛的方法,一个水库满蓄,一个水库不满蓄,这样也能削减洪峰和洪量。

5 梯级水库的洪水调度方式

梯级水库的调洪计算方法与单一水库基本相同,但此时上游水库的入库洪水是上游水库控制流域内的洪水,而下游水库的入库洪水则是上游水库下泄的洪水和区间洪水。当区间洪水很小时,下游水库的入库洪水就等于上游水库的下泄洪水,如图 5-13 所示。图中 V_u、V_d分别为上游水库和下游水库所需的防洪库容。

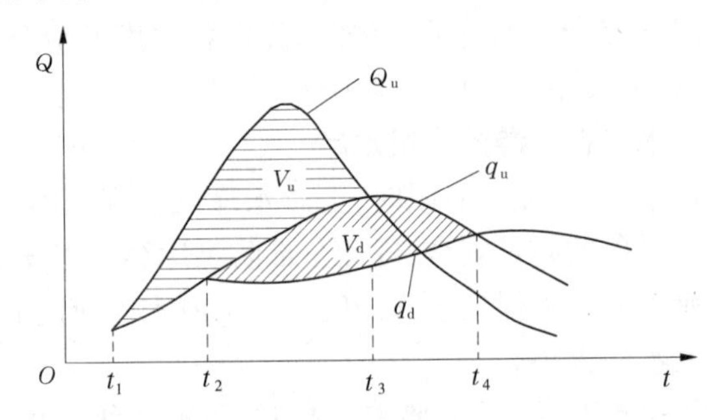

图 5-13 上、下游水库入库洪水过程和泄流过程

根据下游水库入流过程计算方法的不同,梯级水库的调洪计算有下列两种简单方法:

(1)下游水库天然入库过程减去上游水库的蓄水过程,即得经上游水库调节后的下游水库入库洪水过程。

(2)将上游水库的泄流过程加上区间入库洪水过程,即等于经上游水库调节后的下游水库总的入库洪水过程。

由于各梯级水库之间存在着直接的水文水力联系,所以梯级水库应采用联合运用、错峰调节的方式。对于大水库在上游、小水库在下游的情况，可采用后错峰的调节方式，即先用大水库的防洪库容拦蓄开始阶段洪水，等区间洪峰过去后再宣泄上游水库的洪水。当区间面积较大，洪水过程较长时，也可采用后错峰的方式，此时上游水库先不拦蓄洪水或加大泄量，当区间洪峰将进入下游水库时，上游水库减小泄量或停止泄水。

有两个大水库的梯级水库，洪水调节的基本方式仍是错峰调节。在一般情况下，如果没有可靠的降雨预报，宜采用后错峰的调节方式；如果有降雨量、雨量分布和雨区移动方向（从上游向下游）的可靠预报，为使上游水库下泄洪水与下游区间洪峰错开，上游水库可采用前错峰的调节方式。

任务 3　利用水文预报进行防洪调度

水文预报是指根据长期（几个月）、中期（1～10 d）和短期（24 h）气象预报的资料进行洪水预报，即预报一次暴雨所形成的最大洪峰、洪水总量和洪水过程线。

根据水文预报可以提前了解即将发生的洪水及其特性，因此可以提前采取相应的防汛措施，保证水库和下游防护区的安全度汛。例如，根据预报的洪水特性，可以提前紧急放空一部分库容，增大防洪库容，使水库在下泄下游防护区安全泄量的情况下，有足够的防洪库容滞蓄洪水，保证水库及下游防护区的安全；同样，利用水库与下游防护区之间的区间洪水预报，及时调整计划，减小下泄流量，对下游区间洪水进行错峰，保证下游安全度汛；根据预报的洪水过程线，可以有计划地拦蓄部分后期洪水（洪水尾部），增加部分蓄水，以增大兴利效益。所以短期水文预报在水库的防洪调度中有着重要的意义。根据一些水库的分析，进行洪水预报调度可以减小预留防洪库容 10%～20%，增加兴利效益约 10%。

根据水文预报进行防洪调度，首要的是进行洪水预报，即根据降雨过程预报洪水过程，这关系到流域的产流及汇流条件，需要结合暴雨强度及历时、暴雨中心在流域内的位置及其移动路径、前期降雨的情况、流域面积及形状、地表土壤及坡度、地表植被情况、地下水情况、河流的长度及坡度以及蒸发等情况，进行综合分析，通常可通过降雨与径流实测资料的分析，建立降雨与径流的相关关系。

1　根据预报进行防洪调度的方法

根据水文预报进行防洪调度的方法如下：

如图 5-14 所示，*akj* 为根据水文预报的洪水过程线，*a* 点为洪水开始点，可假定为降雨开始点，*bcdefghi* 为经调度后水库下泄流量过程线。

预报的洪水比原先预料的洪水要大，因此在洪水来临前需提前泄放一部分库水，再腾出一部分库容 W_p，以便增大防洪库容，满足调洪要求。因此，从降雨开始（*a* 点）经过预报和分析，到 *b* 点开始在原定的防洪限制水位下提闸，这段时间按来水流量泄水，从 *b* 点开始增大泄水量，直到 *d* 点，*d* 点为泄水流量与来水流量相等点，也就是经过 t_p 时间水库腾出的库容为 W_p，这一库容应满足调洪需要。从 *d* 点开始，水库再次按来水流量泄水，直到 *e* 点，即直到泄水流量 q 达到下游防护区安全泄量 q_s 为止。*e* 点以后，控制下泄流量等于

q_s,直到f点。从f点开始,洪水已在消退,故下泄流量q也开始逐渐减小,直到g点。此时已为洪水尾部,故可减小或停止泄水,以便拦蓄尾部洪水,发挥兴利效益。

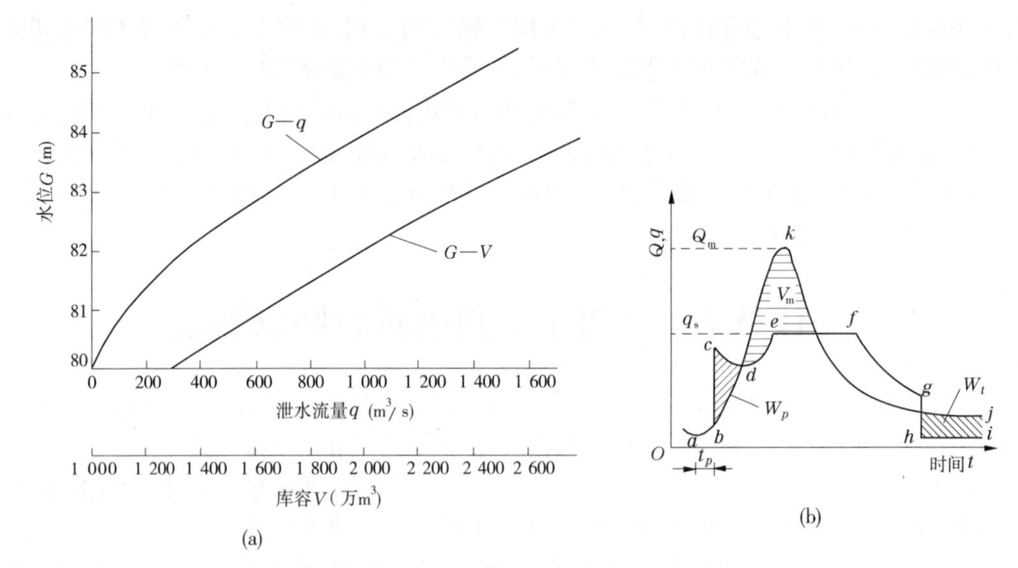

图5-14　根据水文预报进行防洪调度(下游有防洪要求时)

2　根据长、中、短期气象预报进行洪水预报调度

根据长、中、短期气象预报进行洪水预报的方法通常是:每年的年初,根据长期气象预报的汛期降雨量和一次最大降雨量及其频率,确定相应的洪水频率,并根据以往洪水实测资料的分析,确定该频率洪水相应的洪水过程线,然后根据水库及上下游防洪要求,进行洪水调节计算,确定当年水库的预留防洪库容及相应的汛限水位。其后,在汛期利用中、短期气象预报,再对水库进行预泄和回蓄,以便充分利用库容发挥防洪和兴利效益。

(1)首先根据汛期洪水发生的特点将汛期分为几个时段。

(2)对每个时段所发生的洪水进行洪水频率统计。

(3)根据水库的各种防洪标准(如上下游防洪标准、水库的设计洪水标准和校核洪水标准)分别推求各时段各种频率的设计洪水。

(4)对各时段假定若干个汛限水位G_b。

(5)对每一个汛限水位的各种频率洪水进行顺时序的调洪计算,分别确定相应于各汛限水位G_b时的最高调洪水位G_m,调洪库容V_m和最大下泄流量q_m。

(6)以最高调洪水位G_m为纵坐标,以汛限水位G_b为横坐标,以不同设计洪水频率p为参数,绘制不同设计洪水频率情况下的最高调洪水位G_m与汛限水位G_b的关系曲线,如图5-15所示。

(7)根据设计洪水频率$P(\%)$和规定的最高调洪水位G_m,即可由图5-15中查得相应的汛限水位G_b。

【例5-5】　某水库根据洪水发生的特点,将汛期分为前汛期(6~7月)和后汛期(8~9月)两个时段,根据水库本身及上、下游防洪要求,选用五个防洪设计标准,即水库本身

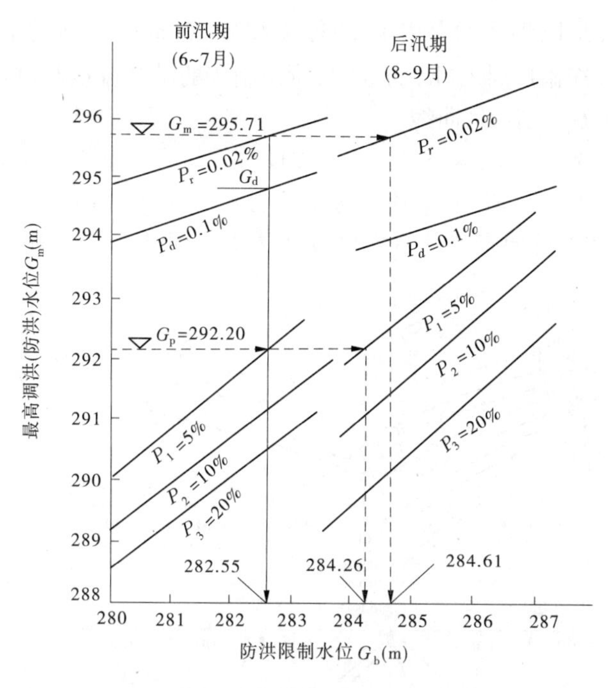

图5-15 某水库最高调洪水位 G_m 与汛限水位 G_b 的关系

的防洪设计标准为设计洪水频率 $P_d=0.1\%$ 和校核洪水频率 $P_r=0.02\%$；上、下游防洪设计标准三个，即设计洪水频率为 $P_1=5\%$，$P_2=10\%$ 和 $P_3=20\%$，按前述方法分别对前汛期和后汛期绘制了五条 $G_m \sim G_b$ 关系曲线，如图5-15所示。现在要求确定水库汛期最高防洪水位 $G_m=295.71$ m和上游移民标准水位 $G_p=292.20$ m时的汛限水位。

解：由图5-15中可查得在前汛期当 $G_m=295.71$ m和 $G_p=292.20$ m时的汛限水位均为 $G_b=282.55$ m；在后汛期，当 $G_m=295.71$ m和 $G_p=292.20$ m时，汛限水位 G_b 分别为284.61 m和284.26 m。

3 根据综合相关图进行洪水预报调度

对于中小型水库，由于流域面积小，汇流时间短，必须迅速进行洪水预报调度，此时可用综合相关图法。

综合相关图如图5-16所示，它是一个有四个象限的直角坐标图。

在第一象限内，以水库水位 G(m)为纵坐标，以水库下泄流量(溢洪道泄水流量) q (m^3/s)为横坐标，以溢洪道上闸门开启度 e(m)为参数，所绘制成的不同闸门开度情况下的水位与泄水流量的关系曲线，即 $G—q(e)$ 曲线。

在第二象限内，是以水库水位 G(m)为纵坐标，以径流深度 R(mm)为横坐标，以洪水开始时水库的水位(起调水位) G_0(m)为参数，所绘制成的不同起调水位 G_0 情况下的水位与径流深度关系曲线，即 $G—R(G_0)$ 曲线。

在第三象限内，是以流域平均降雨量 X_F(mm)与前期降雨量 P_a 之和 X_F+P_a 为纵坐标，以径流深度 R(mm)为横坐标，所绘制成的降雨与径流关系曲线，即 $(X_F+P_a)—R$ 曲线。

在第四象限内,是以洪水总量相应的径流深度 R(mm)为纵坐标,以洪峰流量 Q_m(m^3/s)为横坐标,以净雨历时 t_c(h)为参数,所绘制成的洪峰流量与洪水总量相应的径流深度的关系曲线,即 $Q_m—R(t_c)$ 曲线。

【例5-6】 某水库在1986年8月15日流域内平均降雨量 $X_F=180$ mm,前期影响雨量 $P_a=35$ mm,净雨历时 $t_c=8$ h,水库的防洪限制水位为86.40 m,起调水位为84.20 m。预报洪水通过水库调节后的水库最高水位 G_m 和相应的最大下泄流量 q_m。

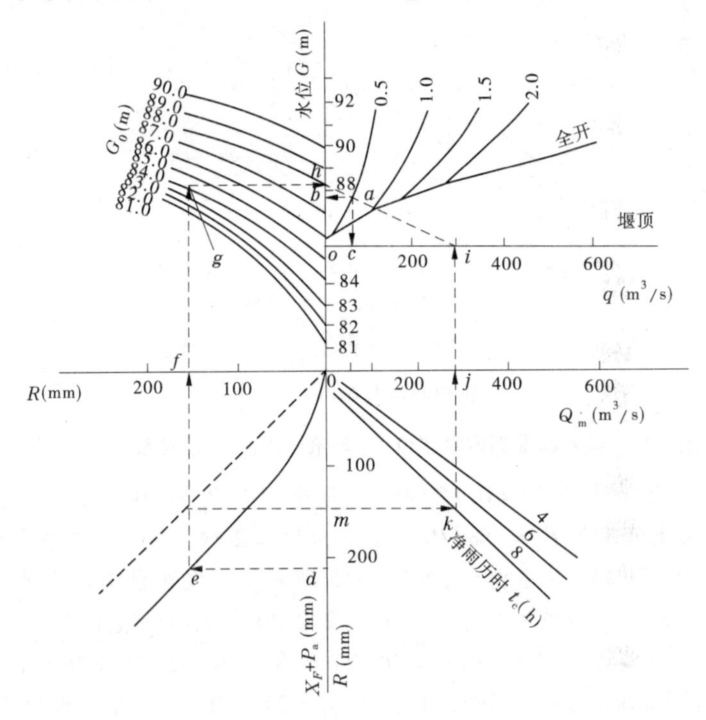

图5-16 综合相关图

(1)水库不泄流时的情况。

如图5-16所示,根据 $X_F+P_a=180+35=215$(mm),在第三象限的纵坐标上从 $X_F+P_a=215$ mm 的 d 点作水平线,与降雨径流关系曲线,即与 $(X_F+P_a)—R$ 曲线相交于 e 点,从 e 点作竖直线向上与横坐标相交于 f 点,得径流深度 $R=150$ mm。

在第二象限内,从 f 点向上作竖直线,与 $G_0=84.20$ m 相应的水库水位与径流深度关系曲线,即与 $G—R(G_0)$ 曲线(按插入法)相交于 g 点,从 g 点作水平线与纵坐标相交于 h 点,得洪水期水库不泄流时水库的最高水位 $G_m=88.40$ m。

(2)水库泄水时的情况。

在第四象限内,从纵坐标上径流深度 $R=150$ mm 的 m 点作水平线,与净雨历时 $t_c=8$ h 相应的洪峰流量 Q_m 和径流深度关系曲线,即与 $Q_m—R(t_c)$ 曲线相交于 k 点,从 k 点向上作竖直线与横坐标相交于 j 点,由 j 点的坐标得这次暴雨的洪峰流量 $Q_m=300$ m^3/s。

在第一象限内,从 j 点向上作竖直线与第一象限的横坐标相交于 i 点,在纵坐标上将相应于水库不泄流时的最高水位 $G_m=88.40$ m 的 h 点和 i 点连成直线 hi,如果溢洪道上闸门的开启设 $e=0.5$ m,则直线 hi 和 $e=0.5$ m 的水库水位与下泄流量的关系曲线,即

$G—q(e)$ 曲线相交于 a 点，从 a 点作水平线与纵坐标相交于 b 点，b 点的坐标值为 $G=87.60$ m。从 a 点向下作竖直线 ac，与横坐标相交于 c 点，由 c 点的坐标得 $q=70$ m^3/s，故当洪水期水库溢洪道闸门开启度为 $e=0.5$ m 时，下泄最大流量 $q_m=70$ m^3/s 时，水库的最高水位 G_m 为 87.60 m。

小　结

本项目系统地概括了水库防洪调节计算的基本原理和方法，主要内容是：

(1)水库调洪计算的任务是在设计标准已定，根据所提供的各种标准的洪水过程，求解泄洪建筑物尺寸规模与防洪库容(调洪库容)之间的关系，以便进行技术经济分析与比较，选择最佳方案。水库调洪演算的原理是联解：

$$\begin{cases}\dfrac{Q_1+Q_2}{2}\Delta t-\dfrac{q_1+q_2}{2}\Delta t=V_2-V_1\\ q=f(V)\end{cases}$$

常用的方法是列表试算法、半图解法和简化三角形法。试算法概念清晰，适用于多种情况，但计算繁复，实际工作中用得比较多的则是半图解法。但在利用半图解法时要注意当 Δt 有变化时，水库调洪的工作曲线要随之重作。当溢洪道上无闸控制时，下游可有、无防洪要求；当溢洪道上设闸控制时，下游也可有、无防洪要求。当溢洪道上设闸门时的防洪水利计算，注意对不同设计标准的洪水进行“分级”调节。

(2)对于利用水文预报进行防洪调度进行了解析，主要是通过中短期气象预报进行预泄和回蓄，以便充分利用库容发挥防洪和兴利效益。

(3)水库群防洪调度就是为了保证各水库及其区间的防洪安全而共同进行的防洪调度以解决各水库和水库区间的防洪联合调度问题，主要是通过洪水遭遇和组合分析计算，确定各水库的设计洪水标准、校核洪水标准和各区间及下游的防洪标准，同时通过联合调洪计算，确定防洪库容在各水库间合理分配和各水库的调洪方式等。

复习思考题

1. 防洪调节计算的主要任务是什么？

2. 防洪调节计算的原理是什么？

3. 水库有闸门控制，下游有防洪要求，在对设计洪水进行调洪计算时，应采用什么样的操作方式？

4. 无闸溢洪道水库的防洪计算和有闸相比，各有何特点？

5. 某地区建有一水库，其泄洪建筑为无闸泄洪道，堰顶高程为 65 m，宽 B 为 30 m，堰流系数为 $m_1=1.6$。该水库为小型水电站，汛期水轮机组过水能力为 6 m^3/s 引水发电。通过调洪计算求水库下泄流量过程线。取计算时间段 水位与 $\Delta t=12$ h。水库水位与库容关系和设计洪水过程关系见表 5-10 和表 5-11。

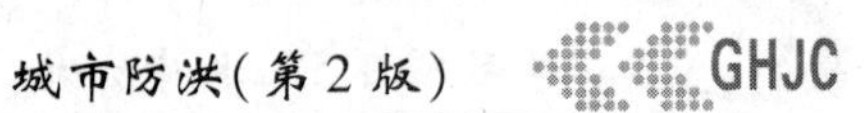

表 5-10　水库水位与库容关系

G(m)	40	45	50	55	60	65	70	75	80
$V(\times 10^6\ m^3)$	0	3.0	7.0	13.0	22.0	43.0	63.0	76.0	96.0

表 5-11　设计洪水过程关系

t(h)	0	12	24	36	48	60	72	84	96	108
$Q(m^3/s)$	0	102	396	204	130	80	45	30	10	0

6. 某水库溢洪道堰顶高程为 185 m,汛限水位与其相同。无闸门控制,流量系数 m_1 = 1.5,水库水位与库容关系如表 5-12 所示。入库设计洪水 Q_M = 1 020 m^3/s, $W = 88.9\times 10^6$ m^3,下游安全泄量 $q_{安}$ = 561 m^3/s。试问,为满足下游防洪要求,水库的防洪库容需多大?防洪高水位是多少?水库溢洪道应多宽?

表 5-12　水库水位与库容关系

G(m)	185	186	187	188	189	190	191	192	194	196	198
$V(\times 10^6\ m^3)$	35.0	37.5	40.2	42.9	45.9	48.9	52.3	55.9	64.1	75.0	87.3

学习项目6　城市防洪排涝工程体系

【学习指导】

目标:1. 掌握城市防洪排涝工程体系规划的特性、目标、依据、原则、内容及方法;
　　2. 了解城市防洪排涝工程体系建设的程序、防洪标准和排涝标准;
　　3. 掌握城市防洪排涝工程体系管理的基础知识,以及规划、建设和管理三者间的相互关系。

重点:城市防洪排涝工程体系规划和防洪标准。

为了构筑保障城市经济社会安全高标准的防洪排涝减灾体系,需要建设城市防洪排涝工程体系。城市防洪排涝工程体系主要由水库、堤防、河道整治工程、分洪工程、滞洪工程、排水工程等构成。为了充分发挥城市防洪排涝工程体系的整体功能,需要对城市防洪排涝工程体系进行合理的规划和有效的管理。

任务1　城市防洪排涝工程体系的规划

1　城市防洪排涝工程体系规划的特性

城市规划是对一定时期内城市的经济和社会发展、土地利用、空间布局以及各项建设的综合部署、具体安排和实施管理。城市规划是统筹安排城市建设和管理的依据,是保证土地和空间资源合理利用的基础。编制城市规划一般分总体规划和详细规划两个阶段进行,大城市、中等城市在总体规划的基础上可以编制分区规划。城市总体规划应当包括城市的性质、发展目标和发展规模,城市主要建设标准和定额指标,城市建设用地布局、功能分区和各项建设的总体部署,城市综合交通体系和河湖、绿地系统,各项专业规划,近期建设规划。城市详细规划应当在总体规划或者分区规划的基础上,对城市近期建设区域内各项建设做出具体规划。城市详细规划应当包括规划地段各项建设的具体用地范围、建筑密度和高度等控制指标,总平面布置,工程管线综合规划和竖向规划。

水利规划是为防治水旱灾害、合理开发利用水资源而制定的总体安排。水利规划是水利建设的一项重要的前期工作,也是水利科学的一个重要分支。其基本任务是,根据国家规定的建设方针和水利规划基本目标,并考虑各方面对水利的要求,研究水利现状、特点,探索自然规律和经济规律,提出治理开发方向、任务、主要措施和分期实施步骤,安排水利建设全面、长远计划,并指导水利工程设计和管理。水利规划按治理开发任务可分为综合水利规划和专业水利规划。综合水利规划,即统筹考虑两项以上任务的水利规划,是指根据经济社会发展需要和水资源开发利用现状编制的开发、利用、节约、保护水资源和防治水害的总体部署。专业水利规划,即着重考虑某一任务的水利规划,是指防洪、治涝、灌溉、航运、供水、水力发电、水资源保护、水土保持、防沙治沙、节约用水等的单项规划。

按研究对象又可分为流域水利规划、区域水利规划和水利工程规划。流域水利规划,即以某一流域为研究对象的水利规划。区域水利规划,即以某一行政区或经济区为研究对象的水利规划。水利工程规划,即以某一工程为研究对象的水利规划。流域范围内的区域规划应当服从流域规划,专业规划应当服从综合规划。

城市涉水专业规划包括城市防洪规划、城市供水水源规划、城市水系整治规划、城市排水规划、城市水景观规划、城市节约用水规划、城市水资源保护规划等。防洪规划是指为防治某一流域、河段或者区域的洪涝灾害而制定的总体部署,包括国家确定的重要江河、湖泊的流域防洪规划,其他江河、河段、湖泊的防洪规划以及区域防洪规划。防洪规划应当服从所在流域、区域的综合规划;区域防洪规划应当服从所在流域的流域防洪规划。防洪规划是江河、湖泊治理和防洪工程设施建设的基本依据。城市防洪规划,由城市人民政府组织水行政主管部门、建设行政主管部门和其他有关部门依据流域防洪规划、上一级人民政府区域防洪规划编制,按照国务院规定的审批程序批准后纳入城市总体规划。由于城市防洪排涝工程体系规划既属于城市规划,又属于水利和防洪规划,因此城市防洪排涝工程体系规划具有城市规划和水利规划的双重特性。

2 城市防洪排涝工程体系规划的目标、依据和原则

2.1 规划目标

城市防洪排涝工程体系规划的目标是,全面贯彻国家和省、市、县(或区)关于防洪工作的指导方针,从战略高度认识和推进城市防洪排涝管理,以满足人民群众对防洪安全的基本要求为出发点,加强基础设施建设。从保障经济社会发展的高度,在建设与管理、速度与效益、数量与质量相统一的基础上,构筑保障城市经济社会安全高标准的防洪排涝工程体系。

2.2 编制依据

城市防洪排涝工程体系规划的编制依据为现行法律、法规、规章等规范性法律文件。我国的规范性法律文件有宪法、法律、行政法规、行政规章、地方性法规、特别行政区法、司法解释等七类。目前,城市防洪排涝工程体系规划编制依据的主要现行法律、法规、规章和标准如下:

(1)《中华人民共和国城市规划法》,1990年4月1日起实施,共有总则、城市规划的制定、城市新区开发和旧区改建、城市规划的实施、法律责任和附则六章。

(2)中华人民共和国建设部《城市规划编制办法》,自2006年4月1日起施行,共有总则、城市规划编制组织、城市规划编制要求、城市规划编制内容和附则五章。

(3)《中华人民共和国水法》,2002年10月1日起实施,共有总则、水资源规划、水资源开发利用、水资源水域和水工程的保护、资源配置和节约使用、水事纠纷处理与执法监督检查、法律责任和附则八章。

(4)《中华人民共和国防洪法》,1998年1月1日起施行,共有总则、防洪规划、治理与防护、防洪区和防洪工程设施的管理、防汛抗洪、保障措施、法律责任、附则八章。

(5)中华人民共和国国家标准《防洪标准》,编号为GB 50201—2014,2014年5月1日实施,共有总则、术语、基本规定、防洪保护区、工矿企业、交通运输设施、电力设施、环境保护设施和通信设施、文物古迹和旅游设施十章。

(6)《中华人民共和国河道管理条例》,1988年6月10日发布并实施,共有总则、河道整治与建设、河道保护、河道清障、经费、罚则和附则七章。

(7)《城市防洪工程设计规范》,编号CJJ 50—92,自1993年7月1日起施行,共有总则、设计标准、总体设计、设计洪水和设计潮位、堤防、护岸及河道整治、山洪防治、泥石流防治、防洪闸和交叉构筑物十章。

(8)中华人民共和国国家标准《室外排水设计规范》,编号为GB 50014—2006,自2006年6月1日起实施。

除以上列出的法律、法规和规章外,还需要依据有关的现行法律、法规、规章、城市所在地的城市总体规划、防洪条例、水利工程管理条例、河道管理实施办法和城市防洪规划编制工作意见等。

2.3　编制原则

城市防洪排涝工程体系规划的基本原则是:以防洪治涝为主,结合水环境治理,统筹规划,分期实施,统一管理,充分利用和改造现有工程设施,在加强城市防洪排涝工程体系规划的同时,兼顾非工程措施规划。在规划过程中应该注意以下几个方面:

(1)规划必须服从流域、区域总体防洪要求。城市防洪排涝工程体系规划是流域、区域防洪规划的组成部分,以流域、区域治理为依托,构筑防洪外围保障和外排出路体系。

(2)规划必须服从城市总体规划。城市防洪排涝工程体系规划是城市规划的一部分,城市防洪设施是城市基础设施的重要组成部分,规划要体现和满足城市经济和社会发展的要求,并与城市总体规划、城镇体系规划和国土规划相协调。

(3)规划要与治涝规划相结合。城市防洪设施是城市抵御洪水侵害的首要条件,城市排涝设施是减小城市内涝损失的必备基础。城市防洪排涝工程体系规划必须针对城市雨洪及内涝的特点,选取相应的治理模式,防洪结合治涝,防止因洪致涝。

(4)规划工程措施要与非工程措施相结合。工程措施是基础,非工程措施是补充。在工程规划的同时,要兼顾管理设施和机构体制的规划,要兼顾指挥系统、预警预报系统和决策支持系统的规划。

(5)规划要与交通、城建、环保、旅游相结合。城市防洪排涝工程设施要与城市设施建设相结合,充分利用各种基础设施的综合功能,新建项目要尽量结合城市景观等城市发展的其他要求。

(6)规划要与现状相结合,近期与远期相结合。城市防洪排涝工程体系规划要充分利用已有工程设施,近期防洪排涝工程的建设,要为远期提高标准、扩大规模留有余地,以有限的投资发挥最大的工程效益和社会效益。

3　城市防洪排涝工程体系规划的内容及方法

城市防洪排涝工程体系规划就是在研究城市洪涝特性及其影响的基础上,根据区域自然地理条件、社会经济状况和国民经济发展的需要,确定防洪排涝标准,通过分析比较,合理选定防洪排涝方案。城市防洪排涝工程体系规划设计的任务为,分析计算城区各河段现有防洪工程的防洪能力及加高堤防和河道控制水位的防洪能力,分析城市洪水及排涝能力;调查研究洪涝灾害的历史、现状及其原因,根据防护对象的重要性,结合考虑现实可能性,选定适当的防洪标准和排涝标准;分析研究各种可能的防范措施方案,提出城市防洪排涝规划方案,并拟订工程设计的任务。

3.1 防洪规划设计的方法、步骤

(1)基本资料的收集、整理和分析。城市防洪规划设计所需要的基本资料,一般应包括历史资料(包括河道变迁和历史灾害等)、自然资料(包括地形、水文、气象、地质、土壤等)和社会经济资料。对收集的资料,应进行整理、审查、汇编,并对可靠性和精度做出评价。要对区域的河道、水文(特别是洪水)、气象、地形、地质及社会经济的基本特性有较深入的认识。

(2)防洪标准的选定及现有河段防洪能力的计算。防洪标准可按照国家标准和城市实际情况选定。现有河段安全泄量的计算,一般先选择防洪控制断面,并根据拟订的各断面的控制水位,在稳定的水位流量关系曲线上查得。各河段安全泄量确定后,即可根据各控制断面的流量频率曲线,确定现有防洪能力。

(3)防洪设计方案的拟订、比较与选定。在拟订防洪方案时,应首先摸清楚区域内各主要防护对象的政治经济地位、地理位置及其对防洪的具体要求,根据区域基本特性和各国民经济部门的发展需要,结合水利资源的综合开发,拟订综合性的防洪技术措施方案。拟订方案时要抓住主要问题。防洪方案的比较与选定,是在上述拟订方案的基础上,集中可比的几个方案,计算其工程量、投资、效益等指标,然后通过政治、经济、技术综合分析比较予以确定。

3.2 排涝规划设计的方法、步骤

(1)收集资料。主要收集与排涝规划有关的各类资料,包括区域总体发展规划、航道建设规划、河道整治规划、河道及水利工程管理办法,土壤和地形特征,水文气象观测数据,原有水利工程设计资料,历史上该地区涝灾成因和灾害情况。同时应深入现场进行查勘和调查。

(2)确定标准。要根据保护区域的重要性,当地的经济条件,排涝工程建设的难易程度和费用,涝水造成的灾害损失程度,工程使用年限等因素综合考虑,确定相应的排涝标准。根据排涝工程分别定出不同的排涝标准。在同一区域中,如果土地利用性质差别较大,应根据不同的防护对象的重要性,采用不同的排涝标准。

(3)分析计算。根据收集的资料和排涝标准,按规划的原则拟订各类可能的排涝方案,采用水文、水力学等方法计算工程的规模,并采用合适的方法计算每一方案的投资和排涝效益。

(4)筛选方案。根据计算结果分析,主要从排涝净效益的角度评价方案的优劣,同时兼顾考虑区域的发展要求和目前的经济条件,最终提出推荐方案,并撰写规划报告。

(5)上级审批。排涝规划需经有关部门组织评审,并经上级主管部门审批后生效。

3.3 城市防洪排涝工程体系规划报告编制

各个城市的自然条件及洪涝特点不同,其防洪排涝规划的内容及侧重点也应有差异。城市防洪排涝规划报告一般应包括以下内容:前言,包括规划原因、理由、工作分工等;城市概况,包括自然概况,城市社会经济概况;防洪排涝现状和存在问题,历史洪涝灾害、防洪排涝工程体系现状和存在的主要问题;规划的依据、目标和原则;防洪排涝水文分析计算,包括设计洪水和排(治)涝水文计算方法及成果;防洪工程设施和治涝工程设施规划,防洪工程设施规划包括防洪规划方案和防洪工程设施,治涝工程设施规划包括治涝规划

方案和治涝工程设施;环境影响分析;投资估算和经济评价,投资估算包括依据及方法、规划方案投资估计、资金筹措方案等,经济评价包括费用、效益和经济评价;规划实施的意见和建议;相应的附表和附图。

4　不同类型城市防洪总体规划

城镇防洪规划的首要目标是防洪保安,但是随着国民经济的持续快速增长,社会的不断进步,人们的环境意识日益增强,对水环境的要求越来越高。从城镇防洪规划来说,必须将城镇保安的建设与水环境的改造结合起来,将防洪堤、滩岸、水域有机结合,改造城镇中心区的水环境,使城镇防洪工程不仅是保证防洪安全的生命线,也是城镇不可缺少的景观线。

4.1　沿江河城镇防洪总体规划

我国沿江河城镇的地理位置、流域特征、洪水特征、防洪现状以及社会经济状况等千差万别。在考虑总体规划时要从实际出发,因地制宜。一般注意以下事项:

(1)以城镇防洪设施为主,与流域防洪规划相配合。首先应以提高城镇防洪设施标准为主,当不能满足城镇防洪要求或达不到技术经济合理时,需要与流域防洪规划相配合(如修水库、分洪蓄洪等),并纳入流域防洪规划。对于流域中可供调蓄的湖泊,应尽量加以利用,采用逐段分洪、逐段水量平衡的原则,分别确定防洪水位。

(2)泄蓄兼顾、以泄为主。市区内河道一般较短,河道泄洪断面往往被市政建设侵占而减小,影响泄洪能力,所以城镇防洪总体规划按泄蓄兼顾、以泄为主的原则。尽量采取加固河岸、修筑堤防、河道整治等措施,加大泄洪能力。在无法加大泄量来满足防洪要求,或技术经济不合理时,才考虑修建水库和滞洪区来调控洪水。修建水库和滞洪区还应考虑综合利用,提高综合效益。

(3)因地制宜,就地取材。城镇防洪总体规划要因地制宜,从当地实际出发,根据防护地段保护对象的重要性和受灾后损失等情况,可以分别采用不同的防洪标准,构筑物选型要体现就地取材的原则,并与当地环境相协调。

(4)全面规划,分期实施。总体规划要根据选定的防洪标准,按照全面规划、分期实施、远近结合、逐步提高的原则来考虑。现有工程应充分利用,加以续建、配套、加固和提高。根据人力和财力的可能性,分期分批实施,尽快完成关键性工程设施,及早发挥作用,为继续治理奠定基础。

(5)与城镇总体规划相协调。防洪工程布置,要以城镇总体规划为依据,不仅要满足城镇近期要求,还要适当考虑远期发展需要,使防洪与市政建设相协调。滨江河堤防作为交通道路、园林时,堤距要充分考虑行洪要求,堤宽应满足城镇道路、园林绿化要求,岸壁形式要讲究美观,以美化城镇。堤线布置应考虑城镇规划要求,以平顺为宜。堤防与城镇道路桥梁相交时,要尽量正交。堤防与桥头防护构筑物衔接要平顺,以免水流强烈冲刷。通航河道应满足航运要求,城镇航运码头布置不得影响河道行洪。码头通行口高程低于设计洪水位时,应设计通行闸。支线或排水渠口与干渠防洪设施要妥善处理,以防止洪水倒灌或排水不畅,形成内涝。当两岸地形开阔时,可以沿干流和支流两侧修筑防洪墙,使支流泄洪通畅。在市区内,应不影响城镇的美观。当有水塘、洼地可以调蓄时,可以在支流出口修建泄洪闸。平时开闸排泄支流流量,当干流发生洪水时关闸调蓄,必要时还应修建排水泵站。

4.2　山区城镇防洪总体规划

山区河流两岸的城镇,不仅受江河洪水威胁,而且受山洪的危害更为频繁。山洪沟一般汇水面积较小,沟床纵比降大,洪水来得突然,水流湍急,挟带泥沙,破坏力强,对城镇具有很大危害。山区城镇防洪规划,一般要考虑以下事项:

(1)与流域防洪规划相配合。山区城镇防洪一般包括临江河地段保护和山洪防治两个部分。临江河地段防洪规划,可参照上述沿江河城镇防洪规划注意事项进行。当依靠修建堤防加大泄量仍不能满足防洪要求时,可以结合城镇给水、发电、灌溉,在城镇上游河流修建水库来削减洪峰。但是,水库设计标准要适当提高,以确保城镇安全。

(2)工程措施与生物措施结合。对水土流失比较严重、沟壑发育的山洪沟,可采用工程措施与生物措施结合。工程措施主要包括沟头保护、修建谷坊、跌水、截水沟、排水沟和堤防等。生物措施主要包括植树和种草等,以防止沟槽冲刷,控制水土流失,使山洪安全通过市区,消除山洪危害。

(3)按水流形态和沟槽发育规律分段治理。山洪沟的地形和地貌千差万别,但从山洪沟的发育规律来看,具有一定的规律性。上游段为集水区,防止措施主要为植树造林,挖鱼鳞坑、挖水平沟、水平打垄、修水平梯田等,以防止坡面侵蚀,达到蓄水保土的目的。中游段为沟壑地段,水流在此段有很大的下切侵蚀作用,为防止沟谷下切引起两岸崩塌,一般多在冲沟上设置谷坊,层层拦截,使沟底逐渐实现川台化,为农牧业创造条件。下游段为沉积区,山洪沟坡减缓,流速降低,泥沙淤积,水流漫溢,沟床不定,一般采取整治和固定河槽,使山洪安全通过市区,排入干流。

(4)全面规划,分期治理。山洪治理应该全面规划,在以上步骤的基础上将各条山洪沟,根据危害程度分为轻重缓急,在治理方法上应先治坡,后治沟,分期治理。集中人力和物力,在实施工程措施的同时,做好水土保持工作,治好一条沟后,再治另一条沟。

(5)因地制宜选择排泄方案。当有几条山洪沟通过市区时,应尽量就近分散排至干沟。当地形条件许可时,山洪应尽量采取高水高排,以减轻滨河地带排水负担。当山洪沟汇水面积较大,市区排水设施承受不了设计洪水时,如果条件允许也可在城镇上游修建截洪沟,把山洪引至城镇下游排水干流。如城镇上游无条件修建截水沟,而有条件修建水库时,可以用修建水库的方法来削减洪峰流量,以减轻市区防洪设施的负担。

4.3　沿海城镇防潮总体规划

沿海潮汛现象比较复杂,不同地区潮型不同,潮差变化较大。防潮工程总体规划一般考虑以下事项:

(1)正确确定设计高潮位和风浪侵袭高度。沿海城镇不仅遭受天文潮袭击,更主要的是来自风暴潮,特别是天文潮和风暴潮相遇,往往使城镇遭受更大灾害。因此,必须详细调查研究,分析海潮变化规律,正确确定设计高潮位和风浪侵袭高度,然后针对不同潮型,采用相应的防潮设施。

(2)要尽可能符合天然海岸线。沿海城镇的海岸和海潮的特性关系密切,必须充分掌握这方面的资料。天然海岸线是多年形成的,一般比较稳定。因此,总体布置要尽可能地不破坏天然海岸线。不要轻易向海中伸入或做硬性改变,以免影响海水在岸边的流态和产生新的冲刷或淤积。有条件时可以保留一定的滩地,在滩地上种植芦苇,起到防风、消浪和促淤作用。

(3)要充分考虑海潮与河洪的遭遇。河口城镇除遭受海潮侵袭外,还受河洪的威胁;而海潮与河洪又有不同的遭遇情况,其危害也不尽相同,因此要充分分析可能出现最不利的遭遇,以及对城镇的影响。特别是出现天文潮、风暴潮和河洪三碰头,其危害最为严重。在防洪措施上,除采用必要的防潮设施外,有时还需要在河流上游采取分蓄洪设施,以削减洪峰;在河口适当位置建防潮闸,以抵挡海潮影响。

(4)与市政建设和码头建设相协调。为了美化环境,常在沿海地带建设道路、滨海公园以及游泳场等。防潮工程在考虑安全和经济的情况下,构筑物造型要美观,使其与优美的环境相协调。沿海城镇码头建设要与港口码头建设协调一致,但应注意码头建设不要侵占行洪道,避免入海口受阻,增加洪水对城镇的威胁。

(5)因地制宜选择防潮工程结构形式和消浪设施。当海岸地形平缓,有条件修建海堤和坡式护岸时,应优先用坡式护岸,以降低工程造价。为了降低堤顶高程,通常采用坡面加糙的方法来有效地削减风浪。当海岸陡峻,水深浪大,深泓逼岸时,应采用重力式护岸,以保证工程效益和减少维修费用。当防潮构筑物上部设有放浪墙时,其迎水面宜做成反弧形,使风浪形成反射,以降低堤顶高程,节约工程投资。

任务2 城市防洪排涝工程体系建设

城市防洪排涝工程体系建设是一个漫长的过程。城市防洪排涝工程体系建设实施方案编制要按照量力而行、突出重点、上下协调、左右兼顾的原则,合理安排建设项目和实施步骤,优化配置建设资金。优先安排加固续建工程,事关全局的流域、区域和城市重点骨干工程,防洪基础特别薄弱地区的工程,充分发挥投资效益,突出城市防洪排涝工程体系的整体作用。同时城市防洪排涝工程体系的建设应该符合建设程序和防洪排涝标准。

1 城市防洪排涝工程体系水利工程建设程序

水利工程基本建设项目一般要经历以下几个阶段的工作程序。

1.1 前期工作阶段

1.1.1 项目建议书

项目建议书应根据国民经济和社会发展长远规划、流域综合规划、区域综合规划、专业规划,按照国家产业政策和国家有关投资建设方针进行编制,是对拟进行建设项目的初步说明。项目建议书应按照《水利水电工程项目建议书编制暂行规定》编制。项目建议书编制一般由政府委托有相应资格的设计单位承担,并按国家现行规定权限向主管部门申报审批。项目建议书被批准后,由政府向社会公布,若有投资建设意向,应及时组建项目法人筹备机构,开展下一建设程序工作。

1.1.2 可行性研究报告

可行性研究应对项目进行方案比较,在技术上是否可行和经济上是否合理进行科学的分析和论证。经过批准的可行性研究报告,是项目决策和进行初步设计的依据。可行性研究报告,由项目法人(或筹备机构)组织编制。可行性研究报告应按照《水利水电工程可行性研究报告编制规程》编制。可行性研究报告,按国家现行规定的审批权限报批。申报项目可行性研究报告,必须同时提出项目法人组建方案及运行机制、资金筹措方案、资金结构及回收资金的办法,并依照有关规定附具有管辖权的水行政主管部门或流域机构签署的规划同意书,对取水许可预申请的书面审查意见。审批部门要委托有项目相应资格的工程咨询机构对可行性研究报告进行评估,并综合行业归口主管部门、投资机构(公司)、项目法人(或项目法人筹备机构)等方面的意见进行审批。可行性研究报告经批准后,不得随意修改和变更,在主要内容上有重要变动,应经原批准机关复审同意。项目可行性报告批准后,应正式组建项目法人机构,并按项目法人责任制实行项目管理。

1.1.3　初步设计

初步设计是根据批准的可行性研究报告和必要而准确的设计资料,对设计对象进行通盘研究,阐明拟建工程在技术上的可行性和经济上的合理性,规定项目的各项基本技术参数,编制项目的总概算。初步设计任务应择优选定有项目相应资格的设计单位承担,依照有关初步设计编制规定进行编制。初步设计报告应按照《水利水电工程初步设计报告编制规程》编制。初步设计文件报批前,一般须由项目法人委托有相应资格的工程咨询机构或组织行业各方面(包括管理、设计、施工、咨询等方面)的专家,对初步设计中的重大问题,进行咨询论证。设计单位根据咨询论证意见,对初步设计文件进行补充、修改、优化。初步设计由项目法人组织审查后,按国家现行规定权限向主管部门申报审批。设计单位必须严格保证设计质量,承担初步设计的合同责任。初步设计文件经批准后,主要内容不得随意修改、变更,并作为项目建设实施的技术文件基础。如有重要修改、变更,须经原审批机关复审同意。

1.2　建设实施阶段

1.2.1　施工准备阶段

项目在主体工程开工之前,必须完成各项施工准备工作,其主要内容包括:施工现场的征地、拆迁;完成施工用水、电、通信、路和场地平整等工程;必需的生产、生活临时建筑工程;组织招标设计、咨询、设备和物资采购等服务;组织建设监理和主体工程招标投标,并择优选定建设监理单位和施工承包队伍。施工准备工作开始前,项目法人或其代理机构,须依照《水利工程建设项目管理规定(试行)》中的管理体制和职责条款,明确分级管理权限,向水行政主管部门办理报建手续,项目报建须交验工程建设项目的有关批准文件。工程项目进行项目报建登记后,方可组织施工准备工作。工程建设项目的施工,除某些不适应招标的特殊工程项目外(须经水行政主管部门批准),均须实行招标投标。水利工程建设项目的招标投标,按《水利工程建设项目施工招标投标管理规定》执行。水利工程项目必须满足如下条件,施工准备方可进行:初步设计已经批准;项目法人已经建立;项目已列入国家或地方水利建设投资计划,筹资方案已经确定;有关土地使用权已经批准;已办理报建手续。

1.2.2　建设实施

建设实施阶段是指主体工程的建设实施,项目法人按照批准的建设文件,组织工程建设,保证项目建设目标的实现。项目法人或其代理机构必须按审批权限,向主管部门提出主体工程开工申请报告,经批准后,主体工程方能正式开工。主体工程开工须具备《水利工程建设项目管理规定(试行)》明确的条件,即前期工程各阶段文件已按规定批准,施工详图设计可以满足初期主体工程施工需要;建设项目已列入国家或地方水利建设投资年度计划,年度建设资金已落实;主体工程招标已经决标,工程承包合同已经签订,并得到主管部门同意;现场施工准备和征地移民等建设外部条件能够满足主体工程开工需要。随着社会主义市场经济体制的建立,实行项目法人责任制,主体工程开工前还须具备以下条件:建设管理模式已经确定,投资主体与项目主体的管理关系已经理顺;项目建设所需的全部投资来源已经明确,且投资结构合理;项目产品的销售,已有用户承诺,并确定了定价原则。项目法人要充分发挥建设管理的主导作用,为施工创造良好的建设条件。监理单位选择必须符合《水利工程建设监理规定》的要求,建立健全质量管理体系,重要建设项目,须设立质量监督项目站,行使政府对项目建设的监督职能。

1.2.3 生产准备

生产准备是项目投产前所要进行的一项重要工作,是建设阶段转入生产经营的必要条件。项目法人应按照建管结合和项目法人责任制的要求,适时做好有关生产准备工作。生产准备应根据不同类型的工程要求确定,生产准备一般应包括生产组织准备、生产技术准备、生产物资准备和正常的生活福利设施准备。生产组织准备包括建立生产经营的管理机构及相应管理制度,招收和培训人员;按照生产运营的要求,配备生产管理人员,并通过多种形式的培训,提高人员素质,使之能满足运营要求;生产管理人员要尽早介入工程的施工建设,参加设备的安装调试,熟悉情况,掌握好生产技术和工艺流程,为顺利衔接基本建设阶段和生产经营阶段做好准备。生产技术准备主要包括技术资料的汇总、运行技术方案的制订、岗位操作规程制定和新技术准备。生产物资准备主要包括落实投产运营所需要的原材料、协作产品、工器具、备品备件和其他协作配合条件的准备。

1.3 竣工验收阶段

竣工验收是工程完成建设目标的标志,是全面考核基本建设成果、检验设计和工程质量的重要步骤。竣工验收合格的项目即从基本建设转入生产或使用。

建设项目的建设内容全部完成,并经过单位工程验收(包括工程档案资料的验收),符合设计要求并按《水利基本建设项目(工程)档案资料管理暂行规定》的要求,完成了档案资料的整理工作及竣工报告和竣工决算等必需文件的编制后,项目法人应按《水利工程建设项目管理规定(试行)》的规定,向验收主管部门提出申请,根据国家和部颁验收规程,组织验收。竣工决算编制完成后,须由审计机关组织竣工审计,其审计报告作为竣工验收的基本资料。工程规模较大、技术较复杂的建设项目可先进行初步验收。不合格的工程不予验收;有遗留问题的项目,对遗留问题必须有具体处理意见,且有限期处理的明确要求并落实责任人。

1.4 后评价阶段

建设项目竣工投产后,一般经过1~2年生产运营后,要进行一次系统的项目后评价,主要内容包括环境影响评价、经济效益评价和过程评价。项目后评价一般按三个层次组织实施,即项目法人的自我评价、项目行业的评价、计划部门(或主要投资方)的评价。建设项目后评价工作必须遵循客观、公正、科学的原则,做到分析合理、评价公正。通过建设项目的后评价以达到肯定成绩、总结经验、研究问题、吸取教训、提出建议、改进工作,不断提高项目决策水平和投资效果的目的。

凡违反工程建设程序管理规定的,按照有关法律、法规、规章的规定,由项目行业主管部门,根据情节轻重,对责任者进行处理。另外,城市防洪排涝工程的建设程序既要符合水利工程建设程序,同时也必须符合城市基础设施建设程序。

2　防洪标准

2.1　推求设计洪水

在进行水利水电工程设计时,为了建筑物本身的安全和防护区的安全,必须按照某种标准的洪水进行设计,这种作为水工建筑物设计依据的洪水称为设计洪水。推求设计洪水一般有如下三种方法:

(1)历史最大洪水加成法。以历史上发生过的最大洪水再加一个成数作为设计洪水。例如葛洲坝枢纽选用 1788 年的洪水流量作为设计洪水,采用的就是这种方法。此法一是没有考虑未来洪水超过历史最大洪水的可能性,二是对大小不同、重要性不同的工程采用同一个标准,显然存在较大缺陷。

(2)频率计算法。以符合某一频率的洪水作为设计洪水,如 100 年一遇洪水、1 000 年一遇洪水等。此法把洪水作为随机事件,根据概率理论由已发生的洪水来推估未来可能发生的符合某一频率标准的洪水作为设计洪水。该方法克服了历史最大洪水加成法存在的缺点,根据工程的重要性和工程规模选择不同的标准,在水利、电力、公路桥涵和航道等工程设计中都有广泛的应用。但频率计算法缺乏成因分析,如资料系列太短,用于推求稀遇洪水的根据就很不足。

(3)水文气象法。水文气象法是根据物理成因,利用水文气象要素,推求一个特定流域在现代气候条件下可能发生的最大洪水,把最大洪水作为设计洪水的一种设计洪水方法。

2.2　确定防洪标准存在的问题

设计标准是一个关系到政治、经济、技术、风险和安全的极其复杂的问题,要综合分析、权衡利弊,根据国家规范合理选定。无论哪种形式的洪水(包括风暴潮)都会给国民经济各部门、各地区、各种设施,以及人类的生产、生活造成一定的灾害,洪水的量级越大,灾害损失就越大,而且伴随着社会经济的发展和人民生活水平的提高,灾害的损失越来越大。这就要求各类防洪安全对象(简称防洪对象)和防洪安全区(简称防护区)具备一定的防洪能力,也就是能够在发生一定量级的洪水时,保障防洪安全。防洪对象和防护区应具备的防洪能力,称为防洪标准。防洪标准确定后,防洪对象和防洪区的防御规划、设计、施工和运行管理,都要以此为依据。由于世界各国对于洪水的计算方法以及自然条件和社会经济情况不同,防洪标准的确定也不尽一致。但是,各国在防洪标准的确定方面大致有以下几个共同点:

(1)防护区的开发与防洪对象的建设,首先考虑防洪安全问题,尽量避免在各类洪水频发区进行开发建设,以利防洪安全和减少为保障防洪安全而增加的投入。

(2)对于在目前科学技术水平条件下,积累了大量实测观测资料,能够预测的暴雨洪水、融雪洪水、雨雪混合洪水及海岸、河口的潮水等,制定了相应的防洪标准。而对于突发

性的、变化很大、很难进行研究或研究很少的垮坝洪水、冰凌及山崩、滑坡、泥石流等，尚未制定相应的防洪标准。

(3)防洪标准一般根据效益比确定。防洪标准一般根据防洪投入与减轻灾害损失的效益比确定。防洪标准的确定与自然条件、社会经济发展息息相关，洪水造成的损失越大，防洪标准就定得越高，反之就定得低一些。

(4)防护区内有多个防护对象，又不能分别进行防护时，总体的防洪标准一般按照对防洪要求最高的一个防护对象确定。

2.3 我国现行的防洪标准

我国对于洪水量级的计算采用的是频率分析方法，洪水的量级是以重现期或出现的频率来表示的。国家制定的《防洪标准》(GB 50201—2014)适用于城市、乡村、工矿企业、交通运输设施、水利水电工程、动力设施、通信设施、文物古迹和旅游设施等防护对象，防御暴雨洪水、雨雪混合洪水和海岸、河口地区防御潮水的规划、设计、施工和运行管理工作。

防护对象的防洪标准应以防御的洪水或潮水的重现期表示；对特别重要的防护对象，可采用可能最大洪水表示。根据防护对象的不同需要，其防洪标准可采用设计一级或设计、校核两级。各类防护对象的防洪标准，应根据防洪安全的要求，并考虑经济、政治、社会、环境等因素，综合论证确定。有条件时，应进行不同防洪标准所可能减免的洪灾经济损失与所需的防洪费用的对比分析，合理确定。

当防护区内有两种以上的防护对象，又不能分别进行防护时，该防护区的防洪标准，应按防护区和主要防护对象两者要求的防洪标准中较高者确定。对于影响公共防洪安全的防护对象，应按自身和公共防洪安全两者要求的防洪标准中较高者确定。兼有防洪作用的路基、围墙等建筑物及构筑物，其防洪标准应按防护区和该建筑物、构筑物的防洪标准中较高者确定。

遭受洪灾或失事后损失巨大、影响十分严重的防护对象，可采用高于本标准规定的防洪标准。遭受洪灾或失事后损失及影响均较小或使用期限较短及临时性的防护对象，可采用低于本标准规定的防洪标准。采用高于或低于本标准规定的防洪标准时，不影响公共防洪安全的，应报行业主管部门批准；影响公共防洪安全的，尚应同时报水行政主管部门批准。各类防护对象的防洪标准，除应符合本标准外，尚应符合国家现行有关标准、规范的规定。

(1)城市的等级和防洪标准。各等级的防洪标准按表6-1的规定确定。城市可以分为几部分单独进行防护的，各防护区的防洪标准，应根据其重要性、洪水危害程度和防护区人口的数量，按表6-1的规定分别确定。位于山丘区的城市，当城区分布高程相差较大时，应分析不同量级洪水可能淹没的范围，并根据淹没区人口和损失的大小，按表6-1的规定确定其防洪标准。位于平原、湖洼地区的城市，当需要防御持续时间较长的江河洪水或湖泊高水位时，其防洪标准可取表6-1规定中的较高者。位于滨海地区中等及以上城市，当按表6-1的防洪标准确定的设计高潮位低于当地历史最高潮位时，应采用当地历史最高潮位进行校核。

表 6-1 城市防护区的防护等级和防洪标准

防护等级	重要性	常住人口(万人)	当量经济规模(万人)	防洪标准[重现期(年)]
Ⅰ	特别重要	≥150	≥300	≥200
Ⅱ	重要	<150,≥50	<300,≥100	200~100
Ⅲ	比较重要	<50,≥20	<100,≥40	100~50
Ⅳ	一般	<20	<40	50~20

注:当量经济规模为城市防护区人均 GDP 指数与人口的乘积,人均 GDP 指数为城市防护区人均 GDP 与同期全国人均 GDP 的比值。

(2)乡村的等级和防洪标准。现在城市既有市区又有郊区,以乡村为主的防护区(简称乡村防护区),应根据其人口或耕地面积分为四个等级,各等级的防洪标准按表 6-2 的规定确定。人口密集、乡镇企业较发达或农作物高产的乡村防护区,其防洪标准可适当提高。地广人稀或淹没损失较小的乡村防护区,其防洪标准可适当降低。蓄、滞洪区的防洪标准,应根据批准的江河流域规划的要求分析确定。

表 6-2 乡村防护区的防护等级和防洪标准

等级	防护区人口(万人)	防护区耕地面积(万亩①)	防洪标准[重现期(年)]
Ⅰ	≥150	≥300	100~50
Ⅱ	<150,≥50	<300,≥100	50~30
Ⅲ	<50,≥20	<100,≥30	30~20
Ⅳ	<20	<30	20~10

注:①1 亩 = 1/15 hm^2。

(3)工矿企业的等级和防洪标准。冶金、煤炭、石油、化工、林业、建材、机械、轻工、纺织、商业等工矿企业,应根据其规模分为四个等级,各等级的防洪标准按表 6-3 的规定确定。滨海的中型及以上的工矿企业,当按表 6-3 的防洪标准确定的设计高潮位低于当地历史最高潮位时,应采用当地历史最高潮位进行校核。工矿企业遭受洪水淹没后,损失巨大,影响严重,恢复生产所需时间较长的,其防洪标准可取表 6-3 规定的上限或提高一等。工矿企业遭受洪灾后,其损失和影响较小,很快可恢复生产的,其防洪标准可按表 6-3规定的下限确定。对于中、小型工矿企业,其规模应提高二等后,按表 6-3 的规定确定其防洪标准。对于特大、大型工矿企业,除采用表 6-3 中一等的最高防洪标准外,尚应采取专门的防护措施。对于与核工业与核安全有关的厂区、车间及专门设施,应采用高于 200 年一遇的防洪标准。对于核污染危害严重的,应采用可能最大洪水校核。工矿企业的尾矿坝或尾矿库,应根据库容或坝高的规模分为五个等级,各等级的防洪标准按表 6-4 的规定确定。当尾矿坝或尾矿库一旦失事,对下游的城镇、工矿企业、交通运输等设施会造成严重危害,或有害物质会大量扩散时,应按表 6-4 的规定确定的防洪标准提高一等或二等。对于特别重要的尾矿坝或尾矿库,除采用表 6-4 中一等的最高防洪标准外,尚应采取专门的防护措施。

表6-3 工矿企业的等级和防洪标准

等级	工矿企业规模	防洪标准[重现期(年)]
Ⅰ	特大型	200~100
Ⅱ	大型	100~50
Ⅲ	中型	50~20
Ⅳ	小型	20~10

表6-4 尾矿坝或尾矿库的等级和防洪标准

等级	工程规模		防洪标准[重现期(年)]	
	库容(亿 m^3)	坝高(m)	设计	校核
Ⅰ	具备提高等级的一、二等工程			2 000~1 000
Ⅱ	≥1	≥100	200~100	1 000~500
Ⅲ	1~0.10	100~60	100~50	500~200
Ⅳ	0.10~0.01	60~30	50~30	200~100
Ⅴ	≤0.01	≤30	30~20	100~50

3 排涝标准

排涝设计标准是确定排涝流量及排水沟道、滞涝设施、排水闸站等排涝(除涝)工程规模的重要依据。城市的防洪标准按国家《防洪标准》(GB 50201—2014)的规定确定,但目前我国尚无统一的城市排涝标准和相关计算方法规范,下面主要介绍水利部门和城建部门采用的排涝标准。

3.1 水利部门采用的排涝标准

《国务院转发水利部关于加强珠江流域近期防洪建设若干意见的通知》(国发办〔2002〕46号)制定的排涝标准为,特别重要的城市市区,采用20年一遇24 h设计暴雨1 d排完的标准;重要的城市市区、中等城市和一般城镇市区可以采用10年一遇24 h设计暴雨1 d排完的标准。城市郊区农田的排涝标准,应根据《农田排水工程技术规范》(SL 4—2013)规定的排涝标准确定,设计暴雨重现期可采用5~10年,设计暴雨的历时和排出时间,应根据治理区的暴雨特性、汇流条件、河网湖泊调蓄能力、农作物的耐淹水深和耐淹历时及对农作物减产率的相关分析等条件确定。旱作区可采用1~3 d暴雨1~3 d排除,稻作区可采用1~3 d暴雨3~5 d排至耐淹水深。

设计暴雨是指与设计洪水同一频率标准(或重现期)的暴雨。设计暴雨的主要内容包括设计雨量的大小及其在时间上的分配。暴雨在流域上的分布是不均匀的,一般用流域平均降雨量表示,简称为面暴雨。设计暴雨指的是面暴雨。设计暴雨历时的确定应该考虑汇流时间的长短,一般为1 d、3 d、7 d。所谓1 d、3 d、7 d暴雨,是指该年雨量资料中连续24 h、3 d、7 d的最大值。

将 N 年某个历时暴雨按雨量大小次序排列,作为统计样本,采用式(6-1)计算该历时设计暴雨重现期。

$$T = \frac{N+1}{m} \tag{6-1}$$

式中　T——设计暴雨重现期,年;

N——样本的数据总数;

m——大于或等于设计暴雨雨量的数据个数。

暴雨总量相同而在时间分配不同时,形成洪水的过程不同。因此,在求得设计面暴雨后,还需要确定暴雨总量在时间上的分配过程,简称时程分配。设计面暴雨的时程分配,采用典型过程的缩放方法。典型暴雨过程的缩放方法与设计洪水的典型过程缩放计算基本相同,一般均采用同频率放大法,放大倍比按下面方法确定。

最大1 d的放大倍比为:

$$K_1 = \frac{x_{1\,\mathrm{d},P}}{x_{典,1\,\mathrm{d}}} \tag{6-2}$$

最大3 d其余2 d的放大倍比:

$$K_{3-1} = \frac{x_{3\,\mathrm{d},P} - x_{1\,\mathrm{d},P}}{x_{典,3\,\mathrm{d}} - x_{典,1\,\mathrm{d}}} \tag{6-3}$$

最大7 d其余4 d的放大倍比:

$$K_{7-3} = \frac{x_{7\,\mathrm{d},P} - x_{3\,\mathrm{d},P}}{x_{典,7\,\mathrm{d}} - x_{典,3\,\mathrm{d}}} \tag{6-4}$$

式中　x_P——设计暴雨雨量;

$x_{典}$——典型暴雨雨量;

P——设计频率。

设计排水时间 t 可按下面的关系式推求:

$$M = \frac{Q}{F} = \frac{W}{tF} = \frac{R}{t} = \frac{\alpha x}{t} \tag{6-5}$$

式中　F——集水区域面积;

Q——单位时间通过流域出口断面的水体体积;

W——某一时间内通过流域出口断面的水体总体积;

R——将计算时段内的径流总量均匀地平铺在整个流域面积上所得的水层深度;

α——某一时间内的径流深与流域平均降雨量的比值;

x——某一重现期设计面雨量;

M——单位面积的排涝流量,即排涝河沟或排涝站的设计流量与集水面积的比值。

根据式(6-5),设计排水天数 t_{d} 可按下式推求:

$$M = \frac{\alpha x}{86.4 t_{\mathrm{d}}} \tag{6-6}$$

式中　M——设计排涝模数,$\mathrm{m^3/(s \cdot km^2)}$;

x——设计暴雨量,mm;

t_d——排水天数,d。

【例6-1】　某城市市区100年一遇的1 d、3 d、7 d设计暴雨雨量分别为108 mm、182 mm、270 mm。

(1)经对该城市市区各次大暴雨资料分析比较后,选定1993年的一次大暴雨作为典型,其暴雨过程见表6-5,按同频率放大法推求设计暴雨过程。

(2)设该城市市区的综合径流系数为0.6,根据排涝标准要求,1 d内排完24 h设计暴雨。求该城市市区需要的最小排涝模数。

表6-5　1993年的一次暴雨过程

时段(d)	1	2	3	4	5	6	7	合计
雨量x(mm)	13.8	6.1	20	0.2	0.9	63.5	44.1	148.6

解:(1)求设计暴雨过程。

①典型暴雨各历时雨量为$x_{典,1\,d}=63.5$ mm,$x_{典,3\,d}=108.5$ mm,$x_{典,7\,d}=148.6$ mm。

②计算各时段放大倍比。最大1 d的放大倍比K_1、最大3 d其余2 d的放大倍比K_{3-1}、最大7 d其余4 d的放大倍比K_{7-3}分别为

$$K_1=\frac{x_{1\,d,P}}{x_{典,1\,d}}=\frac{108}{63.5}=1.70$$

$$K_{3-1}=\frac{x_{3\,d,P}-x_{1\,d,P}}{x_{典,3\,d}-x_{典,1\,d}}=\frac{182-108}{108.5-63.5}=1.64$$

$$K_{7-3}=\frac{x_{7\,d,P}-x_{3\,d,P}}{x_{典,7\,d}-x_{典,3\,d}}=\frac{270-182}{148.6-108.5}=2.19$$

③设计暴雨过程的计算结果见表6-6。

表6-6　典型暴雨同频率放大法推求的设计暴雨过程结果

时段(d)	1	2	3	4	5	6	7	合计
典型暴雨雨量(mm)	13.8	6.1	20	0.2	0.9	63.5	44.1	148.6
放大倍比K	2.19	2.19	2.19	2.19	1.64	1.70	1.64	
设计暴雨雨量(mm)	30.2	13.4	43.8	0.4	1.5	108.0	72.3	270

(2)求排涝模数。

$$M=\frac{\alpha x}{86.4t_d}=\frac{0.6\times108}{86.4\times1}=\frac{64.80}{86.4}=0.75[\mathrm{m^3/(s\cdot hm^2)}]$$

1 d内排完24 h设计暴雨,该城市市区需要的最小排涝模数为0.75 $\mathrm{m^3/(s\cdot km^2)}$。

3.2　城建部门采用的排涝标准

城建部门采用的国家标准《室外排水设计规范(2016年版)》(GB 50014—2006)规定,雨水管渠设计重现期,根据汇水地区性质、地形特点和气候特征等因素确定。在同一排水系统中可采用同一重现期或不同重现期。重现期一般选用0.5~3年,重要干道、重

要地区或短期积水即能引起较严重后果的地区,一般选用3~5年,并应与道路设计协调。特别重要地区和次要地区可酌情增减。立体交叉排水的地面径流量计算,规定设计重现期为3~5年,重要部位宜采用较高值,同一立体交叉工程的不同部位可采用不同的重现期;地面集水时间宜为5~10 min;径流系数宜为0.8~1.0;汇水面积应合理确定,宜采用高水高排、低水低排互不连通的系统,并应有防止高水进入低水系统的可靠措施。

3.3 城建部门与水利部门采用设计重现期的衔接问题

城建部门采用的《室外排水设计规范(2016年版)》(GB 50014—2006)规定,暴雨强度公式的编制方法适用于具有10年以上自动雨量记录的地区,计算降雨历时采用5 min、10 min、15 min、20 min、30 min、45 min、60 min、90 min、120 min共9个历时。计算降雨重现期一般按0.25年、0.33年、0.5年、1年、2年、3年、5年、10年统计;当有需要或资料条件较好时(资料年数≥20年、子样点的排列比较规律),也可统计大于10年的重现期。取样方法宜采用年多个样法,每年每个历时选择6~8个最大值,然后不论年次,将每个历时子样按大小次序排列,再从中选择资料年数的3~4倍的最大值,作为统计样本。与水利部门一样采用式(6-1)计算设计暴雨(或洪水)重现期。

由于城建部门与水利部门在暴雨样本选样上采用不同的取样方法,计算出的设计重现期有较大的差别。为了确定城市市区统一的排涝标准,必须探讨城建部门与水利部门采用设计重现期之间的衔接问题,保证用城建部门雨水管渠设计的小区域雨洪流量,能够同按水利部门设计的大区域雨洪流量相容,使同一场暴雨能够顺利地从市区雨水管渠进入内河,最后汇集到排水口由排涝闸自排或由排涝站抽排至承泄区。福建省水利规划院等单位的研究表明,城建部门与水利部门采用的重现期之间存在的大致对应关系见表6-7。由于城建部门是进行较短历时较小区域排水设计,水利部门是进行较长历时较大区域排涝设计,大小流域雨洪特性不同,因此不必要也不可能建立严格的城建部门与水利部门采用重现期之间的对应关系。

表6-7　城建部门与水利部门设计暴雨重现期之间的大致对应关系

城建部门重现期(年)	0.333	0.5	1	2	5
水利部门重现期(年)	2	3	5	10	20

任务3　城市防洪排涝工程体系管理

关于管理的定义目前还不统一。杨文士、张雁所著的《管理学原理》认为,管理是指一定组织的管理者,通过实施计划、组织、人员配备、指导与领导、控制等职能来协调他人的活动,使别人同自己一起实现既定目标的活动过程。徐国华、赵平所著的《管理学》认为,管理是通过计划、组织、控制、激励和领导等环节来协调人力、物力和财务资源,以期更好地达成组织目标的过程。周三多所著的《管理学》认为,管理是指组织为了达到个人无法实现的目标,通过各项职能活动,合理分配、协调相关资源的过程。本节主要介绍城市防洪排涝工程体系的管理体制、河道管理和城市市区防洪排涝设施管理。

1 城市防洪排涝工程体系的管理体制

国家防汛抗旱总指挥部在国务院领导下,负责领导组织全国的防汛抗旱工作。国家防汛抗旱总指挥部办公室作为国家防汛抗旱总指挥部的办事机构,设在水利部,国家防汛抗旱总指挥部办公室内设综合处、防汛一处、防汛二处、防汛三处、防汛四处、抗旱一处、抗旱二处和减灾处共八个处,防汛四处归口管理城市防洪综合业务工作。各级地方政府依照国家的模式相应地建立本地的防汛抗旱指挥部和指挥部办公室,通常由地方政府的首长任总指挥,水利部门的首长任副总指挥,常设机构(办公室)也隶属水利部门。

通常,省防汛抗旱指挥部办公室职责是:贯彻执行国家和省防汛抗旱工作的法律、法规,组织拟订有关防汛抗旱工作的方针政策、发展战略并贯彻实施;承办省防汛抗旱指挥部的日常工作,及时掌握全省雨情、水情、旱情、工情和灾情,组织协调全省防汛抗旱工作;组织制订并实施主要行洪河道的防御洪水方案、洪水调度方案;指导、督促各地制订和实施各类防洪预案和抗旱预案;贯彻执行国家防汛抗旱总指挥部关于洪水调度的命令和指示,做好本省跨地区、跨流域的洪水调度工作,指导隶属的区市防汛抗旱指挥机构做好本地区洪水调度工作;督促指导有关防汛指挥机构清除河道和蓄滞洪区范围内阻碍行洪的障碍物;负责防汛抗旱经费和物资的计划安排和管理工作;督促隶属的区、市、县人民政府和有关部门完成应急度汛工程建设和水毁水利工程修复;组织、指导和检查蓄滞洪区安全建设、管理运用和补偿工作;组织、指导防汛机动抢险队和抗旱服务组织的建设和管理;组织全省防汛抗旱指挥系统的建设与管理;督促、检查各地建立健全防汛抗旱行政首长负责制、分级负责责任制、分部门负责责任制、技术参谋责任制和防汛抗旱岗位责任制。

通常,市防汛抗旱指挥部办公室机构职责是:贯彻执行国家和省、市有关防汛抗旱工作的法规、政策,以及国家防总与省防指的决定、调度指令;编制本地区防汛抗旱工作方案,组织拟订、实施重点河段、水库防洪抢险预案;组织防汛抗旱检查,建立旱情测报系统,督促各县(市)、区及有关部门做好防汛抗旱准备工作;组织督促完成度汛应急工程和水毁工作修复,督促完成重点清障任务;掌握汛情、旱情、灾情和水利工程的运行状况,及时研究提出实施防洪抗旱调度意见,为领导决策当好参谋;加强同有关部门的联系,督促各行业做好防汛工作;会同有关部门做好防汛抗旱物资的储备,使用管理和防汛抗旱资金的申请、审批工作;组织会同有关部门做好防汛报警系统的建设和管理;组织开展防汛抗旱宣传,总结推广防汛抗旱工作经验。

通常,城市市区防汛工作主要由市政管理局负责,市政设施行政主管部门一般为市政管理局。

2 河道管理

《中华人民共和国河道管理条例》适用于中华人民共和国领域内的河道(包括湖泊、人工水道、行洪区、蓄洪区、滞洪区)。国务院水利行政主管部门是全国河道的主管机关。各省、自治区、直辖市的水利行政主管部门是该行政区域的河道主管机关。国家对河道实行按水系统一管理和分级管理相结合的原则。长江、黄河、淮河、海河、珠江、松花江、辽河等大江大河的主要河段,跨省、自治区、直辖市的重要河段,省、自治区、直辖市之间的边界河道以及国境边界河道,由国家授权的江河流域管理机构实施管理,或者由上述江河所在省、自治区、直辖市的河道主管机关根据流域统一规划实施管理。其他河道由省、自治区、直辖市或者市、县的河道主管机关实施管理。

例如,河南省郑州市水利局河道管理工作由郑州市河道工程管理处负责。该管理处主要职责为:贯彻执行国家和省有关河道管理的法规、办法,对违规行为进行处罚;参与审定全市河道管理范围内的工程设施及建筑物建设方案,参与竣工验收工作;负责已划定河道管理范围的立标定界,并实施管理工作;负责堤防(含护堤林木、草皮)、护岸、闸坝等水工程建筑物和防汛、水文监测、河岸地质监测,以及通信照明设施的管理和保护工作;参与制订河道清障计划和实施方案;负责编制河道岁修计划和水毁工程修复计划,并组织实施指导各县(市)河道管理所的业务工作。

河道管理的主要管理工作如下。

2.1　河道整治与建设的管理

河道的整治与建设,应当服从流域综合规划,符合国家规定的防洪标准、通航标准和其他有关技术要求,维护堤防安全,保持河势稳定和行洪、航运通畅。

修建开发水利、防治水害、整治河道的各类工程和跨河、穿河、穿堤、临河的桥梁、码头、道路、渡口、管道、缆线等建筑物及设施,建设单位必须按照河道管理权限,将工程建设方案报送河道主管机关审查同意后,方可按照基本建设程序履行审批手续。建设项目经批准后,建设单位应当将施工安排告知河道主管机关。修建桥梁、码头和其他设施,必须按照国家规定的防洪标准所确定的河宽进行,不得缩窄行洪通道。桥梁和栈桥的梁底必须高于设计洪水位,并按照防洪和航运的要求,留有一定的超高。设计洪水位由河道主管机关根据防洪规划确定。跨越河道的管道、线路的净空高度必须符合防洪和航运的要求。交通部门进行航道整治,应当符合防洪安全要求,并事先征求河道主管机关对有关设计和计划的意见。水利部门进行河道整治,涉及航道的,应当兼顾航运的需要,并事先征求交通部门对有关设计和计划的意见。在国家规定可以流放竹木的河流和重要的渔业水域进行河道、航道整治,建设单位应当兼顾竹木水运和渔业发展的需要,并事先将有关设计和计划送同级林业、渔业主管部门征求意见。

堤防上已修建的涵闸、泵站和埋设的穿堤管道、缆线等建筑物及设施,河道主管机关应当定期检查,对不符合工程安全要求的,限期改建。在堤防上新建前款所指建筑物及设施,必须经河道主管机关验收合格后方可启用,并服从河道主管机关的安全管理。确需利用堤顶或者戗台兼作公路的,须经上级河道主管机关批准。堤身和堤顶公路的管理和维护办法,由河道主管机关商交通部门制定。城镇建设和发展不得占用河道滩地。城镇规划的临河界限,由河道主管机关会同城镇规划等有关部门确定。沿河城镇在编制和审查城镇规划时,应当事先征求河道主管机关的意见。河道岸线的利用和建设,应当服从河道整治规划和航道整治规划。计划部门在审批利用河道岸线的建设项目时,应当事先征求河道主管机关的意见。河道岸线的界限,由河道主管机关会同交通等有关部门报县级以上地方人民政府划定。河道清淤和加固堤防取土以及按照防洪规划进行河道整治需要占用的土地,由当地人民政府调剂解决。因修建水库、整治河道所增加的可利用土地,属于国家所有,可以由县级以上人民政府用于移民安置和河道整治工程。

省、自治区、直辖市以河道为边界的，在河道两岸外侧各 10 km 之内，以及跨省、自治区、直辖市的河道，未经有关各方达成协议或者国务院水利行政主管部门批准，禁止单方面修建排水、阻水、引水、蓄水工程以及河道整治工程。

2.2 河道保护的管理

河道的具体管理范围，由县级以上地方人民政府负责划定。有堤防的河道，其管理范围为两岸堤防之间的水域、沙洲、滩地、行洪区，两岸堤防及护堤地。无堤防的河道，其管理范围根据历史最高洪水位或者设计洪水位确定。在河道管理范围内，水域和土地的利用应当符合江河行洪、输水和航运的要求；滩地的利用，应当由河道主管机关会同土地管理等有关部门制定规划，报县级以上地方人民政府批准后实施。

禁止损毁堤防、护岸、闸坝等水工程建筑物和防汛设施、水文监测和测量设施、河岸地质监测设施以及通信照明等设施。在防汛抢险期间，无关人员和车辆不得上堤。因降雨雪等造成堤顶泥泞期间，禁止车辆通行，但防汛抢险车辆除外。禁止非管理人员操作河道上的涵闸闸门，禁止任何组织和个人干扰河道管理单位的正常工作。在河道管理范围内，禁止修建围堤、阻水渠道、阻水道路；种植高秆农作物、芦苇、杞柳、荻柴和树木（堤防防护林除外）；禁止设置拦河渔具；禁止弃置矿渣、石渣、煤灰、泥土、垃圾等。在堤防和护堤地，禁止建房、放牧、开渠、打井、挖窖、葬坟、晒粮、存放物料、开采地下资源、进行考古发掘以及开展集市贸易活动。

在河道管理范围内进行下列活动，必须报经河道主管机关批准，涉及其他部门的，由河道主管机关会同有关部门批准：采砂、取土、淘金、弃置砂石或者淤泥，爆破、钻探、挖筑鱼塘，在河道滩地存放物料、修建厂房或者其他建筑设施；在河道滩地开采地下资源及进行考古发掘。根据堤防的重要程度、堤基土质条件等，河道主管机关报经县级以上人民政府批准，可以在河道管理范围的相连地域划定堤防安全保护区。在堤防安全保护区内，禁止进行打井、钻探、爆破、挖筑鱼塘、采石、取土等危害堤防安全的活动。禁止围湖造田。已经围垦的，应当按照国家规定的防洪标准进行治理，逐步退田还湖。湖泊的开发利用规划必须经河道主管机关审查同意。禁止围垦河流，确需围垦的，必须经过科学论证，并经省级以上人民政府批准。加强河道滩地、堤防和河岸的水土保持工作，防止水土流失、河道淤积。江河的故道、旧堤、原有工程设施等，非经河道主管机关批准，不得填堵、占用或者拆毁。护堤护岸林木，由河道管理单位组织营造和管理，其他任何单位和个人不得侵占、砍伐或者破坏。河道管理单位对护堤护岸林木进行抚育和更新性质的采伐及用于防汛抢险的采伐，根据国家有关规定免交育林基金。

在为保证堤岸安全需要限制航速的河段，河道主管机关应当会同交通部门设立限制航速的标志，通行的船舶不得超速行驶。在汛期，船舶的行驶和停靠必须遵守防汛指挥部的规定。山区河道有山体滑坡、崩岸、泥石流等自然灾害的河段，河道主管机关应当会同地质、交通等部门加强监测。在上述河段，禁止从事开山采石、采矿、开荒等危及山体稳定的活动。在河道中流放竹木，不得影响行洪、航运和水工程安全，并服从当地河道主管机关的安全管理。在汛期，河道主管机关有权对河道上的竹木和其他漂流物进行紧急处置。向河道、湖泊排污的排污口的设置和扩大，排污单位在向环境保护部门申报之前，应当征得河道主管机关的同意。在河道管理范围内，禁止堆放、倾倒、掩埋、排放污染水体的物体。禁止在河道内清洗装贮过油类或者有毒污染物的车辆、容器。

2.3 河道清障的管理

对河道管理范围内的阻水障碍物,按照"谁设障,谁清除"的原则,由河道主管机关提出清障计划和实施方案,由防汛指挥部责令设障者在规定的期限内清除。逾期不清除的,由防汛指挥部组织强行清除,并由设障者负担全部清障费用。对壅水及阻水严重的桥梁、引道、码头和其他跨河工程设施,根据国家规定的防洪标准,由河道主管机关提出意见并报经人民政府批准,责成原建设单位在规定的期限内改建或者拆除。汛期影响防洪安全的,必须服从防汛指挥部的紧急处理决定。

3 城市市区防洪排涝设施管理

一般,城区防汛工作和城区河渠管理工作由市政管理局负责。例如,郑州市市政管理局负责郑州市城区防汛工作和城区河渠管理工作。详细分工为局道路桥梁管理处负责市政设施管养的行业管理工作;负责编制市政设施管养的年度计划,并组织实施;负责城市道路、桥涵、城市排水及污水处理等市政设施维修养护与工程项目的呈报、建设、竣工验收、工程预决算的组织与协调工作;指导、协调、监督检查各区管理的城市道路及其设施的维护和管理;负责指导和管理城市管线工程建设,对市政、公用事业地下管网运行情况进行监督检查;负责临时占道、道路开挖和排水许可等行政许可项目的审批工作;负责组织新建市管市政工程设施管理交接工作。局城区河渠管理处负责编制城区河渠建设、改造、养护发展规划和年度计划;负责城区河道、明渠的截污、改造、疏挖、绿化、美化、泄洪等管理工作;组织实施城区防洪排涝工作。

市政设施行政主管部门负责对城市排水防洪设施的管理,组织所属单位及时检查、维修和清淤排障,保证排水防洪管道、明沟、河道城市段、堤坝的完好、畅通。新建企事业单位厂区院落跨越城市排水防洪设施的,应按市政设施行政主管部门的有关规定负责养护和疏通。

在排水防洪设施范围内禁止下列行为:破坏、堵塞或者擅自移动、占压排水防洪设施,排放腐蚀性物质、剧毒物质、易燃易爆性物质和易产生有害气体的污水,倾倒垃圾、废渣、施工废料和排放灰浆及其他杂物,修建妨碍排水防洪设施功能发挥和安全的建筑物、构筑物,在河道城市段、明沟及其划定的管理范围内采掘沙石土、开荒种地或堆放物料。向城市排水设施内排放污水的生产、经营单位,应按规定的标准向市政设施行政主管部门缴纳排水设施使用费。排水设施使用费全部用于排水设施的养护维修、改造建设。

毗连城市排水防洪设施的建设工程,在施工时应当采取必要的措施,保护排水防洪设施不受损坏。建设工程施工需要迁移、改建排水防洪设施的,须经市政设施行政主管部门同意;迁移、改建排水防洪设施所需费用,由建设单位承担。城市建筑物延伸的排水管线同城市排水管线相连接的,须经市政设施行政主管部门批准和验收。延伸排水管线的建设、维修,由房屋产权单位负责。有毒、有害、含有易燃易爆物质的污水,须经自行处理,达到排入城市排水管道标准后方可排入。对于超过排放标准而损坏城市排水管道者,应向排水管道部门赔偿经济损失。

小 结

城市防洪排涝工程体系主要由水库、堤防、河道整治工程、分洪工程、滞洪工程、排水工程等构成。城市防洪排涝工程体系的规划建设管理具有城市和水利的双重特性,其规划建设管理既要符合水利工程的一般规律,也要服从城市规划建设管理的实际需要。城市防洪排涝工程体系规划建设管理的目标是构筑保障城市经济社会安全的高标准的防洪排涝工程体系。

城市规划是对一定时期内城市的经济和社会发展、土地利用、空间布局以及各项建设的综合部署、具体安排和实施管理。水利规划是为防治水旱灾害、合理开发利用水资源而制订的总体安排。城市防洪排涝工程体系规划是确定防洪排涝标准和合理选定防洪排涝方案。城市防洪排涝工程体系规划编制依据为现行法律、法规、规章等规范性法律文件。我国的规范性法律文件有宪法、法律、行政法规、行政规章、地方性法规、特别行政区法、司法解释等七类。

城市防洪排涝工程体系建设实施方案要在规划的基础上,重点研究落实建设防洪减灾体系的近期任务,城市防洪排涝工程体系水利工程建设程序一般由前期工作、建设实施、竣工验收和后评四个阶段构成。《防洪标准》(GB 50201—2014)具体分为城市的等级和防洪标准、乡村的等级和防洪标准、工矿企业的等级和防洪标准、交通运输设施的等级和防洪标准、水利水电枢纽工程的等别及水工建筑物级别和防洪标准、动力设施的等级和防洪标准以及通信设施的等级和防洪标准。目前我国尚无城市排涝的统一标准,珠江流域的排涝标准为:特别重要的城市市区,采用20年一遇24 h设计暴雨1 d排完的标准;重要的城市市区、中等城市和一般城镇市区采用10年一遇24 h设计暴雨1 d排完的标准。国家标准规定:雨水管渠设计重现期一般选用0.5~3年;重要干道、重要地区或短期积水即能引起较严重后果的地区,设计重现期一般选用3~5年。城建部门与水利部门采用的重现期之间有较大的差别,但两种重现期之间存在大致的对应关系,可以相互换算。

管理是通过计划、组织、控制、激励和领导等环节来协调人力、物力和财务资源,以期更好地达成组织目标的过程。一般情况下,城市防洪排涝工程体系的总负责机构为市防汛抗旱指挥部办公室,流域防洪工程体系由流域机构负责,城市范围内的防洪排涝工程体系由水利部门负责,城市市区范围内防洪排涝工程体系由市政管理局负责。

复习思考题

1.简述城市规划、水利规划和城市防洪排涝工程体系规划之间的区别和联系。

2.简述城市防洪排涝工程体系规划的目标、编制依据、编制原则和规划报告一般应包括的内容。

3.简述城市防洪排涝体系水利工程建设程序。

4.简述《防洪标准》(GB 50201—2014)涉及的各类防护对象及城市的等级和防洪标准。

5.为什么城建部门与水利部门采用的重现期之间出现了差别？两种重现期之间存在着一定的对应关系吗?

6.设某城市市区 100 年一遇的 24 h 设计暴雨雨量为 90 mm,该城市市区的综合径流系数为 0.7。若根据排涝标准要求,1 d 内排完 24 h 设计暴雨,试求该城市市区需要的最小排涝模数。

7.简述管理、城市防洪排涝工程体系管理的基本概念和城市防洪排涝工程体系的管理机构。

8.简述城市防洪排涝工程体系规划、建设与管理三者之间的相互关系。

学习项目7　城市防洪的组织与实施

【学习指导】

目标:1.了解城市防洪排涝的管理体制与机构,熟悉城市防洪排涝的管理机构的任务;

2.掌握城市防洪预案的基本内容;

3.了解城市水情自动测报系统、洪水预报;

4.了解行洪及排涝管理和防洪、防汛政策法规及措施。

重点:城市防洪预案的基本内容。

任务1　城市防洪排涝的管理体制与机构

1　管理体制

各城市防洪排涝体系建成后,将有大量的工程设施及固定资产,在保障市区居民安全和社会经济发展中具有举足轻重的作用。必须有健全的管理机构和高素质的管理队伍,才能保证防洪排涝调度管理工作的科学、合理、高效,充分发挥这些工程的巨大防洪效益。

1.1　建立原则

贯彻高效、统一、专业和精简的管理方针。顺应城乡水务一体化管理方向,体现现代化管理水平。防洪排涝实行统一领导、统一调度,实行首长负责制。

1.2　基本框架

在规划目标完成后,实行城市防洪大一统管理模式,其基本框架如图7-1所示。

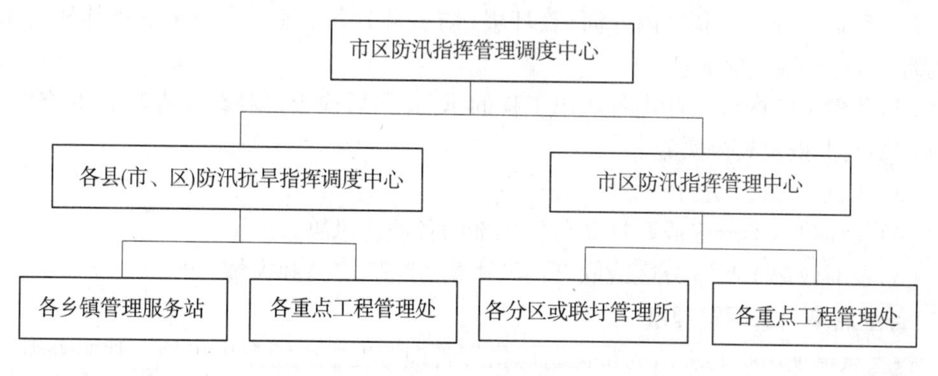

图7-1　城市防洪管理基本框架

1.3　管理体制

管理体制是指管理系统的结构和组成方式,即采用怎样的组织形式以及如何将这些组织形式结合成为一个合理的有机系统,并以怎样的手段、方法来实现管理的任务和目的。具体地说:管理的体制是规定中央、地方、部门、企业在各自方面的管理范围、权限职责、利益及其相互关系的准则。它的核心是管理机构的设置、各管理机构职权的分配以及各机构间的相互协调。它的强弱直接影响到管理的效率和效能,在中央、地方、部门、企业整个管理中起着决定性作用。

城市防洪排涝工程实行统一管理与分级管理相结合的管理制度。市区防洪工程设施由市水行政主管部门主管,对流域工程设立直属管理单位,对各区域性工程由市水行政主管部门委托所在地的区水行政部门管理。对规划范围内的河、库、闸坝、泵站设置管理所(处),实行统一管理,以保证工程效益的充分发挥。

2　管理机构及任务

2.1　市区防汛指挥管理调度中心

市区防汛指挥管理调度中心为市区防汛指挥部的执行机构,全面负责市区防汛抗旱各项日常事务。其职责为:

(1)执行上一级指挥调度中心指令。

(2)具体执行市区防汛指挥部的防汛决策,并负责市区范围内各防洪、除涝、调水工程的运行调度。

(3)负责市区各防汛工程岁修、急办项目的审查、报批和督办。

(4)负责下属各分区或各联圩管理所和单项工程管理所的业务指导、培训管理(人事管理由主管部门市水利局承担)。

(5)雨情、水情、工情、灾情信息收集整理上报。

(6)负责本调度中心系统的运行、管理和维护。

2.2　各分区或联圩管理所

各分区或联圩管理所为各分区或联圩联防指挥部的执行机构,同时又是市区防汛指挥管理调度中心的派出机构,全面负责本分区或联圩内防汛抗旱的各项日常事务。其职责为:

(1)负责本分区或联圩内外河道、圩堤(防洪墙)、圩口闸、排涝泵站及其他附属设施的管理、运行、维修、保养。

(2)负责本分区或联圩内各防汛工程的汛前、汛后检查,岁修、急办项目的方案制订,概预算编制上报及具体实施。

(3)执行上级防汛指挥调度中心指令。

(4)具体执行本分区或联圩联防指挥部的各项防汛决策。

(5)及时收集上报本分区或联圩内的雨情、水情、险情和灾情。

2.3　各重点单项工程管理所

各重点单项工程管理所为市区防汛指挥管理调度中心的派出机构。其职责为:

(1)负责本单项工程及附属设施的管理、运行、维修、养护。

(2)负责所管工程的汛前汛后检查,岁修急办项目方案制订,概预算编制上报及具体实施。

(3)执行市区防汛指挥管理调度中心的各项调度指令。

(4)积极参与所在分区或联圩的防汛抗旱工作。

(5)及时上报所管工程的水情、工情和灾情。

上述中心及管理所为常设管理机构。应按照国家水利工程定员定编规定,结合市区防洪排涝实际情况,核定并配足相应的管理人员,以保证城市各项防洪排涝管理和调度工作落到实处。

3　管理设施及保障措施

3.1　观测及监测设施

利用原国家水文站网并与市防汛指挥系统联网,观测市区雨量、各控制断面处的河水位及过境流量。各联圩内河水位利用所建闸站,设置遥测站点,将信息直接输入市区防汛指挥调度中心。结合城区景点建设,选择合适地点,建立水位标志塔,让市民随时直观地了解内外河水位。市区防汛指挥调度中心可设水位语音查询服务台,市民拨通指定电话即可了解内外河适时水位。

大型闸站均应按规范要求,设置沉陷、位移及渗透等监测项目,并配备水准仪、经纬仪等必要的观测设备。

3.2　运行管理维护设施

配备管理房屋、通信工具、交通工具、维修及配件加工设备等,以便做好日常维护工作。

3.3　管理经费来源

市区防洪排涝工程需日常运行费、管理费及维修费,必须有一定的经费来源保障。经费来源渠道主要为:

(1)市财政专项资金。

(2)防洪保安基金。

(3)城市建设维护费中切块。

(4)受益单位和个人分摊(不应与防洪保安基金冲突)。

(5)预留经营场所,发展经营项目,作为部分管理经费贴补。

4　建立健全防洪排涝责任体系,逐级落实行政首长与技术责任制

防汛抗洪是一项综合性很强的工作,需要动员和调动各部门各方面的力量,分工合作,同心协力,共同完成。

4.1　防汛组织

按照“安全第一、常备不懈、以防为主、全力抢险”的防洪方针,树立“预防为主、防重于抢”的防洪理念,贯彻“全员防洪、科学防洪”的指导思想,切实落实防汛工作责任制,做到责任到位、指挥到位、人员到位、物资到位、措施到位、抢险及时,确保施工人员、项目工区、物资设备安全度汛。

防汛的主要任务是,采取积极的和有效的防御措施,把洪水灾害的影响和损失减少到最低程度,以保障经济建设的顺利发展和人民生命财产的安全。为完成上述任务,防汛工作主要内容是:

(1)有组织、有计划地协同有关部门开展防汛工作。

(2)大力宣传广大群众提高防汛减灾的意识。

(3)完善防洪工程措施和建立非工程防御体系。

(4)密切掌握洪水规律和汛情信息。

(5)制定防御不同类型洪水的预案,研究洪水调度和防汛抢险的最优方案。

(6)探讨和研究应用自动化系统。

(7)汛后总结当年防汛工作的经验教训,并提出下一年防汛工作的重点。

《中华人民共和国防洪法》《中华人民共和国防洪条例》规定,防汛抗洪工作实行各级人民政府行政首长负责制,统一指挥,分级、分部门负责。国务院设立国家防汛指挥机构,负责领导、组织全国的防汛抗洪工作,其办事机构设在国务院水行政主管部门。在国家确定的重要江河、湖泊可以设立由有关省、自治区、直辖市人民政府和该江河、湖泊的流域管理机构负责人等组成的防汛指挥机构,指挥所管辖范围内的防汛抗洪工作,其办事机构设在流域管理机构。

结合各省(自治区、直辖市)的情况,省(自治区、直辖市)、市、县(市、区)人民政府应分别设立由有关部门、当地驻军、人民武装部负责人等组成的防汛抗旱指挥部,在上级防汛指挥机构和本级人民政府的领导下指挥本行政区域的防汛抗洪工作,其常设办事机构设在同级水行政主管部门,具体负责防汛指挥机构的日常工作。防汛指挥机构各成员单位,按照分工,各司其职,做好防汛抗洪工作。经设区市人民政府决定,可以设立设区市的城市市区防汛办事机构,在同级防汛抗旱指挥部的统一领导下,负责设区市的城市市区防汛抗洪日常工作。

4.2 防汛职责

为了加强防汛责任制,使防汛工作逐步走上正规化、规范化、法制化的轨道,各级人民政府行政首长、防汛抗旱指挥部及各有关防汛组织的防汛职责如下。

4.2.1 地方各级人民政府行政首长主要职责

行政首长负责制是各种防汛责任制的核心,是取得防汛抢险胜利的重要保证,也是历来防汛斗争中最行之有效的措施。防汛抢险需要动员和调动各部门各方面的力量,党、政、军、民全力以赴,发挥各自的职能优势,同心协力共同完成。因此,防汛指挥机构需要政府主要负责人亲自主持,全面领导和指挥防汛抢险工作,实行防汛行政首长负责制。行政首长负责制的主要内容是:

(1)负责组织制定本地区有关防洪的政策性、规范性文件,做好防汛宣传和思想动员工作,组织全社会力量参加抗洪抢险。

(2)负责建立健全本地区防汛指挥机构及其常设办事机构。

(3)按照本地区的防洪规划,广泛筹集资金,多渠道增加投入,加快防洪工程建设,不断提高防御洪水的能力。

(4)负责制定本地区防御洪水和防御台风方案。

(5)负责本地区汛前检查、险工隐患的处理、清障任务的完成、应急措施的落实,做好安全度汛的各项准备。

(6)贯彻执行上级重大防汛调度命令并组织实施。

(7)负责安排解决防汛抗洪经费和防汛抢险物资。

(8)组织各方面力量开展灾后救助工作,恢复生产,修复水毁工程,保持社会稳定。

4.2.2　县级以上地方人民政府防汛防旱指挥部主要职责

(1)在上级防汛抗旱指挥部和本级人民政府的领导下,统一指挥本地区的防汛抗洪工作,协调处理有关问题。

(2)部署和组织本地区的汛前检查,督促有关部门及时处理影响安全度汛的有关问题。

(3)按照批准的防御洪水方案,落实各项措施。

(4)贯彻执行上级防汛指挥机构的防汛调度指令,按照批准的洪水调度方案,实施洪水调度。

(5)清除影响行洪、蓄洪、滞洪的障碍物以及影响防洪工程安全的建筑物及其他设施。

(6)负责发布本地区的汛情、灾情通告。

(7)负责防汛经费和物资的计划、管理和调度。

(8)检查督促防洪工程设施的水毁修复。

4.2.3　市防汛防旱指挥部成员单位职责

(1)发展和改革委员会。协调安排区内防汛抗旱工程建设、除险加固、水毁修复、抗洪抗旱救灾资金和电力、物资计划。

(2)住房和城乡建设部。负责城市防洪排涝规划的制订和监督实施,加强城市防洪排涝工程的管理,组织城市规划区防洪排涝工作。

(3)财政局。负责安排和调拨防汛抗旱经费,并监督使用,及时安排险工隐患处理、抢险救灾、水毁修复经费。

(4)水利局。提供雨情、水情、旱情、工情、灾情,做好防汛调度和抗旱水源的调度;制定全市防汛抗旱措施以及防汛工程维修、应急处理和水毁工程修复计划;部署全市防汛准备工作;提出防汛抗旱所需经费、物资、设备、油、电方案;负责防汛抗旱工程的行业管理,按照分级管理的原则,负责所属工程的安全管理。

(5)公安局。负责维护防汛抢险秩序和灾区社会治安秩序,确保抗洪抢险、救灾物资运输车辆畅通无阻;依法查处盗窃、哄抢防汛抗旱物资、材料及破坏水利、水文、通信设施的案件,打击犯罪分子,协助做好水事纠纷的处理;遇特大洪水紧急情况,协助防汛部门组织群众撤离和转移,保护国家财产和群众生命安全;协助做好河湖清障及抢险救灾通信工作。

(6)交通局。负责抢险救灾物资调运;负责安排各行、滞洪区人员的撤退和物资运输的交通安排;汛情紧张时,根据防汛要求,通知船只限速行驶直至停航、车辆绕道;协同公安部门,保证防汛抢险救灾车辆的畅通无阻。

(7)农林局。责及时提供农业灾害情况;负责农业遭受洪涝旱灾和台风灾害的防灾、减灾和救灾工作。

(8)民政局。负责洪涝旱灾地区灾民的生活安置和救灾工作。

(9)卫生局。负责为灾民提供基本的医疗保健服务和进行防病知识的指导,搞好“三管一灭”工作,即管水、管粪、管饮食,消灭鼠蚊蝇。严格进行疫点处理,防止疫情扩散;对易感人群进行应急接种,提高其对传染病的免疫力。

(10)贸易局。负责有关防汛物资供应和调度防汛抗灾所需的物资。

(11)供电局。负责保证防汛抢险及抗旱排涝用电。

(12)电信局。负责所辖电信设施的防洪安全,确保防汛通信畅通,及时、准确传递防汛和气象信息,对付特大洪涝灾害要做好有线、无线应急通信的两手准备。

(13)环保局。负责水质监测,及时提供水源污染情况,做好污染源的调查与处理工作。

(14)供销部门。负责草包、毛竹、芦席、塑料薄膜等防汛物资的储备与供应,必要时组织供应超计划货源;做好防汛抢险和生产救灾物资的调运供应工作。汛情紧张阶段,有储备任务的单位要日夜值班,确保抢险物资随时调拨。

(15)石油公司。负责防汛抗旱油料,即柴油、汽油、煤油、润滑油等货源的组织、储备、供应和调运。

(16)物资局。负责钢材、木材、水泥、民用爆破器材等物资的供应,负责解决防汛抢险所需新增车辆等。

(17)建材公司。负责防汛抢险所需石料、油毛毡等建筑材料的组织供应。

(18)铁路局。负责保证防汛抢险物资、设备和抗灾人员的铁路运输。

(19)气象局。负责及时提供天气预报和实时气象信息,以及对灾害性天气的监测预报。

(20)军分区。协调驻区部队、武装警察部队和民兵支持地方抗洪抢险,保护国家财产和人民生命安全,并协助地方完成分洪滞洪和清障等任务。

4.2.4　各级防汛防旱指挥部办公室职责

各级防汛防旱指挥部办公室是各级防汛防旱指挥部的常设办事机构,其职责是掌握信息、研究对策、组织协调、科学调度、监督指导,应做到机构健全、人员精干、业务熟悉、善于管理、指挥科学、灵活高效、协调有力、装备先进。

4.2.5　防汛队伍职责

为取得防汛抢险斗争的胜利,除发挥水利工程设施的防洪作用外,还要组织好防汛队伍。防汛队伍可分为专业管理队伍、巡逻抢险队伍、机动抢险队伍等。

4.2.5.1　专业管理队伍

专业管理队伍是防汛抢险的技术骨干力量,由河道堤防、水库、闸坝等工程管理单位的管理人员、护堤员等组成。平时根据管理中掌握的情况,分析工程的抗洪能力,划定险工、险段的部位,做好出险时抢险准备。进入汛期即投入防守岗位,密切注视汛情,加强检查观测,及时分析险情。专业管理队伍要不断学习管理养护知识和防汛抢险技术,并做好专业培训和实战演习。

4.2.5.2　巡逻抢险队伍

巡逻是及时发现险情的重要措施,抢险是抢护工程设施脱离危险的突击性活动,关系到防汛的成败,这项活动既要迅速及时,又要组织严密,指挥统一。巡逻抢险队伍由沿河道两岸和闸坝、水库工程周围的乡、村、城镇居民中的民兵或青壮年组成。巡逻抢险队伍组织要健全,汛前登记造册编成班组,要做到思想、工具、材料物资、抢险技术四落实。汛

期按规定到达各防守位置，分批组织巡逻。另外，在蓄滞洪区、库区和海塘圩区也要成立群众性的转移救护队伍。必要时可以扩大到距河道堤防、水库、闸坝较远的县、乡和城镇。所有参加人员必须服从命令听指挥。当发生险情时，立即投入抢险。

4.2.5.3　机动抢险队伍

为了提高抢险效果，在一些主要江河堤段和重要工程可建立训练有素、技术熟练、反应迅速、战斗力强的机动抢险队伍，承担重大险情的紧急抢险任务。机动抢险队伍要与管理单位结合，人员相对稳定。平时结合管理养护，学习、提高技术，参加培训和实践演习。机动抢险队伍应配备必要的交通运输、施工机械等抢险设备。

除上述防汛队伍外，还要实行军民联防。人民解放军、人民武装警察是防汛抢险的中坚力量，每当发生大洪水和紧急抢险时，他们不畏艰险，勇敢地承担了重大的防汛抢险和救援任务，为夺取防汛抗洪斗争的胜利发挥了重要作用。

4.2.6　防汛责任制度

各级防汛防旱指挥部要建立健全分级管理责任制、分包工程责任制、岗位责任制、技术责任制、值班工作责任制。

4.2.6.1　分级管理责任制

根据水系以及堤防、闸坝、水库等防洪工程所处的行政区域、工程等级和重要程度以及防洪标准等，确定省、市、县各级管理运用、指挥调度的权限责任，实行分级管理、分级负责、分级调度。

4.2.6.2　分包工程责任制

为确保重点地区和主要防洪工程的度汛安全，各级政府行政负责人和防汛指挥部领导成员实行分包工程责任制。例如分包水库、分包河道堤段、分包蓄滞洪区、分包地区等。

4.2.6.3　岗位责任制

汛期管好用好水利工程，特别是防洪工程，对减少灾害损失至关重要。工程管理单位的业务部门和管理人员以及护堤员、巡逻人员、抢险人员等要制定岗位责任制，明确任务和要求，定岗定责，落实到人。岗位责任制的范围、内容、责任等，都要做出明文规定，严格考核。

4.2.6.4　技术责任制

在防汛抢险中要充分发挥技术人员的技术专长，实现优化调度，科学抢险，提高防汛指挥的准确性和可行性。预测预报、制订调度方案、评价工程抗洪能力、采取抢险措施等有关防汛技术问题，应由各专业技术人员负责，建立技术责任制。

4.2.6.5　值班工作责任制

汛期容易突然发生暴雨洪水、台风等灾害，而且防洪工程设施在自然环境下运行，也会出现异常现象。为预防不测，各级防汛机构均应建立防汛值班制度，使防汛机构及时掌握和传递汛情，加强上下联系，多方协调，充分发挥枢纽作用。汛期值班人员的主要责任如下：

(1)了解掌握汛情。汛情一般包括雨情、水情、工情、灾情。具体内容是：①雨情、水情：按时了解实时雨情、水情实况和气象、水文预报；②工情：当雨情、水情达到某一量值时，要主动向所辖单位了解河道堤防、水库、闸坝等防洪工程的运用、防守、是否发生险情及处理情况;③灾情:主动了解受灾地区的范围和人员伤亡情况以及抢救措施。

(2)按时报告、请示、传达。按照报告制度,对于重大汛情及灾情要及时向上级汇报;对需要采取的防洪措施要及时请示批准执行;对授权传达的指挥调度命令及意见,要及时准确传达。

(3)熟悉所辖地区的防汛基本资料和主要防洪工程的防御洪水方案的调度计划,对所发生的各种类型洪水要根据有关资料进行分析研究。

(4)对发生的重大汛情等要整理好值班记录,以备查阅并归档保存。

(5)严格执行交接班制度,认真履行交接班手续。

(6)做好保密工作,严守机密。

任务2 制定防洪排涝预案

我国现有设市城市668座,其中有防洪任务的城市639座,占城市总数的95%。1997年城市工农业总产值为61 000多亿元,约占全国工农业总产值的66%。因此,确保城市防洪安全事关我国经济发展的大局,必须高度重视。1998年长江、松花江、嫩江大水,九江堤防决口,武汉、哈尔滨等城市堤防发生重大险情,直接威胁着城市安全,由于汛前制订了防洪预案,使得抗洪抢险工作组织有序、措施得力,有效地控制了洪灾的扩展和发生。因此,编制城市防洪预案成为城市防汛工作的重要内容。各城市要认真贯彻"安全第一、常备不懈、以防为主、防抢结合"的方针,全面部署,保证重点,统一调度,团结抗洪。根据防洪规划的调度要求,结合目前城区防汛的实际情况,拟订防洪预案,使防洪排涝工作主动、有序地进行。现结合江苏某城市的实际,介绍防洪预案的基本内容;以黄河三角洲城市滨州为例,介绍城市防洪预案的编制要点及思路。

1 城市防洪预案的基本内容

1.1 防御准备阶段

每年进入汛期,根据水文气象预报,区域即将发生暴雨、大暴雨,但代表站水位尚低于防洪警戒水位3.50 m时,进入防御准备阶段。

(1)各级防汛办公室加强防汛值班,实行24 h值班制,密切注意雨情、水情的变化。根据气象情况对辖区内下阶段的防汛工作提出对策,做好防御准备工作。

(2)水文、气象部门加强对天气、水情的监测与预报,并与市防汛办公室保持密切联系,及时提供情况。

(3)市防汛办公室要督促有关部门对堤防、排水泵站、水闸等有关防汛设施进行全面检查,确保正常运行。

(4)市防汛办公室要督促、检查有关防汛抢险物资、抢险队伍落实情况,及早做好准备。

(5)房管部门要认真做好危房加固,街道、乡镇要事前确定疏散安置点,做好危房住户临时疏散安置计划。

(6)除城市中心区外,各包围圈和圩区应及时关闭外围水闸,并利用闸泵抢排,尽快

将包围圈内河水位降至预降水位。

1.2 防御行动阶段

根据水文气象预报，特大暴雨来临，洪水延续和水位上涨，代表站水位达到防洪警戒水位3.50 m时，进入防御行动阶段。

(1)各级防汛指挥部领导进岗到位，根据当时实际情况检查部署各项防汛准备工作。防汛办公室及时通报情况，上传下达，做好防汛调度。

(2)水文、气象部门要加强对雨情、水情的监测预报，及时向市防汛办公室通报情况。

(3)各防汛网络单位应按各自的职责做好防汛工作。电信部门要确保雨情、水情、险情、灾情电报、电话的及时准确传递；电力部门要加强线路设备检查、抢修，确保排水泵站、水闸的供电，及时调度解决抗灾电力；市政部门要做好城市排水、排涝和堤防安全工作；物资部门要保证有关防汛救灾物资的组织调运和供应工作；交通部门要及时抢修道路，保证防汛抢险车辆的畅通。

(4)所有水闸、泵站管理单位人员实行24 h在岗值班。要广泛动员辖区内企事业单位、居委会对进水及积水地区进行自救和互救。对重要堤防险段、危房、易受淹地区要组织好抢险队伍、抢险物资和人员撤离的准备。

(5)城市中心区关闸控制，各圩区利用外围闸泵及时排水，尽可能将圩区内河水位维持在预降水位，暂时来不及排出的水量利用内河进行调蓄，一有机会及时排出。

1.3 全线投入阶段

洪水延续，水位上涨，代表站水位达到5.00 m时(100年一遇)，发布防汛紧急警报。

(1)全市各级政府和企事业单位的领导应立即进入各自岗位值班指挥，并进一步检查各项防御措施的落实情况。市政府发布防汛动员令，领导深入防汛第一线，进一步做好宣传动员工作，落实防汛各项措施和群众安全转移措施。

(2)水文、气象部门要进一步加强对雨情、水情、灾情的实时监测、预报，及时向市防汛办公室通报情况。

(3)市防汛指挥部门要根据实时雨情、水情、灾情的监测及预报情况，做好城市及区域防汛决策、调度。当代表站水位超过4.7 m时，打开城区外围沿运河东侧控制，确保城区安全。

(4)市政管理部门要做好辖区内低洼积水地段的强排和加强堤防的巡查力度，抢险人员到位待命，对受淹或可能受淹地区的人员、物资及时转移到安全地带。

1.4 灾后处理阶段

降雨基本停止，洪水已经过境，水位下降到警戒水位以下。

(1)各级防汛指挥部领导和防汛负责人恢复正常值班。各级防汛办公室应及时总结抗洪的经验教训，了解掌握灾情损失，统计汇总并及时向上一级报告。

(2)水利、市政部门检查水毁水利工程和市政设施，组织力量及时修复。

(3)各有关部门迅速组织力量，恢复生产和人民群众的生活秩序。受灾地区的政府、街道要做好群众的政治思想工作，安定群众情绪，民政部门要做好救灾工作，安排好居民生活；保险部门及时做好理赔工作。

1.5 超标准洪水减灾措施

当城市中心区发生超过200年一遇洪水或其他分区发生超过100年一遇洪水时，即为该城市的超标准洪水。其减灾措施为：

(1)加强领导，落实防汛抗洪行政首长责任制。防洪抗洪工作在市长的统一指挥、市政府和市防洪指挥部的统一领导下，实行分级负责制，组织好抢险队伍和抢险物资，做好抗御特大洪水的一切准备。

(2)市防汛办公室将掌握的雨情、水情、灾情及时提供给指挥部领导，做好参谋。防汛指挥部总指挥通过广播、电视、电话、电报等发出紧急指令，动员广大干部群众全力投入抗洪抢险工作。

(3)防洪抗灾工作始终坚持把人民生命安全放在第一位，做好人员转移工作，尽量减少人员伤亡。对暴雨、洪水侵袭时如何安全转移做到事先有预案，在转移时做到有组织、有计划地进行。

(4)加强防洪调度指挥。发生超标准洪水时，流域上下游要共同承担责任和义务，上分下泄，弃一般保重点，最大限度地减少洪灾损失。必要时，要采取城区外圩区控制排水滞洪、附近低洼地区破圩临时滞洪措施，确保城市特别是城市中心区安全。

(5)根据水文气象预报，将发生超标准暴雨、洪水时，各包围圈及时关闭外围水闸，并利用闸泵抢排，雨前尽可能将包围圈内河水位降至2.50 m以下。同时利用沿长江泵闸，乘潮排水，全力降低区域水位。

1.6 其他预案内容

1.6.1 抢险物料的储备与调运

在做好汛前检查的基础上，根据工程的规模，可能发生的险情和抢护方法，确定准备物料种类及其数量，包括砂石材料、木料与竹材、编织物料、梢料、土工合成物料、绑(扎)材料、油料、防汛照明设备、救生设备、爆破材料等。根据险情的性质选用合适的抢险物料进行抢护，重点险工患段防汛物资就地储备，对所备物料要认真翻晒，查清数量，随用随调，供销、物资、运输部门要积极配合，确保防汛抢险物资及时调运。沿堤各单位要根据防汛任务和工程情况备足防汛抢险所需物资。汛前要在病险涵闸和险工患段备足积土，供抢险时使用；对运输通道要备足积土和塑料袋，以便及时封堵；各抢险队伍必须配备锹、筐、手电筒、棍棒等抢险工具；汛前要维护好堤顶防汛抢险路面，确保防汛抢险车辆畅通无阻。

1.6.2 抢险队伍组织与培训

为抗御洪水，排除险情，市区防汛分指挥部及各分区要组织基干民兵、青壮年为主的防汛抢险骨干队伍，层层落实行政首长责任制，配备必要的交通运输和抢险通信设备，对抢险队伍要有计划、有组织地进行培训，突出重点地采取不同层次、不同方式培训防汛抢险知识和技术，并根据培训内容进行实地演习，从而提高防汛抢险队伍的实战能力。届时还应与当地驻军加强联系，通报汛情，实行军民联防，汛前明确防汛重点，共同制定抢险方案。

1.6.3 防汛抢险

防汛抢险是指汛期防洪工程设施发生危及工程安全的事态时所采取的紧急抢护措

施，是防汛的一项中心工作。由于汛期各类水工建筑物在高水位、大流量的作用下，极易暴露出一些险情，而且演变过程极快，发展多半是急促短暂的，抢护工作刻不容缓。抢之及时，方法合理，就能获得防汛斗争的全胜；否则，若抢险不力，会使前功尽弃，甚至造成整个防汛体系全线崩溃。因此，防汛抢险工作：一要做好巡查，及时发现险情；二要做到正确分析险情，根据工程设计施工、管理和运行方面的情况，进行全面分析，做出准确的判断，拟订正确的抢护方案；三要抢险及时，不得优柔寡断，防止险情扩大；四要因地制宜，就地取材，要做好抢险物料的供应，确保抢险需要。在抢险中要加强领导，统一指挥，组织好防汛抢险人力，发挥抢险骨干力量的作用。在防汛抢险形势严峻的城市，有条件的应组建训练有素、技术熟练、反应迅速、机械化程度高的机动抢险队伍。

1.6.4　低洼地区的人员转移

在遭遇特大洪水的非常情况下，要做好低洼地区群众及财产的转移安置工作，将有关人员安排在附近的高地、高层建筑上临时躲避。低洼地区的居民转移由市防汛指挥部统一指挥，当防洪指挥部发出转移命令后，低洼地区的居民由有关区政府组织本辖区各街道办事处、居委会带领群众迅速转入高地或本地区学校、机关以及各区事先确定的砖混以上结构的楼房中临时避难，必要时可由公安部门参与，协助做好群众的撤离转移工作。低洼地区拟转移居民的数量、去向、生活安排等相关问题应预先计划，周密安排，确保临危不乱，井井有条。

1.6.5　治安工作与卫生防疫

遭遇大洪水以后，城区的正常生产和生活秩序发生变化，给维护社会治安带来一定的困难。公安部门要预先考虑，安排警力维护防汛抢险和灾区社会治安工作，确保汛期抢险救灾物资车辆优先通行；打击盗窃防汛物资、公私财物，破坏水利、水文通信设施的犯罪分子，维护水利工程、通信设施及其他公私财物的安全；协助防汛部门组织群众撤离和转移，保护国家财产和群众生命财产的安全。

遭遇洪水灾害以后，将会破坏卫生设施，污染生活环境，使灾民饮食生活不正常，健康水平下降，疾病流行的可能性增大。历史记载中大灾之后疫病流行的事例很多。为此，卫生防疫部门应十分重视灾区的卫生医疗救护和防疫工作，派出医疗队和医务人员，救死扶伤，尽最大的努力医治伤病员，控制疾病的发生和流行。

2　城市防洪预案的编制要点及思路

2.1　城市防洪预案的任务与编制原则

2.1.1　城市防洪预案的任务

城市防洪预案是在现有防洪工程设施条件下，针对城市洪涝特点和可能发生的各类洪水灾害，合理确定城市防洪标准和进行洪涝水量级划分，合理调度实施城市交通、通信、电力、物资、医疗等保障措施，并制订相应的洪水调度方案和抢险应急措施。预案具有现实性强、实用性强、可操作性强等特点，是城市抗洪防汛指挥部门实施指挥决策和防洪调度、抢险救灾的依据，并指导抗洪抢险的全过程。

2.1.2　城市防洪预案的编制原则

（1）预案的编制应注重实用性和可操作性。防洪预案编制的是否成功与国家财产和人民的生命安全息息相关,这就要求防洪预案必须具有实用性和可操作性,为各级防汛部门实施指挥决策和防洪调度、抢险救灾提供可靠依据,使人民在防汛抗洪中众志成城,沉着应战,使国家财产和人民安全在洪水面前免受损害。

(2)预案的编制要与江河流域规划、城市建设总体规划相结合。与大江大河有关的城市防洪问题,单靠城市自身的防洪设施是不能完全解除洪水威胁的,必须依靠流域的防洪规划与综合治理,因此城市防洪预案要纳入流域范畴,并与之协调。同时,预案的编制要密切结合城市建设总体规划的实际情况,处理好外洪内涝的关系。在保证城市防洪安全的前提下,合理安排城市道路、桥梁、环保、绿化等重点设施。

(3)预案在机构设置上要贯彻行政首长负责制。城市防汛抗洪指挥部在政府的领导下,按照《中华人民共和国防洪法》的规定,负责组织、指挥、协调全市的防汛、防洪和救灾工作,随时向上级防汛部门报告水情、灾情和救灾情况,发布全市抗洪救灾指令、通告、公告、决定等。各防汛有关部门根据防洪预案,各司其职,各负其责,做好相应的准备和实施工作。

(4)预案在防御措施上要采取工程措施与非工程措施相结合。城市防洪中的工程措施,防御洪水的能力是有限度的,不可能无限制地提高标准,因此必须考虑非工程措施,如分滞洪区居民迁安、水土保持、防洪保险等。

2.2 城市防洪预案的编制思路

2.2.1 充分了解城市经济情况与自然特征,正确分析洪涝水特点以及对城市的影响

编制防洪预案应密切结合城市经济情况和自然特点,弄清城市所在流域以及与河道、堤防、水库、蓄滞洪区等的相互关系,正确分析各种洪涝水成因和发生特点,深入了解城市社会经济发展受洪涝水制约的程度,以制订出符合城市实际、切实可行的防洪预案。滨州市地处黄河下游三角洲冲积平原,由于黄河流经黄土高原,挟带大量泥沙奔腾而下,当流入地势平坦的下游时,水势平缓,泥沙大量淤积,河床不断抬高。目前,黄河滨州段河床已高出背河地面3~5 m,防洪水位高出背河地面8~10 m,成为典型的地上悬河。滨州城区距黄河仅500 m,一旦黄河漫溢决口,后果不堪设想。另外,滨州市为典型的平原城市,地势平坦,天然比降很小(1/7 000~1/8 000),不利于排水行洪,遇到较大暴雨洪水,极易形成洪涝灾害。因此,预案针对滨州市城市特点,确定了以黄河防洪为主,同时加强防御内河洪水与城区涝水的预案编制目标,并采取了相应的对策措施以及大洪水的应急预案。

2.2.2 全面剖析城市防洪体系存在的问题与隐患,提出合理的对策措施

经过多年的建设与治理,我国城市防洪排涝体系已初具规模,但与城市经济发展速度、城市的其他各项设施建设仍不相适应,遇到较大暴雨洪水,经常造成许多危害,主要存在下述问题:

(1)城市防洪排涝设防标准低。我国有防汛任务的城市防洪标准普遍偏低,缺乏抗击大洪水的能力。近些年来,尽管进行了大量的防洪工程设施建设,但由于防洪设施建设周期长、投资不足,城市防洪标准仍然较低。如山东省48个设市城市中无一达到50年一遇防洪标准,仅有28个城市达到了20年一遇的标准,与国家防洪要求差距很大。

(2)城市防洪排涝河道淤积严重。由于缺乏对防洪排涝河道的有效管理,部分工厂和居民将工业废弃物与生活垃圾直接倒入河道,导致河道淤积严重,大大降低了行洪能

力。除了人为因素,河道本身的淤积也使城市防洪安全受到很大威胁。例如黄河河道滨州段,由于多年来河道不断淤积,悬河之势日趋严重。特别是20世纪90年代黄河断流次数多、时间长,造成河道横比降逐年增大,漫滩流量由20世纪80年代的6 000 m^3/s减少为现在的3 000 m^3/s,增大了中常洪水出险的机遇,极易造成堤根偎水、顺堤行洪。

(3)违章建筑对河道阻水严重。有些单位和个人只顾眼前利益,不按防洪和规划要求,侵占河道,在河滩上乱搭乱建,有的甚至乱填河渠、水道、池塘,导致河道行洪和调蓄能力大大降低,给城市防洪留下隐患。如黄河滩区内的生产堤与阻水片林,严重影响了黄河泄洪,给城市防洪带来极大威胁。

(4)市区排水工程设施不完善。目前,许多城市排水工程设施标准低,现有排水管道不成系统,市区排水仍实行雨污合流,工业污水缺乏处理,排水桥涵闸等构筑物规格小,这些都将导致城区排水不畅,难以适应防大汛的要求。

(5)城市防洪工程险工险段多。黄河下游土质较差,堤坝强度低,许多防洪工程自修建以来从未经历过大洪水的考验。如滨州段黄河北岸堤防险工险段较多,如果黄河出现连续洪水或大于10 000 m^3/s的洪水,大堤极有可能发生重大险情,甚至出现决口的危险。因此必须加强对病险工程的加固和维修,提高防洪强度。

(6)城市防洪非工程措施不健全、管理工作薄弱。部分城市防洪机构和队伍不健全,防洪责任制落实不到位,缺少配套的管理措施,并且存在有法不依、执法不严等问题。《中华人民共和国城市规划法》《中华人民共和国水法》《中华人民共和国环境保护法》《中华人民共和国河道管理条例》等法律文件已颁布多年,其中对"水工程保护""防汛与抗洪""环境保护""污水排放"等问题都做了明确的规定,防洪防汛管理机构应加大执法力度,对城市防洪工程依法管理。

针对城市防洪体系存在的问题与隐患,预案应提出加强城市防洪工程措施与非工程措施的合理对策:

(1)提高城市设防标准。提高城市设防标准,一方面应采取直接的工程措施,如加固堤防、改造行洪河道、修建防洪水库等,使城市本身具备一定的抗洪能力;另一方面,尽可能利用自然条件,采取可行的非工程措施,如建立洪泛区与滞洪区等。工程措施和非工程措施结合运用,以防御稀有频率的大洪水。

(2)加强行洪排涝河道的综合治理。对行洪河道清淤、清障,进行综合治理是防洪防汛工作中投资少、见效快的工程,也是城市安全度汛的重要保障。山东省潍坊市即从该市的实际情况出发,对白浪河、虞河进行了综合治理。治理以提高城市防洪标准为主要内容,同时兼顾城市生态环境建设,坚持河道治理与河岸绿化相结合,并注意与周围环境相协调,取得了良好的社会效益与环境效益。

(3)加强城市防洪应急工程建设和关键地段的整治。防洪工程是确保城市安全度汛的重要物质基础,搞好防洪工程建设对国民经济持续健康发展具有长远的意义。滨州即针对黄河险工通过大堤加培、堤防压力灌浆、机淤固堤、石化险工等手段,增加防洪堤的抗洪强度。同时对病险涵闸进行维修、改建或重建,防止出现闸门漏水、背河渗水等现象,对主干沟渠边坡进行修整,并采取石砌护岸,防止河岸因洪水冲刷而造成坍塌、蛰陷,影响行洪。

(4)进一步健全、完善城市防洪非工程措施。第一,进一步增强水患意识。第二,要加强领导、落实防洪工作首长责任制。城市防汛抗洪涉及面广、难度大,必须由市长负责,统一协调,以防延误抢险时机。每个防汛环节都要明确责任制,而且要反复核查、落实。第三,坚持统一指挥、密切配合、团结治水。城市防洪是江河流域防洪调度的一个重要组成部分,因此必须协调好上下游、左右岸的关系,服从江河流域防洪调度的大局需要,服从上级防汛部门的统一指挥,同时加强城市内部各单位、各部门的利益协调,服从整个城市防洪的大局。第四,逐步建立现代化的防洪预警预报系统。第五,逐步建立城市防洪保险事业。防洪保险能够达到既减少洪水灾害损失,又改变损失分配的双重目的。随着城市社会经济的发展以及城市防洪工作的深入开展,应逐步试行防洪基金与洪水保险制度,鼓励城市居民积极参与,为城市防洪做出应有的贡献。

2.2.3　科学制订防御各级洪涝水的对策预案及保障措施预案

防洪预案的特点即针对不同量级的洪涝水做出相应的抢险救护措施。在充分认识河流的特性、防洪工程的现状、险工险段与薄弱环节以及上下游的雨量、洪水流量、水位情况与发展趋势的基础上,做到防在先、抢在前。对不同量级的洪涝水(尤其是超标准洪涝水)可能出现的重大险情做出充分的分析预测,对抢险料物的储备、物资的运输、医疗救护、通信、居民迁安等做出详细的部署安排,并建立责任制,层层落实。

(1)进行合理的洪涝水量级划分。城市洪涝水的量级划分应根据城市洪涝特点和防洪排涝工程体系现状,划分不同频率的洪涝水量级,从而确定标准内洪、涝水和超标准洪、涝水。

(2)确定城市防洪预案涉及范围。城市防洪预案涉及范围主要包括防御不同频率洪、涝水以及超标准洪、涝水的预案,部分城市根据其自然特征,预案内容还应包括防御台风和山地灾害的预案。

(3)制订标准内和超标准防洪预案。标准内洪水预案,即提出不同量级洪水的处理方案、防御对策和措施,明确防汛抢险责任制、责任人和具体的责任目标,制订相应的洪水调度方案、工程运用措施;对可能出现的工程险情做出相应的抢险预案,包括抢险技术措施、抢险人员组织、物资调配等,尤其对可能出现的重大险情,要做好堵口准备和修筑第二道防线的具体方案,并做出居民迁安与财产转移预案;详细分析调度方案在执行过程中可能遇到的问题,以及蓄滞洪区安全建设、报汛通信、抢险交通、防汛物资、照明设施、抢险队伍组织等存在的问题,提出解决的措施,并落实到具体部门。超标准洪水预案,即制订相应的防洪调度实施方案,如堤防、水库、涵闸、蓄滞洪区以及其他防洪设施的调度方案和应急预案,明确调度运用规程和调度权限及执法部门等;确定必要的临时分滞洪区,并制订相应的人员财产转移预案;调度实施责任制、防汛物资的准备和运输、抢险队伍组织及分工、水陆交通管制、社会治安和预警预报等保障措施;落实重要的城市基础设施、城市生命线工程及其他重要设施的自保措施。

(4)制定标准内与超标准涝水预案。排涝对于黄河下游平原城市来说,也是防汛工作的重要内容。滨州市的排涝工程预案即采取了缩短排水距离、多设排水出口、扩大排水断面、短时蓄涝与强排相结合的措施,同时加强对城区排水河道的综合治理,确保排水通畅。排涝预案针对不同量级标准提出了相应的应急调度措施,注重工程措施与非工程措施相结合。对于超标准涝水提出了封堵强排的措施预案。

2.3 城市防洪预案编制成果要规范

预案编制成果分预案说明与图纸两大部分。预案说明可采用文字与图表相结合的方式,图表应包括城市防洪基本情况、防洪工程现状情况、预案责任制、预案保障措施落实情况等详细图表。图纸应结合文本内容,标出重要的防洪工程设施、险工险段、防御路线、迁安路线等。编制成果力求图文并茂,表达生动、清晰,易操作,易实施,实战指导性强,为抗洪抢险提供可靠依据。

2.4 加强预案的实施工作

城市防洪事关大局。随着社会经济的发展,城市经济占国民经济的比重将会越来越大,城市防洪任务也将日趋繁重。因此,周密、科学的防洪预案对于全面指导城市防洪防汛工作具有更加重要的意义。防洪预案编制完成后,应与地方上级领导密切配合,加大舆论的宣传力度,并组织有关部门严格实施。

任务3 水情测报与洪水预报

洪水的监测和预报是防汛抢险工作的重要组成部分,与减轻洪水灾害有着直接关系,也是防洪减灾的非工程措施。在防洪斗争中,及时、准确的水情和预报是指导防汛采取防御措施的科学依据。

1 水情测报

水情测报系统主要用于水文部门对江、河、湖泊、水库、渠道和地下水等水文参数进行实时监测。监测内容包括水位、水雨情、流量、流速、降雨(雪)量、蒸发、泥沙、冰凌、墒情、水质等。要建立和完善城市水情自动测报系统,加强报汛站的基础设施和测报装置的建设,强化值班和责任制度,注意人员培训和知识更新,依据有关规范及时、准确地施测水位及流量等洪涝水要素;要充分利用计算机接受的卫星云图和水情、雨情等信息进行天气、台风监测,产流与汇流计算,提前决策,未雨绸缪;要提高水情测报精度和时效;及时调度运用水利工程调峰错峰,保障工程的防洪安全。

水情自动测报系统主要由现场检测设备、远程监测设备、通信平台和监测中心四部分组成:

(1)现场检测设备:由水位计(超声波水位计、雷达水位计、投入式水位计等可选)、翻斗式雨量计和工业照相机组成,负责计量水库水位、降雨量数据,并对水库现场进行拍照。

(2)远程监测设备:水库监测终端(太阳能供电型),负责采集现场检测设备检测到的数据和图片信息,并通过GPRS网络将现场信息传送给监测中心。

(3)通信平台:包括GPRS网络和Internet网络(监测中心需办理固定IP)。各水库的水位、降雨量数据和现场图片经GPRS网络传输到Internet公网,并通过固定IP地址传送给监测中心服务器。

(4)监测中心:由交换机、服务器、UPS电源等硬件设备和操作系统、数据库、水库监测系统等软件组成。

2 洪水预报

在防洪斗争中,洪水预报能事先提供洪水的发生和发展的信息。特别是在特大洪水到来之前,若能根据预报准确地掌握暴雨和洪水动向,就可以事先做好防汛抢险的准备,必要时有计划地采取蓄洪、分洪等防洪调度措施,使洪水灾害的损失减少到最低程度。

2.1 洪水预报的概念及内容

根据洪水形成和运动的规律,利用过去和实时水文气象资料,对未来一定时段的洪水发展情况的预测,称洪水预报。预报内容为最高洪峰水位(或流量)、洪峰出现时间、洪水涨落过程、洪水总量等。洪水预报是防洪非工程措施的重要内容之一,直接为防汛抢险、水资源合理利用与保护、水利工程建设和调度运用管理,以及工农业的安全生产服务。

(1)按预见期的长短可分为短、中、长期预报。蓄水大坝通常把预见期在2 d以内的称为短期预报;预见期在3~10 d以内的称为中期预报;预见期在10 d以上一年以内的称为长期预报。对径流预报而言,预见期超过流域最大汇流时间即作为中长期预报。

(2)按洪水成因要素可分为暴雨洪水预报、融雪洪水预报、冰凌洪水预报、海岸洪水预报等。世界上绝大多数河流的洪水是暴雨产生并造成灾害的,故暴雨洪水预报是洪水预报的一个主要课题。它包括产流量预报,即预报流域内一次暴雨将产生多少洪水径流量;汇流预报,即预报产流后,径流如何汇集河道再进行洪水演进,得出河道各代表断面的洪水过程。

(3)洪水预报还可分为两大类:一类是河道洪水预报,如相应水位(流量)法。天然河道中的洪水,以洪水波形态沿河道自上游向下游运动,各项洪水要素(洪水位和洪水流量)先在河道上游断面出现,然后依次在下游断面出现。因此,可利用河道中洪水波的运动规律,由上游断面的洪水位和洪水流量,来预报下游的运动规律,由上游断面的洪水位和洪水流量来预报下游断面的洪水位和洪水流量。这就是相应水位(流量)法。另一类是流域降雨径流(包括流域模型)法。依据降雨形成径流的原理,利用流域内的降雨资料,直接从实时降雨预报流域出口断面的洪水总量和洪水水位过程。

2.2 洪水预报的方法

大气环流、海洋潮汐、各种地球物理因子和下垫面产流汇流条件,对洪水形成及演变都可产生影响,情况十分复杂,故短期洪水预报方法多基于一定物理成因分析基础上的经验方法。至于中长期预报,则更与天气气候、气象预报紧密关联。而影响长期天气过程变化的因子尤为复杂,故其预报方法尚处于研究探索阶段。

2.2.1 暴雨洪水预报

目前,常用基于一定理论基础的经验性预报方法。如产流量预报中的降雨径流相关图是在分析暴雨径流形成机制的基础上,利用统计相关的一种图解分析法;汇流预报则是应用汇流理论为基础的汇流曲线,用单位线法或瞬时单位线法等对洪水汇流过程进行预报;河道相应水位预报和河道洪水演算是根据河道洪水波自上游向下游传播的运动原理,分析洪水波在传播过程中的变化规律及其引起的涨落变化寻求其经验统计关系,或者对某些条件加以简化求解等。近年来实时联机降雨径流预报系统的建立和发展,电子计算机的应用,以及暴雨洪水产流和汇流理论研究的进展,不仅从信息的获得、数据的处理到预报的发布,费时很短(一般只需几分钟),而且既能争取到最大有效预见期,又具有实时追踪修正预报的功能,从而提高了暴雨洪水预报的准确度。

2.2.2　融雪洪水预报

融雪洪水预报主要根据热力学原理,在分析大气与雪层的热量交换以及雪层与水体内部的热量交换的基础上,并考虑雪层特性(如雪的密度、导热性、透热性、反射率、雪层结构等),以及下垫面情况(如冻土影响、产水面积等),选定有关气象、水文等因子建立经验公式或相关图预报融雪出水量、融雪径流总量、融雪洪峰流量及其出现时间等。

2.2.3　冰凌洪水预报

冰凌洪水预报可分为以热量平衡原理为基础的分析计算法和应用冰情、水文、气象观测资料为主的经验统计法两大类,以经验统计法较为简便。它选用有关气象、水文、动力、河道特征等因子建立经验公式或相关图,预报冰流量、冰塞或冰坝壅水高度、解冻最高水位及其出现时间等。目前,冰凌洪水预报尚缺乏完善的理论和可靠的预报方法。除要加强冰情监测和深入研究冰的生消过程物理机制外,还需要提高气象预报的可靠性,加强热量平衡计算法的研究和建立冰情预报模型。

2.2.4　风暴潮预报

一般先用调和分析法、最小二乘法和月龄法等计算出天文潮正常水位,然后进行风暴潮的增水预报。常用的预报方法有两种:①经验统计法,即根据历史资料建立经验公式或预报模拟图。如建立风、气压和给定地点风暴潮位之间的经验关系进行预报。②动力数值计算法,即应用动力学原理,求解运动方程、连续方程,或建立各类动力模型作过程预报。这种方法理论基础比较严密,并可直接应用电子计算机,因此国内外都在进一步研究发展中。

2.2.5　水文气象法预报

为了增长洪水预报的预见期,有时采用水文气象法预报。即从分析形成各类洪水的天气气候要素及前期大气环流形势和有关因素入手,预报出暴雨、气温、台风、气旋等的演变发展,再据以预报洪水的变化。这种方法在很大程度上取决于气象预报的精度。因此,要密切注视预见期内及其前后的天气气候变化,及时进行修正预报,对水库调度运用及研究防洪措施决策能起到一定的参考作用。

洪水预报的预见期将随方法的不同而异。由于影响洪水要素的因素很多,情况也很复杂,预报的洪水特征值与实际出现的情形总有一定的差别,这种差别称为预报误差。洪水预报在防洪决策中起着重要的作用,洪水预报的预见期和相应的预报精度是防洪决策的关键所在。因此,如何利用现代技术和新的理论与方法来提高洪水的预见期和预报精度是洪水预报研究的关键内容,也是减少洪灾损失的有效措施。

2.3　**洪水预报系统**

洪水预报系统是在计算机上实现洪水预报联机作业的运行系统,它靠快速、准确地收集、存储和处理水情、雨情,通过各种专业数学模型进行洪水预报和河道洪水演进,从而及时、准确地做出洪水流量过程的预报,提高了洪水预报的时效性和精确度。

洪水预报系统一般包括六个子系统:历史和实时数据收集系统,数据传输系统,数据库管理系统,预报模型计算与休整系统,预报发布系统,预报评估系统。决定洪水预报系统的质量关键在于两点:一是快速,即通过各种水文信息的及时采集、迅速传输和处理运算来实现的;二是准确,即通过预报变量实时信息的反馈对预报模型计算成果或参数不断进行实时校正来达到的。这两个关键点必须始终贯彻于从数据采集、处理到预报、发布这整个预报系统中。

2.3.1 数据收集

主要收集区域内的雨量站、水位站、水文站及工程管理队观测的雨情、水情、沙情、工情和委、省管辖的雨情、水情、沙情,另外,气象部门的卫星云图雷达信息以及数字预报成果和水文局有关区域的雨量信息也是数据收集系统的接收对象。

2.3.2 数据传输

在收集雨水情信息时,通过接收气象部门的卫星云图、雷达回波信息以及暴雨数值预报产品和水文局有关预报区域的雨量信息,同时,采用短信平台、超短波、有线公网相结合的方式,收齐区间水雨情站的水情信息。

2.3.3 数据库管理

数据库管理是数据处理与存储环节,在这一环节中,具体的信息处理内容有:翻译雨水情电报报文;识别错误信息并处理;根据洪水预报输入要求,生成相应时段的水文要素过程;根据用户信息查询要求,制成相应的图表;根据人工制订的门槛,遇特殊雨水情发出预警;根据报汛任务要求向有关部门转发信息。在处理信息之后,便可以将原始信息和处理后的信息存储到数据库,以便随时调用。

2.3.4 预报模型

经过处理后的信息从数据库中提取出来进入预报模型计算系统,一方面将实时数据进行插补、外延,分割成以0.5 h或1.0 h为时段的降雨、流量过程,另一方面提取历史资料,经过处理后进行典型雨洪分析。在计算系统中,最重要的环节是模型率定参数的确定,一是利用历史资料为建模进行率定,二是利用实时资料对模型参数进行补充、修改。最后要按照实际模拟达到合格要求后,才能确定预报模型的参数。

2.3.5 预报发布

根据确定后的预报模型,输入实时雨水情信息或气象部门等单位预测的雨量信息,进行产流、汇流计算,根据计算结果及时向社会发布洪水预报,洪水预报还分为预警预报和正式预报两个阶段。

2.3.6 预报评估

在预报发布后,还要不停更新数据库实时数据,计算出的预报数据与实时数据比较后,评价此次预报的及时性和准确性,如果出现预测之后的现象,应当加快实时数据更新的速度;如果出现预测失误的现象,就需要及时调整模型参数,以实现快速精确的预报结果。

总而言之,水文是防汛的耳目,水文预报是领导防汛指挥、调度、决策的重要依据,一个洪水预报系统就是一个数学模型,它实现了复杂的信息采集、处理和输出,减轻了洪水预报以前繁重的工作量,更重要的是它提高了洪水预报的时效性和准确度,为各级防汛指挥部门提供决策依据,对降低洪水风险、减少洪灾损失发挥了重要作用。

任务4　政策法规措施及其他非工程措施

1　政策法规措施

在人类早期活动中主要是被动地躲避洪水，随着生产力的发展，人类逐渐学会了主动地开发利用水资源。但水资源的开发利用、灾害防治等必须靠集体的协同努力以及彼此之间的共识，这就形成了人类的水事活动。在水资源日益短缺、水事纠纷事件不断增加、水事关系日益复杂的情况下，为了使各自的行为有一个准则，并使水管理规范化、制度化、正规化，就产生了与水相关的法律文件和法规。这些政策法规的制定和执行亦可减轻洪涝灾害的损失或调整灾害的分担方式，自然也属于防洪减灾的非工程措施。

《中华人民共和国水法》于1988年1月21日第六届全国人民代表大会常务委员会审议通过，自1988年7月1日起施行，这是我国水事方面的第一个法律文件，标志着我国进入了依法治水的新时期。此后，我国先后颁布了《中华人民共和国水土保持法》《中华人民共和国防洪法》，修改了《中华人民共和国水污染防治法》，国务院制定了《中华人民共和国河道管理条例》《取水许可证制度实施办法》《城市供水条例》等16个水行政法规，各省、自治区、直辖市还制定了《中华人民共和国水法》实施办法等地方性水法规和规章677个，基本上构成了我国所有水事活动的水法规体系。

防洪工作是一项具有较强行政职能的社会公益型事业，它涉及各个部门和各个层次，需要权威性的政策法规来规范全社会的行为。如上所述，多年来国家对防汛抗灾制定了许多政策法规，要充分运用现有的政策法规来服务于防汛减灾工作。要用好并完善防洪工程的投入政策，加强对防洪工程的维修改造；要用好并完善防洪工程的管理政策和效益补偿政策；要制定行、滞洪区安全建设与管理政策、补偿救助政策、防洪保险政策，以及生产扶持倾斜政策；制定水资源开发利用的防洪补偿政策等。逐步使防汛管理工作由过去依靠行政管理，转变到法治管理的轨道上来。

为了实现依法治水、依法管水的目标，进一步推动水利事业的改革与发展，必须完善水法制体系。水法制体系建设包括水行政立法、水行政执法、水行政司法、水行政保障等四方面的内容。

（1）水行政立法。目前，我国已经基本形成了比较完善的水法规体系。但是，由于社会经济的发展，现在的情况与当初制定法律文件的情况发生了很大变化，有些法律条文已经不太适应目前的国情，需要不断进行修改和完善，使之适应社会主义市场经济体制的要求，适应不断发展的社会形势。

（2）水行政执法。水行政执法的目的是贯彻国家法律和有关水法规，调整在开发、利用、保护和管理水资源和防治水害过程中各种社会经济关系，维护正常的水事秩序，保护水、水域和水工程，更好地为发展经济、提高人民生活水平服务。水行政执法的依据主要是国家的法律和有关的水法规、水政策等。水行政执法的实施形式包括：水行政检查、监督，水行政许可与水行政审批，水行政处罚和水行政强制执行。目前，全国已形成省、市、县三级水行政执法体系，以实施取水许可、打击各种破坏水工程行为、清理行洪河道障碍为重点,开展执法工作,使水事秩序趋于好转。

(3)水行政司法。水行政司法是指水行政主管部门依照行政司法程序,进行水行政调解、水行政裁决和水行政复议,以解决水事争议的活动。水行政司法的作用是:保护国家和社会组织、个人的合法权益不受非法侵犯;促进水管理相对人和水行政机关依法办事;减轻人民法院负担和当事人负担;强化水行政主管部门的执法地位,维护正常的水利秩序,适时解决错综复杂的水事矛盾。

(4)水行政保障。水行政保障就是为确保水行政行为,特别是水行政执法的合法性、合理性、有效性而采取的措施或创造的条件。这些措施和条件包括思想、物质、组织、制度等方面,从而构成有机的行政保障体系。行政保障主要形式有三种:一是水行政法制监督,二是水行政法律意识培养,三是水行政法制监督的特殊形式——水行政诉讼。

2　其他非工程措施

(1)严格限制地下水开采,控制地面沉降。

超量开采地下水是造成地面沉降的主要原因,地面沉降又会增加防洪排涝的困难。要根据有关规定,加强地下水资源评价,合理确定允许开采量,逐步减少甚至停止地下水的开采,控制地面沉降。但地下水停止开采后,地面沉降仍然有滞后效应,控制地面下沉的任务相当艰巨,应加强对地面下沉的观测,掌握动态,强化管理。在确定将来难以填高的工程设施,如铁路、桥梁、建设地坪等的标高时,需要考虑一个地面沉降余量。

(2)调整建设布局,合理利用土地。

建设区特别是重要的建设用地,要进行全面规划,合理布局。如居民住宅区、工厂企业规划选址等应尽量避开地形低洼地段。必须在低洼地区选址的应按防洪要求填高地坪。建设区的室外地坪的高程,建议采用设防水位加0.50 m(包括沉降余量)控制。

(3)建立城市雨洪临时调蓄设施。

城市建设中应严格控制各分区水面率,严禁任意侵占水面,避免填埋河道,保留现有的河道和水面。城市规划中应保留各区内现有的湖泊,将其建设成为景观湖泊,增加调蓄能力。

另外,根据市政规划布局和地面高程情况,公共绿地、休闲公园等尽量布置在低洼地区或适当降低地面高程,可以作为城市雨洪的自然临时调蓄设施,减轻雨洪排水压力。

(4)划定规划保留区。

根据防洪除涝规划工程管理需要,结合市政建设、美化环境等要求,划定河道工程、泵站、水闸等建筑物工程规划保留区,确保规划河道、堤防及建筑物用地,明确管理范围,避免盲目建设和建设资金浪费。

(5)建立健全防洪保险制度。

实施防洪保险,有利于集合社会各方面的力量,提高防洪减灾的能力。洪水保险与其他自然灾害保险一样,作为社会保险,具有社会互助救济性质,也属于防洪非工程措施。洪水保险本身并不能降低洪灾损失,而是通过洪灾损失的共同分担,减轻国家经济负担,减轻受灾者的损失负担,减少社会震荡,因而具有社会效益。另外,受灾者得到补偿后可以及时恢复生产,促进经济发展,从而也具有经济效益。要鼓励有条件的企事业单位积极参加自然灾害财产保险,以缓解因灾害带来的经济损失。

小　结

各城市防洪排涝体系建成后,必须有健全的管理机构和高素质的管理队伍。①建立原则:贯彻高效、统一、专业和精简的管理方针。顺应城乡水务一体化管理方向,体现现代化管理水平。防洪排涝实行统一领导,统一调度,实行首长负责制。②管理体制:城市防洪排涝工程实行统一管理与分级管理相结合的管理制度。市区防洪工程设施由市水行政主管部门主管,对流域工程设立直属管理单位,对各区域性工程由市水行政主管部门委托所在地的区水行政部门管理。对规划范围内的河、库、闸坝、泵站设置管理所(处),实行统一管理,以保证工程效益的充分发挥。

根据防洪规划的调度要求,结合目前城区防汛的实际情况,拟订防洪预案。每年进入汛期后,根据水文气象预报,区域即将发生暴雨、大暴雨,但代表站水位尚低于防洪警戒水位时,进入防御准备阶段;根据水文气象预报,特大暴雨来临,洪水延续和水位上涨,代表站水位达到防洪警戒水位时,进入防御行动阶段;洪水延续,水位上涨,代表站水位达到某设计(如100年一遇)水位时,发布防汛紧急警报;降雨基本停止,洪水已经过境,水位下降到警戒水位以下,进入灾后处理阶段。对超标准洪水应有相应减灾措施。

其他预案内容包括:抢险物料的储备与调运,抢险队伍组织与培训,防汛抢险方案,低洼地区的人员转移,治安工作与卫生防疫。

市区河道是环境、景观的一部分,更是行洪信道和排水出路,必须加强整治,确保平顺通畅,提高行洪排涝能力。

政策法规的制定和执行亦可减轻洪涝灾害的损失或调整灾害的分担方式,也属于防洪减灾的非工程措施。

复习思考题

1.城市防洪排涝的管理体制与机构是如何设置的?建立原则和管理体制是什么?

2.城市防洪排涝各管理机构的任务是什么?

3.为何要制订城市防洪预案?城市防洪预案包括哪些基本内容?

4.行洪及排涝应如何管理?

5.防洪政策法规有哪些?

学习项目 8　防汛抢险技术

【学习指导】

目标:1.了解巡堤查险巡查任务、巡查方法、巡查工作要求、范围及内容;

2.理解漫溢、渗水、管涌、漏洞、滑坡、风浪险情的概念及发生原因;

3.掌握漫溢、渗水、管涌、漏洞、滑坡、风浪险情的抢护原则及抢护方法。

重点:巡堤查险方法和漫溢、渗水、管涌、漏洞、滑坡、风浪险情的抢护原则及抢护方法。

任务 1　查险报险

江河防汛除工程和防汛料物等物质基础外,还必须有坚强的指挥机构和精干的防汛队伍。巡堤查险是防汛队伍上堤防守的主要任务。

1　巡查任务

要战胜洪水,保证堤防坝垛安全,首先必须做好巡堤查险工作,组织精干队伍,认真进行巡查,及时发现险情,迅速处理,防微杜渐。

(1)堤防上,一般 500~1 000 m 设有一座防汛屋,通常以一个乡为一个责任段(连、队),以村为基层防守单位,设立防守点。每个点根据设防堤段具体情况组织适当数量的基干班(组),每班(组)12 人,设正副班长各 1 人。班(组)一般以防汛屋(或临时搭建的棚屋)为巡查联络地点。作为防守的主力,防汛基干队成员在自己的责任段内,要切实了解堤防、险工现状,并随时掌握工情、水情、河势的变化情况,做到心中有数,以便预筹抢护措施。

(2)防汛队伍上堤防守期间,要严格按照巡堤查水和抢险技术各项规定进行巡堤查险,发现问题,及时判明情况,采取恰当的处理措施,遇有较大险情,应及时向上级报告。

(3)防汛队伍上堤防守期间,要及时平整堤顶,填垫水沟浪窝,捕捉害堤动物,检查处理堤防隐患,清除高秆杂草、蒺藜棵。在背河堤脚、背河堤坡及临河水位以上 0.5 m 处,整修查水小道,临河查水小道应随着水位的上升不断整修。要维护工程设施的完整,如护树草、护电线、护料物、护测量标志等。

(4)发现可疑险象,应专人专职做好险象观测工作。

(5)提高警惕,防止一切破坏活动,保卫工程安全。

2　巡查方法

洪水偎堤后,各防守点按基干班(组)分头巡查,昼夜不息。根据不同的情况,其巡查范围主要分临河、背河堤坡及背河堤脚外 50~100 m 范围内的地面,对有积水坑塘或堤基情况复杂的堤段,还需扩大巡查范围。巡查人员还要随身携带探水杆、草捆、土工布、铁

锹、手灯等工具。具体巡查方法是：

(1)各防汛指挥机构汛前要对所辖河段内防洪工程进行全面检查,掌握工程情况,划分防守责任堤段,并实地标立界桩,根据洪水预报情况,组织基干班巡堤查险。

(2)基干班上堤后,先清除责任段内妨碍巡堤查险的障碍物,以免妨碍视线和影响巡查,并在临河堤坡及背河堤脚平整出查水小道,随着水位的上涨,及时平整出新的查水小道。

(3)巡查临河时,一人背草捆在临河堤肩走,一人(或数人)拿铁锹走堤坡,一人手持探水杆顺水边走。沿水边走的人要不断用探水杆探摸和观察水面起伏情况,分析有无险情,另外2人注意察看水面有无漩涡等异常现象,并观察堤坡有无裂缝、塌陷、滑坡、洞穴等险情发生。在风大溜急、顺堤行洪或水位骤降时,要特别注意堤坡有无坍塌现象。

(4)巡查背河时,一人走背河堤肩,一人(数人)走堤坡,一人走堤脚。观察堤坡及堤脚附近有无渗水、管涌、裂缝、滑坡、漏洞等险情。

(5)对背河堤脚外50~100 m范围以内的地面及坑塘、沟渠,应组织专门小组进行巡查。检查有无管涌、翻砂、渗水等现象,并注意观测其发展变化情况。对淤背或修后戗的堤段,也要组织一定力量进行巡查。

(6)发现堤防险情后,应指定专人定点观测或适当增加巡查次数,及时采取处理措施,并向上级报告。

(7)每班(组)巡查堤段长一般不超过1 km,可以去时巡查临河面,返回时巡查背河面。相邻责任段的巡查小组巡查到交界处接头的地方,必须互越10~20 m,以免疏漏。

(8)巡查间隔时间,根据不同情况定为10~60 min。巡查组次,一般有如下规定:当水情不太严重时,可由一个小组临、背河巡回检查,以免漏查;水情紧张或严重时,两组同时一临一背交互巡查,并适当增加巡查次数,必要时应固定人员进行观察;水情特别严重或降暴雨时,应缩短巡堤查水间隔时间,酌情增加组次及每小组巡查人数。各小组巡查时间的间隔应基本相等,特殊情况下,要固定专人不间断巡查。这时责任段的各级干部也要安排轮流值班参加查险。

(9)巡查时要成横排走,不要成单线走,走堤肩、堤坡和走水边堤脚的人齐头并进拉网式检查,以便彼此联系。

3 巡查工作要求、范围及内容

汛期堤坝险情的发生和发展,都有一个从无到有、由小到大的变化过程,只要发现及时,抢护措施得当,即可将其消灭在初期,及时地化险为夷。巡视检查则是防汛抢险中一项极为重要的工作,切不可掉以轻心,疏忽大意。

巡查要做到"四到",即手到、脚到、眼到、耳到。

(1)"手到"就是用手检查:堤上有草和其他障碍物不易看清的地方,用手拔开进行查看。

(2)"脚到",就是借助于脚走路的感觉(最好是赤脚走,可以感觉灵敏一些),这在下雨泥泞看不清、看不到的地方,非常必要。①从温度上来鉴别:比如下雨时沿堤都有水流,这就不容易鉴别是雨水或是渗漏水,因渗漏的水多是从底层或堤身内慢慢流出来的,所以脚走在上面就会感到较凉的感觉。②从软硬上来鉴别:因为堤身如果是雨水或外面河水泡软的话,它的溶软只是表面一层,内部必定是硬的,这属于正常情况。但如果发现溶软不是表面一层,而是很深,踩不到硬底,或者是外面较硬而里面软,这就有可能是堤身渗水引起的险情。③从虚实来鉴别:如有的堤坡上为了防风浪冲刷铺上了梢排、麻袋、草袋等,不知是否被淘空,就需要在上面用脚踩一踩,看有无下陷现象,如外坡有无跌窝式崩塌现象,只要用脚在水下探摸一般也可以发现。

(3)"眼到",就是用眼观察。①看堤面、堤坡有无塌陷裂缝、渗水等现象;②看临水坡有无浪坎、滑坡,近水面有无漩涡等现象(如有小漩涡就可能有漏洞);③看背水坡、地面或附近水塘内有无翻沙鼓水现象等。

(4)"耳到",就是用耳听,这在夜深人静的时候,效果最好。①细听附近有无水流声,可以了解有无漏洞,因为漏洞如果出口在隐蔽的地方,从外表不容易发现,而听声音可以帮助发现,也可以从流水声音所在地,发现漏洞在堤身经过的位置。②细听有无滩岸崩塌的落水声,这可以帮助我们发现岸塌的现象。

在巡堤检查时还要做到注意"五时"及"三清三快":"五时"即吃饭时、换班时、黄昏时、黎明时、刮风下雨时,在这五个时段内最易疏忽和忙乱,注意力不集中,容易遗漏险情;"三清三快","三清"即险情查清、信号记清、报告说清,"三快"即险情发现快、报告快、处理快。

具体要求是:①巡视检查人员必须挑选熟悉堤坝情况、责任心强、有防汛抢险经验的人担任,编好班组,力求固定,全汛期不变。②巡视检查工作要做到统一领导,分段分项负责。要确定检查内容、路线及检查时间(次数),把任务分解到班组,落实到人。③汛期当发生暴雨、台风、地震、水位骤升骤降及持续高水位或发现堤坝有异常现象时,应增加巡视检查次数,必要时应对可能出现重大险情的部位实行昼夜连续监视。④巡视检查人员要按照要求填写检查记录(表格应统一规定)。发现异常情况时,应详细记录时间、部位、险情和绘出草图,同时记录水位和气象等有关资料,必要时应测图、摄影或录像,并及时采取应急措施,上报主管部门。

检查范围及内容为:①检查堤顶、堤坡、堤脚有无裂缝、坍塌、滑坡、陷坑、浪坎等险情发生;②检查堤顶背水坡脚附近或较远处积水潭坑、洼地渊塘、排灌渠道、房屋建筑物内外容易出险又容易被人忽视的地方有无管涌(泡泉、翻沙鼓水)现象;③检查迎水坡砌护工程有无裂缝损坏和崩塌,退水时临水边坡有无裂缝、滑塌,特别是沿堤闸涵有无裂缝、位移、滑动、闸孔或基础漏水现象,运用是否正常等。巡视力量按堤段闸涵险夷情况配备;对重点险工险段,包括原有和近期发现并已处理的,尤应加强巡视。要求做到全线巡视,重点加强。

任务2 防漫溢抢险

漫溢是洪水漫过堤、坝顶的现象。堤防、土坝为土体结构,抗冲刷能力极差,一旦溢流,冲塌速度很快,如果抢护不及时,会造成决口。

1　险情

由于江、河、湖围堤(坝)低矮,当遭遇超标准洪水,根据洪水预报,洪水位(含风浪高)有可能超越堤顶时,为防止漫溢溃决,应迅速进行加高抢护。

据记载,黄河下游自西汉文帝十二年(公元前 168 年)到清道光二十年(1840 年)的 2008 年中有 316 年决溢;从 1841 年到 1938 年的 98 年中有 52 年决溢。黄河下游每次决溢多是由于堤防低矮、质量差、隐患多,发生大暴雨漫溢造成的。由于黄河系“地上河”,决口后洪水一泻千里,水冲沙压,田庐人畜荡然无存,灾情极为严重。常常有整个村镇甚至整个城市或其大部分被淹没的惨事,造成毁灭性的灾害。1855 年 6 月,黄河兰阳至三堡堤段漫决夺流,原下游河道断流。决溢水流向西北斜注,淹没封丘、祥符县,复折转东北,漫淹兰阳、仪封、考城及长垣等县,至张秋镇穿运河,自此以下改道大清河经利津入海,发生一次漫溢决口重大改道。同样,长江遇到超标准洪水,水位暴涨,并超过堤顶高程,抢护不及而漫溢成灾的事例也屡有发生。1988 年 7 月中旬以后,东辽河流域连降大暴雨,老虎卧子堤段洪峰流量超过设计流量近 1 倍。7 月 30 日 4 时该堤段漫顶溢流,迅速发生决口,口门宽 330 m,最大冲深达 7 m,最大过流流量约 1 077 m^3/s,过流历时 603 h,溢洪量达 11.69 亿 m^3,造成严重灾害。

漫溢同样是造成水库垮坝的主要原因之一。据不完全统计,至 1975 年,国外已建水库 15 800 座中,有 150 座失事,其中因漫溢而垮坝的达 61 座,占 40.7%。我国 241 座大型水库前后发生过 1 000 次事故。其中因漫坝而失事的占 51.5%。1960~1987 年,安徽省小型水库垮坝 119 座,其中漫溢垮坝 64 座,占 53.8%。因此,对洪水漫溢造成的灾害应高度重视。

2　原因分析

一般造成堤防漫溢的原因是:①发生大暴雨,降雨集中,强度大,历时长,河道宣泄不及,洪水超过设计标准,洪水位高于堤顶;②设计时,对波浪的计算与实际不符,致使在最高水位时浪高超过堤顶;③施工中堤防未达设计高程,或因地基有软弱层,填土碾压不实,产生过大的沉陷量,使堤顶高程低于设计值;④河道内存在阻水障碍物,如未按规定在河道内修建闸坝、桥涵、渡槽以及盲目围垦、种植片林和高秆作物等,降低了河道的泄洪能力,使水位壅高而超过堤顶;⑤河道发生严重淤积,过水断面缩小,抬高了水位;⑤主流坐弯,风浪过大,以及风暴潮、地震等壅高水位。

3　抢护原则

对这种险情的抢护原则主要是“预防为主,水涨堤高”。当洪水位有可能超过堤(坝)顶时,为了防止洪水浸溢,应迅速果断地抓紧在堤坝顶部,充分利用人力、机械,因地制宜,就地取材,抢筑子堤(埝),力争在洪水到来之前完成。

4　抢护方法

防漫溢抢护,常采用的方法是:运用上游水库进行调蓄,削减洪峰,加高加固堤防,加强防守,增大河道宣泄能力,或利用分、滞洪和行洪措施,减轻堤防压力;对河道内的阻水建筑物或急弯壅水处,如黄河下游滩区的生产堤和长江中下游的围垸,应采取果断措施进行拆除和裁弯清障,以保证河道畅通,扩大排洪能力。本节对于堤、坝顶部一般性抢护方法介绍如下。

4.1　纯土子堤

纯土子堤应修在堤顶靠临水堤肩一边,其临水坡脚一般距堤肩 0.5~1.0 m,顶宽 1.0 m,边坡不陡于1∶1,子堤顶应超出推算最高水位0.5~1.0 m。在抢筑前,沿子堤轴线先开挖一条结合槽,槽深0.2 m,底宽约0.3 m,边坡1∶1。清除子堤底宽范围内原堤顶面的草皮、杂物,并把表层刨松或犁成小沟,以利新老土结合。在条件允许时,应在背河堤脚 50 m 以外取土,以维护堤坝的安全,如遇紧急情况可用汛前堤上储备的土料——土牛修筑,在万不得已时也可临时借用背河堤肩浸润线以上部分土料修筑。土料选用黏性土,不要用砂土或有植物根叶的腐殖土及含有盐碱等易溶于水的物质的土料。填筑时要分层填土夯实,确保质量(见图8-1)。此法能就地取材,修筑快,费用省,汛后可加高培厚成正式堤防,适用于堤顶宽阔、取土容易、风浪不大、洪峰历时不长的堤段。

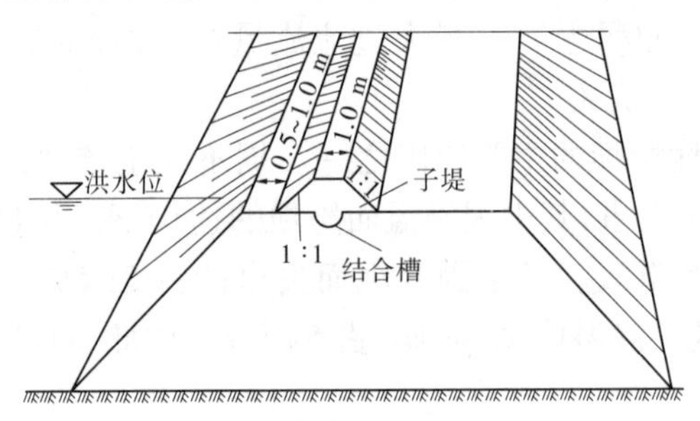

图8-1　纯土子堤示意图

4.2　土袋子堤

土袋子堤适用于堤顶较窄、风浪较大、取土较困难、土袋供应充足的堤段。一般用草袋、麻袋或土工编织袋,装土七八成满后,将袋口缝严,不要用绳扎口,以利铺砌。一般用黏性土,颗粒较粗或掺有砾石的土料也可以使用。土袋主要起防冲作用,要避免使用稀软、易溶和易于被风浪冲刷吸出的土料。土袋子堤距临水堤肩0.5~1.0 m,袋口朝向背水,排砌紧密,袋缝上下层错开,上层和下层要交错掩压,并向后退一些,使土袋临水形成1∶0.5、最陡1∶0.3的边坡。不足1.0 m高的子堤,临水叠砌一排土袋,或一丁一顺。对较高的子堤,底层可酌情加宽为两排或更宽些。土袋后面修土戗,随砌土袋,随分层铺土夯实,土袋内侧缝隙可在铺砌时分层用砂土填垫密实,外露缝隙用麦秸、稻草塞严,以免土料被风浪抽吸出来,背水坡以不陡于1∶1为宜。子堤顶高程应超过推算的最高水位,并保持一定超高(见图8-2)。

在个别堤段,如即将漫溢,来不及从远处取土时,在堤顶较宽的情况下,可临时在背水堤肩取土筑子堤(见图8-3)。这是一种不得已抢堵漫溢的措施,不可轻易采用。待险情缓和后,即抓紧时间,将所挖堤肩土加以修复。

土袋子堤适用于常遇风浪袭击、缺乏土料或土质较差、土袋供应充足的堤段,它的优

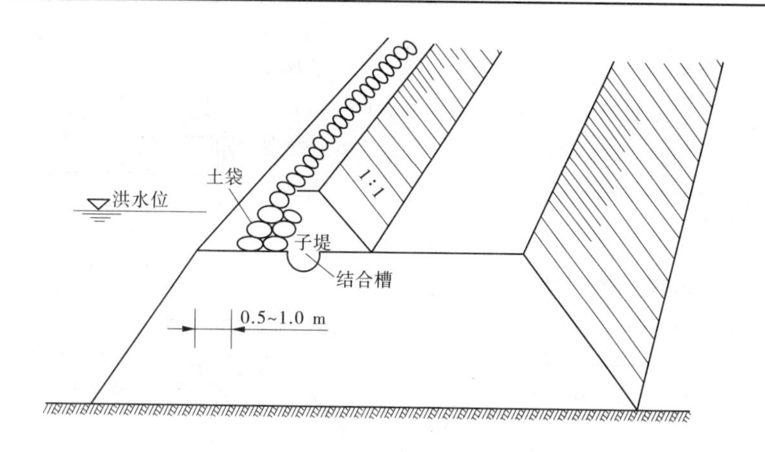

图 8-2 土袋子堤示意图

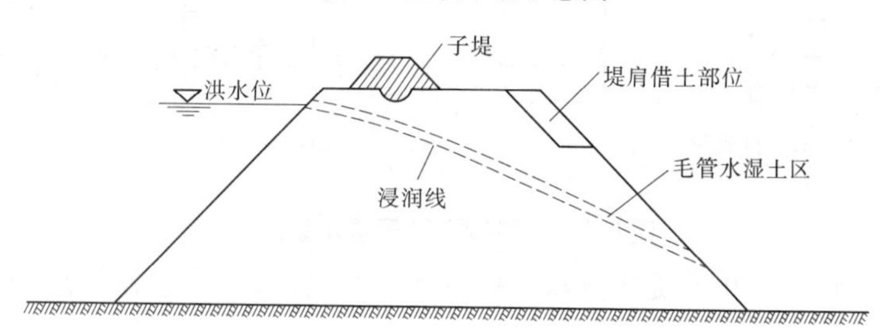

图 8-3 堤肩借土示意图

点是用土少而坚实,耐水流风浪冲刷。在 1958 年黄河下游抗洪抢险和 1954 年、1998 年长江防汛抢险中广泛应用。

4.3 桩柳(木板)子堤

当土质较差,取土困难,又缺乏土袋时,可就地取材,采用桩柳(木板)子堤。其具体做法是:在临水堤肩 0.5~1.0 m 处先打一排木桩,桩长可根据子堤高而定,梢径 5~10 cm,木桩入土深度为桩长的 1/3~1/2,桩距 0.5~1.0 m。将柳枝、秸料或芦苇等捆成长 2~3 m、直径约 20 cm 的柳把,用铅丝或麻绳绑扎于木桩后,自下而上紧靠木桩逐层叠放。在放置第一层柳把时,先在堤面上挖深约 0.1 m 的沟槽,将柳把放置于沟内。在柳把后面散放秸料一层,厚约 20 cm,然后再分层铺土夯实,做成土戗。土戗顶宽 1.0 m,边坡不陡于 1∶1,具体做法与纯土子堤相同。此外,若堤顶较窄,也可用双排桩柳子堤。排桩的净排距 1.0~1.5 m,相对绑上柳把、散柳,然后在两排柳把间填土夯实。两排桩的桩顶可用 16~20 号铅丝对拉或用木杆连接牢固。在水情紧急缺乏柳料时,也可用木板、门板、秸箔等代替柳把,后筑土戗。常用的几种桩柳(木板)子堤见图 8-4。

4.4 柳石(土)枕子堤

当取土困难,土袋缺乏而柳源又比较丰富时,适用此法。具体做法是:一般在堤顶临水一边距堤肩 0.5~1.0 m 处,根据子堤高度,确定使用柳石枕的数量。如高度为 0.5 m、1.0 m、1.5 m 的子堤,分别用 1 个、3 个、6 个枕,按品字形堆放。第一个枕距临水堤肩 0.5~1.0 m, 并在其两端最好打木桩 1 根,以固定柳石(土)枕,防止滚动,或在枕下挖深 0.1 m

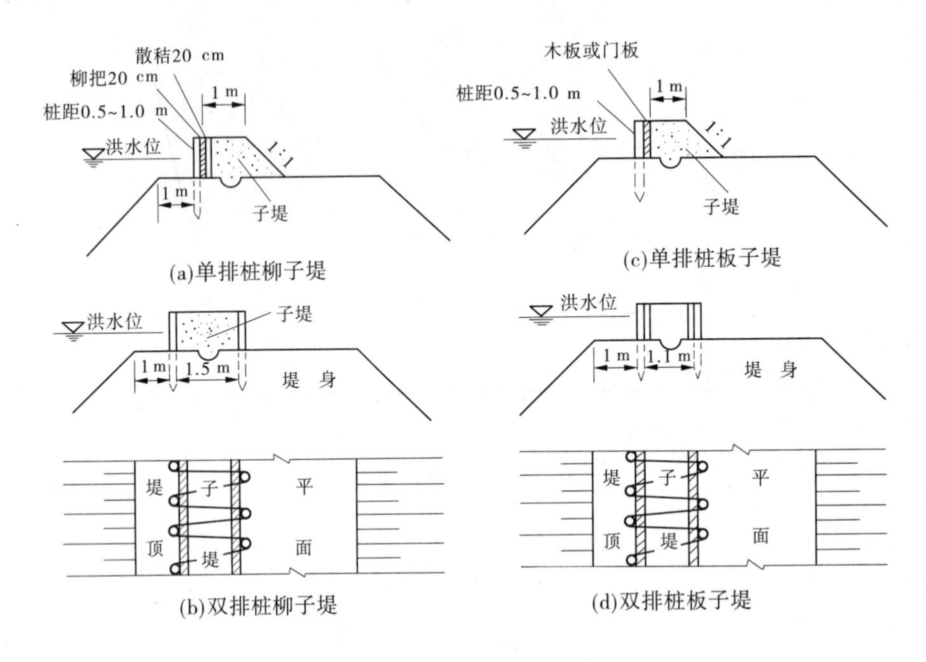

图 8-4　桩柳(木板)子堤示意图

的沟槽,以免枕滑动和防止顺堤面渗水。枕后用土做戗,戗下开挖结合槽,刨松表层土,并清除草皮杂物,以利结合。然后在枕后分层铺土夯实,直至戗顶。戗顶宽一般不小于1.0 m,边坡不陡于1∶1,如土质较差,应适当放缓坡度(见图8-5)。

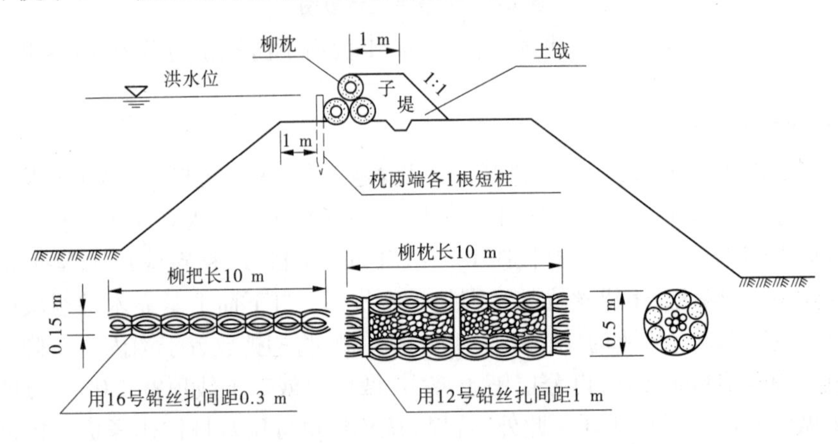

图 8-5　柳石(土)枕子堤示意图

4.5　防洪(浪)墙防漫溢子堤

当城市人口稠密,缺乏修筑土堤的条件时,常沿江河岸修筑防洪墙;当有涵闸等水工建筑物时,一般都设置浆砌石或钢筋混凝土防洪(浪)墙。遭遇超标准洪水时,可利用防洪(浪)墙作为子堤的迎水面,在墙后利用土袋加固加高挡水。土袋应紧靠防洪(浪)墙背后叠砌,宽度、高度均应满足防洪和稳定的要求,其做法与土袋子堤相同(见图8-6)。但要注意防止原防洪(浪)墙倾倒。可在防浪墙前抛投土袋或块石。

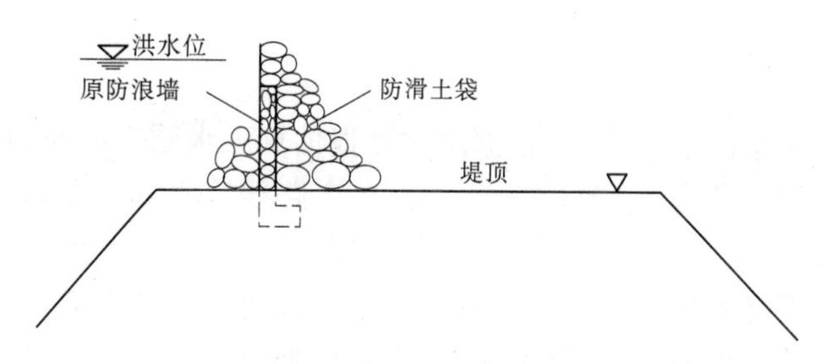

图 8-6　防洪(浪)墙土袋示意图

4.6　编织袋土子堤

使用编织袋修筑子堤,在运输、储存、费用,尤其是耐久性方面,都优于以往使用的麻袋、草袋。最广泛使用的是以聚丙烯或聚乙烯为原料制成的编织袋。用于修做子堤的编织袋,一般宽 0.5~0.6 m、长 0.9~1.0 m,袋内装土 40~60 kg,以利于人工搬运。当遇雨天道路泥泞又缺乏土料时,可采用编织袋装土修筑编织袋土子堤(最好用防滑编织袋),编织袋间用土填实,防止涌水。子堤位置同样在临河一侧,顶宽 1.5~2.0 m,边坡可以陡一些。如流速较大或风浪大,可用聚丙烯编织布或无纺布制成软体排,在软体下端缝制直径 30~50 cm 的管状袋。在抢护时将排体展开在临河堤肩,管状袋装满土后,将两侧袋口缝合,滚排成捆,排体上端压在子堤顶部或打桩挂排,用人力一齐推滚排体下沉,直至风浪波谷以下,并可随着洪水位升降变幅进行调整(见图 8-7)。

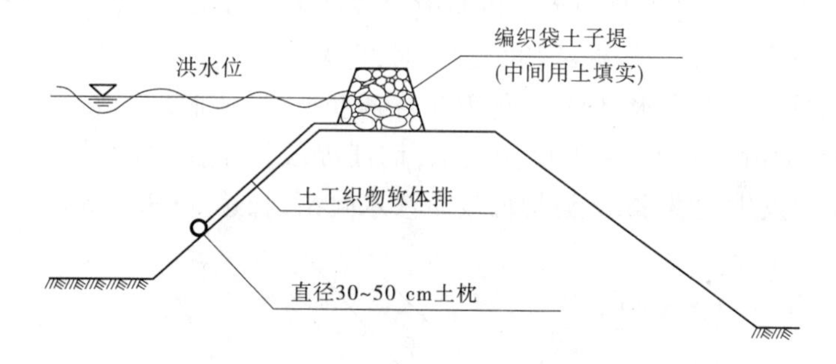

图 8-7　编织袋土子堤示意图

4.7　编织袋及土混合子堤

修筑编织土袋与土组成的混合子堤,方法基本上与土袋子堤相同,只是用编织袋代替草袋或麻袋,当流速较大或风浪大时,同样使用软体排防护(见图 8-8)。

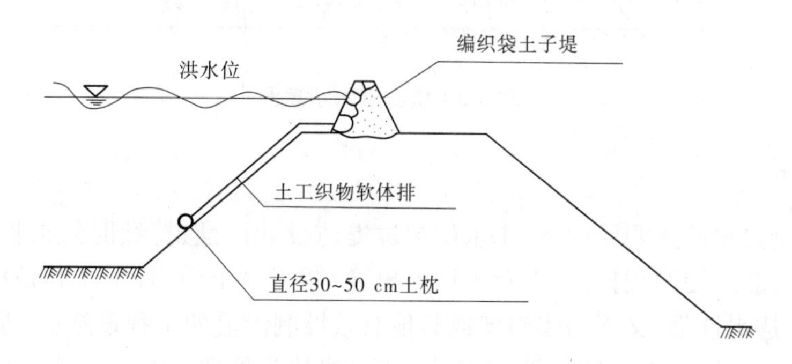

图 8-8　编织袋及土混合子堤示意图

5　注意事项

防漫溢抢险应注意的事项是:①根据洪水预报估算洪水到来的时间和最高水位,做好抢修子堤的料物、机具、劳力、进度和取土地点、施工路线等安排。在抢护中要有周密的计划和统一的指挥,抓紧时间,务必抢在洪水到来之前完成子堤。②抢筑子堤务必全线同步施工,突击进行,绝不能做好一段,再加一段,绝不允许留有缺口或部分堤段施工进度过慢的现象存在。③抢筑子堤要保证质量,派专人监理,要经得起洪水期考验,绝不允许子堤溃决,造成更大的溃决灾害。④临时抢筑的子堤一般质量较差,要派专人严密巡视检查,加强质量监督,加强防守,发现问题,及时抢护。

任务 3　渗水抢险

1　险情

汛期高水位历时较长时,在渗压作用下,堤前的水向堤身内渗透,堤身形成上干下湿两部分,干湿部分的分界线,称为浸润线。如果堤防土料选择不当,施工质量不好,渗透到堤防内部的水分较多,浸润线也相应抬高,在背水坡出逸点以下,土体湿润或发软,有水渗出的现象,称为渗水(见图 8-9)。渗水也叫散浸或洇水,是堤防较常见的险情之一。即使渗水是清水,当出逸点偏高,浸润线抬高过多时,也要及时处理。若发展严重,超出安全渗流限度,即可能成为严重渗水,导致土体发生渗透变形,形成脱坡(或滑坡)、管涌、流土甚至陷坑或漏洞等险情。如 1954 年长江大水,荆江堤段发生渗水险情 235 处,长达 53.45 km。1958 年黄河发生大洪水,下游堤段发生渗水险情,长达 59.96 km。

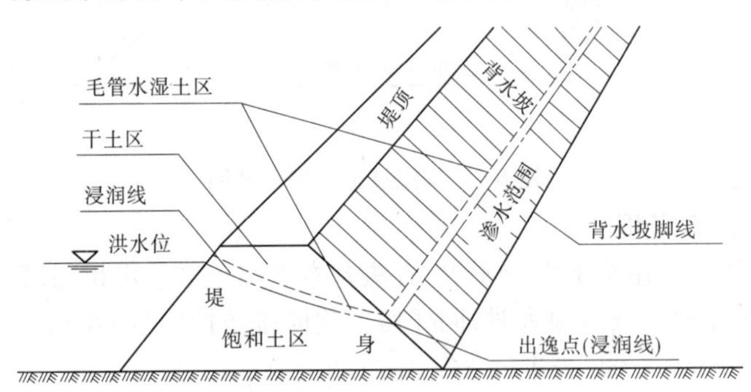

图 8-9　堤身渗水示意图

2　原因分析

堤防发生渗水的主要原因是:①水位超过堤防设计标准,持续时间较长;②堤防断面不足,背水坡偏陡,浸润线抬高,在背水坡上出逸;③堤身土质多沙,尤其是成层填筑的砂土或粉砂土,透水性强,又无防渗斜墙或其他有效控制渗流的工程设施;④堤防修筑时,土料多杂质,有干土块或冻土块,碾压不实,施工分段接头处理不密实;⑤堤身、堤基有隐患,如蚁穴、树根、鼠洞、暗沟等;⑥堤防与涵闸等水工建筑物结合部填筑不密实;⑦堤基土壤渗水性强,堤背排水反滤设施失效,浸润线抬高,渗水从坡面逸出等。

3 抢护原则

以“临水(河)截渗,背水(河)导渗”,减小渗压和出逸流速,抑制土粒被带走,稳定堤身为原则。即在临水坡用黏性土壤修筑前戗,也可用篷布、土工膜隔渗,以减少渗水入堤;在背水坡用透水性较强的砂石或柴草反滤,通过反滤,将已入渗的水,有控制地只让清水流走,不让土粒流失,从而降低浸润线,保持堤身稳定。切忌在背水坡面用黏性土压渗,这样会阻碍堤身内的渗流逸出,势必抬高浸润线,导致渗水范围扩大和险情加剧。

在抢护渗水险情之前,还应首先查明发生渗水的原因和险情的程度,结合险情和水情,进行综合分析后,再决定是否采取措施及时抢护。如堤身因浸水时间较长,在背水坡出现散浸,但坡面仅呈现湿润发软状态,或渗出少量清水,经观察并无发展,同时水情预报水位不再上涨,或上涨不大时,可加强观察,注意险情变化,暂不做处理。若遇背水坡渗水很严重或已开始出现浑水,有发生流土的可能,则证明险情在恶化,应采取临河防渗、背河导渗的方法,及时进行处理,防止险情扩大。

4 抢护方法

4.1 临河截渗

为增加阻水层,以减少向堤身的渗水量,降低浸润线,达到控制渗水险情发展和稳定堤身堤基的目的,可在临河截渗。一般根据临水的深度、流速,对风浪不大、取土较易的堤段,堤背抢护有困难时,必须在临水进行抢护;对堤段重要,有必要在临背同时抢护的堤段,均可采用临河截渗法进行抢护。临河截渗有以下几种方法。

4.1.1 黏土前戗截渗

当堤前水不太深,风浪不大,水流较缓,附近有黏性土料,且取土较易时,可采用此法。具体做法是:①根据渗水堤段的水深、渗水范围和渗水严重程度确定修筑尺寸。一般戗顶宽3~5 m,长度至少超过渗水段两端各5 m,前戗顶可视背水坡渗水最高出逸点的高度决定,高出水面约1 m,戗底部以能掩盖堤脚为度。②填筑前应将边坡上的杂草、树木等杂物尽量清除,以免填筑不实,影响戗体截渗效果。③在临水堤肩准备好黏性土料,然后集中力量沿临水坡由上而下,由里向外,向水中缓慢推下,由于土料入水后的崩解、沉积和固结作用,即成截渗戗体(见图8-10)。填土时切勿向水中猛倒,以免沉积不实,失去截渗作用。如临河流急,土料易被水冲失,可先在堤前水中抛投土袋作隔堤,然后在土袋与堤之间倾倒黏土,直至达到要求高度。

4.1.2 桩柳(土袋)前戗截渗

当临河水较浅有溜时,土料易被冲走,可采用桩柳(土袋)前戗截渗。具体做法如下:①在临河堤脚外用土袋筑一道防冲墙,其厚度及高度以能防止水流冲刷戗土为度。如临河水较深,因在水下用土袋筑防冲墙有困难,可做桩柳防冲墙,即在临水坡脚前1~2 m处,打木桩或钢管桩一排,桩距1 m,桩长根据水深和溜势决定。桩一般要打入土中1/3,桩顶高出水面约1 m。②在已打好的木桩上,用柳枝或芦苇、秸料等梢料编成篱笆,或者

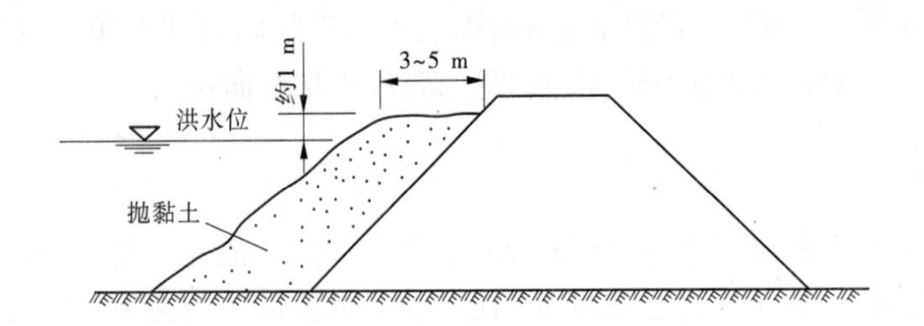

图 8-10　抛黏土截渗示意图

用木杆、竹竿将桩连起来,上挂芦席或草帘、苇帘等。编织或上挂高度,以能防止水流冲刷戗土为度。木桩顶端用 8 号铅丝或麻绳与堤顶上的木桩拴牢。③在抛土前,应清理边坡并备足土料,然后在桩柳墙与堤坡之间填土筑戗。戗体尺寸和质量要求与上述抛填黏土前戗截渗相同。也可将抛筑前戗顶适当加宽,然后在截渗戗台迎水面抛铺土袋防冲(见图 8-11)。

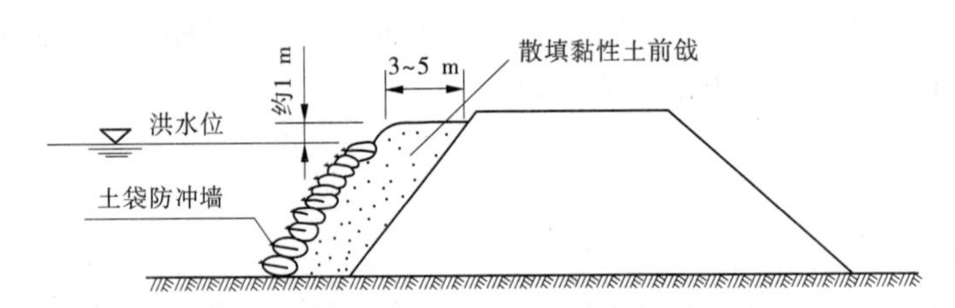

图 8-11　土袋前戗截渗示意图

4.1.3　土工膜截渗

当缺少黏性土料时,若水深较浅,可采用土工膜加保护层的办法,达到截渗的目的。防渗土工膜种类较多,可根据堤段渗水具体情况选用。具体做法是:①在铺设前,应清理铺设范围内的边坡和坡脚附近地面,以免造成土工膜的损坏。②土工膜的宽度和沿边坡的长度可根据具体尺寸预先黏结或焊接(用脉冲热合焊接器)好,以满铺渗水段边坡并深入临水坡脚以外 1 m 以上为宜。顺边坡宽度不足可以搭接,但搭接长应大于 0.5 m。③铺设前,一般在临水堤肩上将长 8~10 m 的土工膜卷在滚筒上,在滚铺前,土工膜的下边折叠粘牢形成卷筒,并插入直径 4~5 cm 的钢管加重(如圆钢管可填充土料、石块等),以使土工膜能沿边坡紧贴展铺。④土工膜铺好后,应在其上满压一两层内装砂石的土袋,由坡脚最下端压起,逐层错缝向上平铺排压,不留空隙,作为土工膜的保护层,同时起到防风浪的作用(见图 8-12)。

4.2　反滤沟导渗

当堤防背水坡大面积严重渗水时,应主要采用在堤背开挖导渗沟、铺设反滤料和加筑透水后戗等办法,引导渗水排出,降低浸润线,使险情趋于稳定。但必须起到避免水流带走土颗粒的作用,具体做法简述如下。

4.2.1　砂石导渗沟

堤防背水坡导渗沟的形式,常用的有纵横沟、Y 字形沟和人字形沟等。沟的尺寸和间距应根据渗水程度和土壤性质而定。一般沟深 0.5~1.0 m,宽 0.5~0.8 m,顺堤坡的竖沟

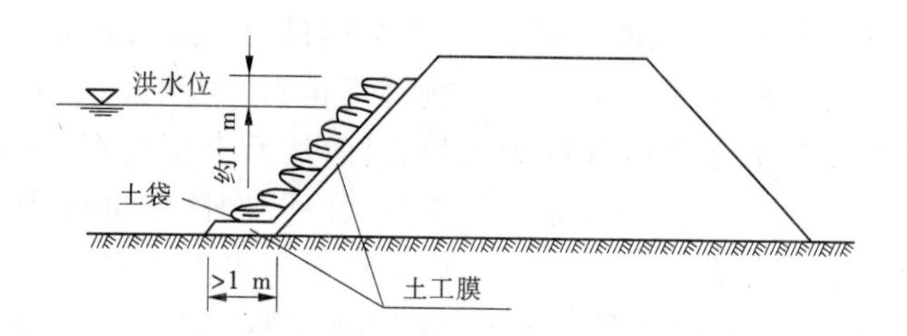

图 8-12 土工膜截渗示意图

一般每隔 6~10 m 开挖一条。在施工前,必须备足人力、工具和料物,以免停工待料。施工时,应在堤脚稍外处沿堤开挖一条排水纵沟,填好反滤料。纵沟应与附近地面原有排水沟渠连通,将渗水排至远离堤脚外的地方。然后在边坡上开挖导渗竖沟,与排水纵沟相连,逐段开挖,逐段填充反滤料,一直挖填到边坡出现渗水的最高点稍上处。开挖时,严禁停工待料,导致险情恶化。导渗竖沟底坡一般与堤坡相同,边坡以能使土体站得住为宜,其沟底要求平整顺直。如开沟后排水仍不显著,可增加竖沟或加开斜沟,以改善排水效果。导渗沟内要按反滤层要求分层填放粗砂、小石子、卵石或碎石(一般粒径 0.5~2.0 cm)、大石子(一般粒径 4~10 cm), 每层厚要大于 20 cm。砂石料可用天然料或人工料,但务必洁净,否则会影响反滤效果。反滤料铺筑时,要严格掌握下细上粗,边细中间粗,分层排列,两侧分层包住的要求,切忌粗料(石子)与导渗沟底、沟壁土壤接触,粗细不能掺合。为防止泥土掉入导渗沟内,阻塞渗水通道,可在导渗沟的砂石料上面铺盖草袋、席片或麦秸,然后压上土袋、块石加以保护(见图 8-13、图 8-14)。

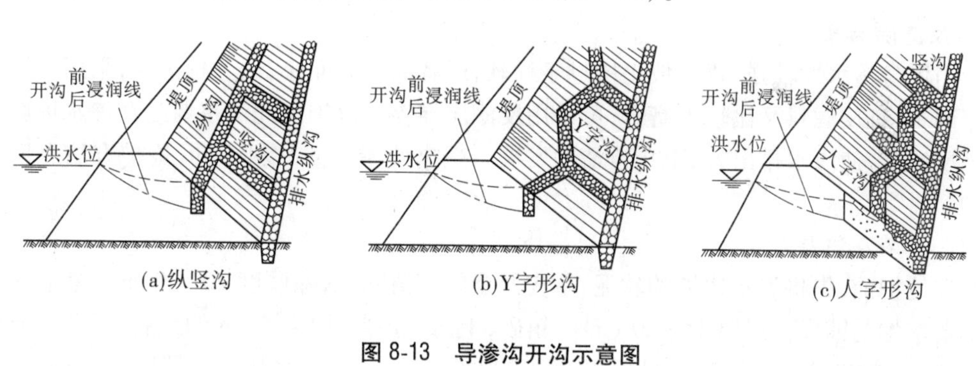

图 8-13 导渗沟开沟示意图

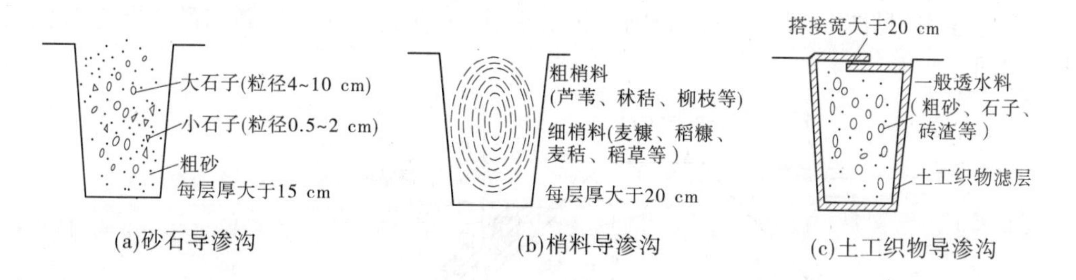

图 8-14 导渗沟铺填示意图

4.2.2 梢料导渗沟(又称芦柴导渗沟)

开沟方法与砂石导渗沟相同。沟内用稻糠、麦秸、稻草等细料与柳枝或芦苇、秫秸等粗料,按下细上粗、两侧细中间粗的原则铺放,严禁粗料与导渗沟底、沟壁土壤接触。

铺料方法有两种:一种是先在沟底和两侧铺细梢料,中间铺粗梢料,每层厚大于 20 cm,顶部如能再盖以厚度大于 20 cm 的细梢料更好,然后上压块石、草袋或上铺席片、麦秸、稻草,顶部压土加以保护;另一种是先将芦苇、秫秸、柳枝等粗料扎成直径 30~40 cm 的把子,外捆稻草或麦秸等细料厚约 10 cm,以免粗料与堤土直接接触,梢料铺放要粗枝朝上,梢向下,自沟下向上铺,粗细接头处要多搭一些。横(斜)沟下端滤料要与坡脚排水纵沟滤料相接,纵沟应与坡脚外排水沟渠相通。梢料导渗层做好后,上面应用草袋、席片、麦秸等铺盖,然后用块石或土袋压实(见图 8-13、图 8-14)。

4.2.3　*土工织物导渗沟*

土工织物导渗沟的开挖方法与砂石导渗沟相同,土工织物是一种能够防止土粒被水流带出的导渗层。如当地缺乏合格的反滤砂石料,可选用符合反滤要求的土工织物,将其紧贴沟底和沟壁铺好,并在沟口边沿露出一定宽度,然后向沟内细心地填满一般透水料,如粗砂、石子、砖渣等,不必再分层。在填料时,要避免有棱角或尖头的料物直接与土工织物接触,以免刺破土工织物。土工织物长宽尺寸不足时,可采用搭接形式,其搭接宽度不小于 20 cm。在透水料铺好后,上面铺盖草袋、席片或麦秸,并压土袋、块石保护。开挖土层厚度不得小于 0.5 m。在坡脚应设置排水纵沟,并与附近排水沟渠连通,将渗水集中排向远处。在紧急情况下,也可用土工织物包梢料捆成枕放在导渗沟内,然后上面铺盖土料保护层。在铺放土工织物过程中应尽量缩短日晒时间,并使保护层厚度不小于 0.5 m(见图 8-13、图 8-14)。

4.3　反滤层导渗

当堤身透水性较强,背水坡土体过于稀软;或者堤身断面小,经开挖试验,采用导渗沟确有困难,且反滤料又比较丰富时,可采用反滤层导渗法抢护。此法主要是在渗水堤坡上满铺反滤层,使渗水排出,以阻止险情的发展。根据使用反滤材料不同,抢护方法有以下几种。

4.3.1　*砂石反滤层*

在抢护前,先将渗水边坡的软泥、草皮及杂物等清除,清除厚度 20~30 cm。然后按反滤的要求均匀铺设一层厚 15~20 cm 的粗砂,上盖一层厚 10~15 cm 的细石,再盖一层厚 15~20 cm、粒径 2 cm 的碎石,最后压上块石厚约 30 cm,使渗水从块石缝隙中流出,排入堤脚下导渗沟(见图 8-15)。反滤料的质量要求、铺填方法及保护措施与砂石导渗沟铺反滤料相同。

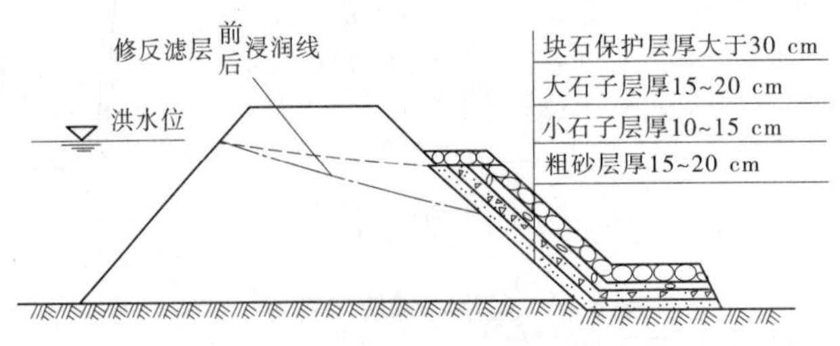

图 8-15　砂石滤层示意图

4.3.2　梢料反滤层(又称柴草反滤层)

按砂石滤层的做法,将渗水堤坡清理好后,铺设一层稻糠、麦秸、稻草等细料,其厚度不小于 10 cm,再铺一层秫秸、芦苇、柳枝等粗梢料,其厚度不小于 30 cm。所铺各层梢料都应粗枝朝上,细枝朝下,从下往上铺置,在枝梢接头处,应搭接一部分。梢料反滤层做好后,所铺的芦苇、稻草一定露出堤脚外面,以便排水;上面再盖一层草袋或稻草,然后压块石或土袋保护(见图 8-16)。

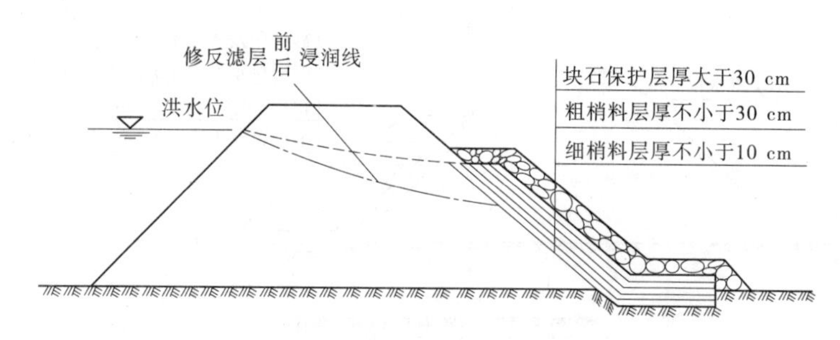

图 8-16　梢料反滤层示意图

4.4　透水后戗(透水压渗台)

此法既能排出渗水,防止渗透破坏,又能加大堤身断面,以达到稳定堤身的目的。一般适用于堤身断面单薄、渗水严重,滩地狭窄,背水堤坡较陡或背河堤脚有潭坑、池塘的堤段。当背水坡发生严重渗水时,应根据险情和使用材料的不同,修筑不同的透水后戗。

4.4.1　砂土后戗

在抢护前,先将边坡渗水范围内的软泥、草皮及杂物等清除,开挖深度 10~20 cm。然后在清理好的坡面上,采用比堤身透水性大的砂土填筑,并分层夯实。砂土后戗一般高出浸润线出逸点 0.5~1.0 m,顶宽 2~4 m,戗坡 1∶3~1∶5,长度超过渗水堤段两端至少 3 m。采用透水性较大的粗砂、中砂修做后戗,断面可小些;相反,采用透水性较小的细砂、粉砂修做后戗,断面可大些(见图 8-17)。

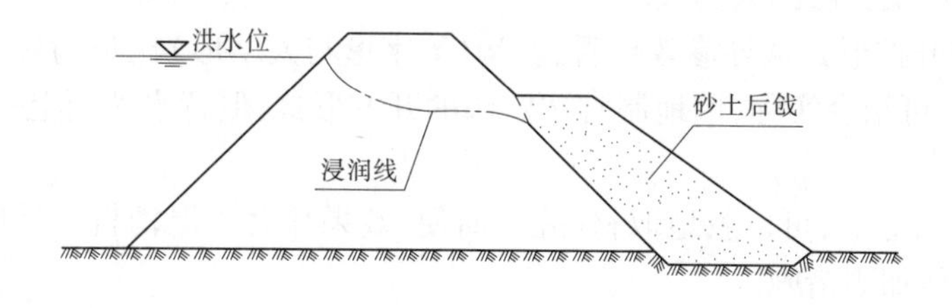

图 8-17　砂土后戗示意图

4.4.2　梢土后戗

当附近砂土缺乏时,可采用此法。其外形尺寸以及清基要求与砂土后戗基本相同。地基清好后,在坡脚拟抢筑后戗的地面上铺梢料厚约 30 cm,在铺料时,要分三层,上下层均用细梢料,如麦秸和秫秸等,其厚度不小于 5 cm,中层用粗梢料,如柳枝、芦苇和秫秸等,其厚度约为 20 cm。粗料要垂直堤身,头尾搭接,梢部向外,并伸出戗身,以利排水。在铺好的梢料透水层上,采用砂性土(忌用黏土)分层填土夯实,填土厚 1.0~1.5 m,然后在此填土层上仍按地面铺梢料办法(第一层)再铺第二层梢料透水层,如此层梢层土,直到设计高度。多层梢料透水层要求梢料铺放平顺,并垂直堤身轴线方向,应做成顺坡,以利于排水,免除滞水(见图 8-18)。在渗水严重堤段背水坡上,为了加速渗水的排出,也可顺边坡隔一定距离铺设透水带,与梢土后戗同时施工。在边坡上铺放梢料透水带,粗料也要顺堤坡首尾相接,梢部向下,与梢土后戗内的分层梢料透水层接好,以利于坡面渗水排出,防止边坡土料带出和有土进入梢料透水层,造成堵塞。

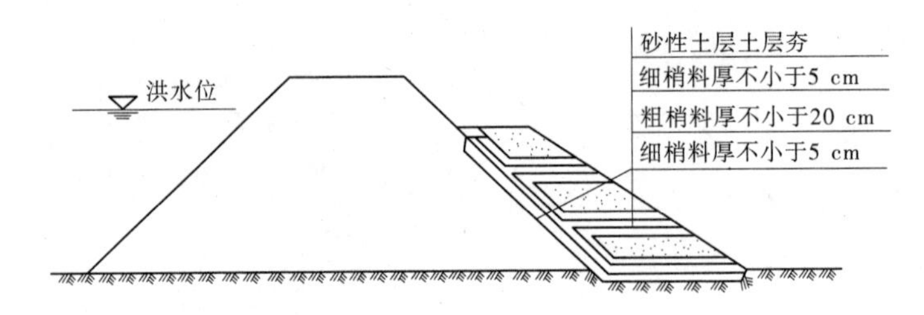

图 8-18　梢土后戗示意图

5　注意事项

在渗水抢险中,应注意以下事项:

(1)对渗水险情的抢护,应遵守“临水截渗,背水导渗”的原则。但临水截渗,需在水下摸索进行,施工较难。为了避免贻误时机,应在临水截渗实施的同时,更加注意在背水面做反滤导渗。

(2)在渗水堤段坡脚附近,如有深潭、池塘,在抢护渗水险情的同时,应在堤背坡脚处抛填块石或土袋固基,以免因堤基变形而引起险情扩大。

(3)在土工织物及土工膜等合成材料的运输、存放和施工过程中,应尽量避免或缩短其直接受阳光暴晒的时间,完工后,其表面应覆盖一定厚度的保护层。尤其要注意准确选料。

(4)采用砂石料导渗,应严格按照反滤质量要求分层铺设,并尽量减少在已铺好的面上践踏,以免造成反滤层的人为破坏。

(5)导渗沟开挖形式从导渗效果看,斜沟(Y 字形与人字形)比竖沟好,因为斜沟导渗面积比竖沟大。可结合实际,因地制宜选定沟的开挖形式,但背水坡面上一般不要开挖纵沟。

(6)使用梢料导渗,可以就地取材,施工简便,效果显著。但梢料容易腐烂,汛后须拆除,重新采取其他加固措施。

(7)在抢护渗水险情中,应尽量避免在渗水范围内来往践踏,以免加大加深稀软范围,造成施工困难和险情扩大。

(8)切忌在背河用黏性土做压渗台,因为这样会阻碍堤内渗流逸出,势必抬高浸润线,导致渗水范围扩大和险情恶化。

任务 4　管涌抢险

堤防挡水后,由于临水面与背水面的水位差而发生渗流,若渗流出逸点的渗透坡降大于

允许坡降,则可能发生管涌或流土等渗流破坏,导致堤防溃决或建筑物沉陷、倾倒等险情。

1 险情

当汛期高水位时,在堤防下游坡脚附近或坡脚以外(包括潭坑、池塘或稻田中),会发生翻沙鼓水现象。从工程地质特征和水力条件来看,有两种情况:一种是在一定的水力梯度的渗流作用下,土体(多半是砂砾石)中的细颗粒被渗流冲刷带至土体孔隙中发生移动,并被水流带出,流失的土粒逐渐增多,渗流流速增加,使较粗粒径颗粒亦逐渐流失,不断发展,形成贯穿的通道,称为管涌(又称泡泉等);另一种是黏性土或非黏性土、颗粒均匀的砂土,在一定的水力梯度的上升渗流作用下,所产生的浮托力超过覆盖的有效压力时,则渗流通道出口局部土体表面被顶破、隆起或击穿发生“沙沸”,土粒随渗水流失,局部成洞穴、坑洼,这种现象称为流土。在堤防工程险情中,把这种地基渗流破坏的管涌和流土现象统称为翻沙鼓水。

翻沙鼓水一般发生在背水坡脚或较远的坑塘洼地,多呈孔状出水口冒水冒沙。出水口孔径小的如蚁穴,大的可达几十厘米。少则出现一两个,多则出现冒孔群或称泡泉群,冒沙处形成“沙环”,又称“土沸”或“沙沸”。有时也表现为地面土皮、土块隆起(牛皮包)、膨胀、浮动和断裂等现象。如翻沙鼓水发生在坑塘,水面将出现翻沙鼓泡,水中带沙色浑。随着大河水位上升,高水位持续时间增长,挟带沙粒逐渐增多,沙粒不再沿出口停积成环,而是随渗水不断流失,相应孔口扩大。如不抢护,任其发展,就会把堤防工程地基下土层淘空,导致堤防工程骤然明陷、垫陷、裂缝、脱坡等险情,往往造成堤防溃决。因此,如有管涌发生,不论距大堤远近,不论是流土还是潜流,均应引起足够重视,严密监视。对堤防附近的管涌应组织力量,备足料物,迅速进行抢护。“牛皮包”常发生在黏土与草皮固结的地表土层,它是由于渗压水尚未顶破地表而形成的。发现“牛皮包”应抓紧处理,不能忽视。

管涌是常见险情,据荆江大堤新中国成立以来 14 次较大洪水统计,共发生管涌险情 160 处,主要发生在 1954 年和 1998 年大洪水时。据长江荆江辖区堤防新中国成立以来 36 年资料统计,共发生管涌险情 389 处,其中 1983 年大水发生管涌 93 处。黄河下游 1958 年洪水时发生管涌堤段长 4 312 m;1976 年洪水不大,但发生管涌堤段长 2 925 m,险情比较严重。1985 年 8 月 20 日辽河支流小柳河陈家乡堤段,在背水堤脚 3~7 m 处发生管涌,23 日翻沙管涌增加到 20 多处,长 50 多 m,因抢护不及时,24 日发生决口,决口从 10 m 很快扩展到 70 m,造成严重灾害。

2 原因分析

堤防背河出现管涌的原因,一般是堤基下有强透水砂层,或地表虽有黏性土覆盖,但由于天然或人为的因素,土层被破坏。在汛期高水位时,渗透坡降变陡,渗流的流速和压力加大。当渗透坡降大于堤基表层弱透水层的允许渗透坡降时,即发生渗透破坏,形成管涌。或者在背水坡脚以外地面,因取土、建闸、开渠、钻探、基坑开挖、挖水井、挖鱼塘等及历史溃口留下冲潭等,破坏表层覆盖,在较大的水力坡降作用下冲破土层,将下面地层中的粉细砂颗粒带出而发生管涌(见图 8-19)。

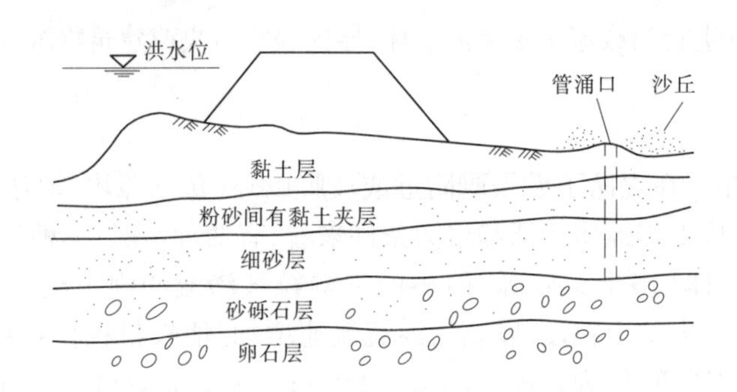

图 8-19　翻沙鼓水险情示意图

3　抢护原则

堤防发生管涌,其渗流入渗点一般在堤防临水面深水下的强透水层露头处,汛期水深流急,很难在临水面进行处理。所以,险情抢护一般在背水面,其抢护应以"反滤导渗,控制涌水带沙,留有渗水出路,防止渗透破坏"为原则。对于小的、仅冒清水的管涌,可以加强观察,暂不处理;对于流出浑水的管涌,不论大小,均必须迅速抢护,决不可麻痹疏忽,贻误时机,造成溃口灾害。"牛皮包"在穿破表层后,应按管涌处理。对管涌险情抢护,临时采用修筑后戗平台等压的办法,企图用土重或提高水体来平衡渗水压力,经实践证明是行不通的。有压渗水会在薄弱之处重新发生管涌、渗水、散浸,对堤防安全极为不利,因此防汛抢险人员应特别注意。

4　抢护方法

4.1　反滤围井

在管涌出口处,抢筑反滤围井,制止涌水带沙,防止险情扩大。此法一般适用于背河地面或洼地坑塘出现数目不多和面积较小的管涌,以及数目虽多,但未连成大面积,可以分片处理的管涌群。对位于水下的管涌,当水深较浅时,也可采用此法。根据所用材料不同,具体做法有以下几种。

4.1.1　*砂石反滤围井*

在抢筑时,先将拟建围井范围内杂物清除干净,并挖去软泥约 20 cm,周围用土袋排垒成围井。围井高度以能使水不挟带泥沙从井口顺利冒出为度。并应设排水管,以防溢流冲塌井壁。围井内径一般为管涌口直径的 10 倍左右,多管涌时四周也应留出空地,以 5 倍直径为宜。井壁与堤坡或地面接触处,必须做到严密不漏水。井内如涌水过大,填筑反滤料有困难时,可先用块石或砖块袋装填塞,待水势消减后,在井内再做反滤导渗,即按反滤的要求,分层抢铺粗料、小石子和大石子,每层厚度 20~30 cm,如发现填料下沉,可继续补充滤料,直到稳定。如一次铺设未能达到制止涌水带沙的效果,可以拆除上层填料,再按上述层次适当加厚填筑,直到渗水变清(见图 8-20)。

对小的管涌或管涌群,也可用无底粮囤、筐篓,或无底水桶、汽油桶、大缸等套住出水口,在其中铺填砂石滤料,亦能起到反滤围井的作用。在易于发生管涌的堤段,有条件的

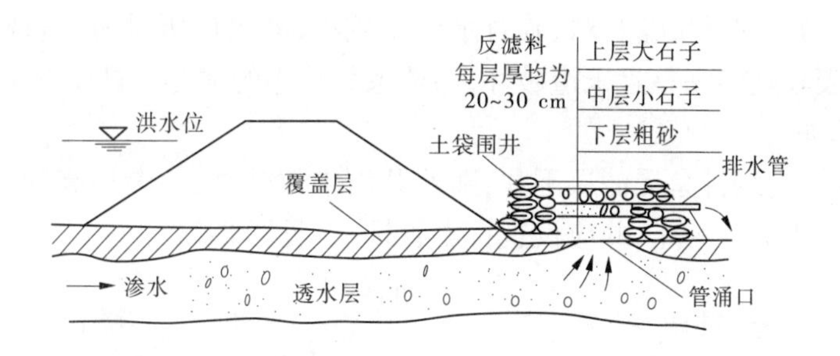

图 8-20 砂石反滤围井示意图

可预先备好不同直径的反滤水桶(见图 8-21)。在桶底桶周凿好排水孔,也可用无底桶,但底部要用铅丝编织成网格,同时备好反滤料,当发生管涌时,立即套好并按规定分层装填滤料。这样抢堵速度快,也能获得较好效果。

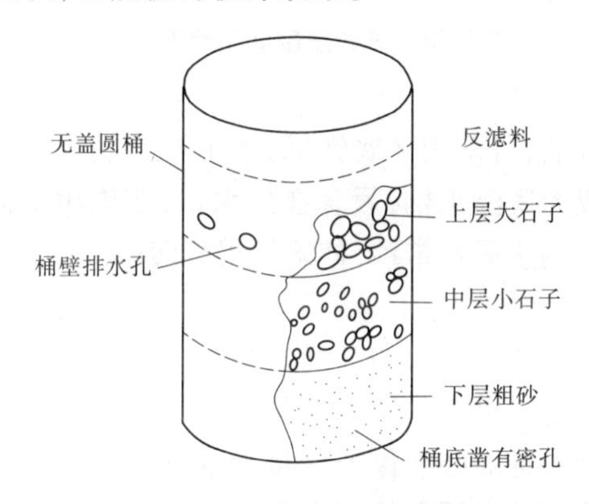

图 8-21 反滤水桶示意图

4.1.2 梢料反滤围井

在缺少砂石的地方,抢护管涌可采用梢料代替砂石,修筑梢料反滤围井(见图 8-22)。细料可采用麦秸、稻草等,厚 20~30 cm;粗料可采用柳枝、秫秸和芦苇等,厚 30~40 cm;其他与砂石反滤围井相同。但在反滤梢料填好后,顶部要用块石或土袋压牢,以免漂浮冲失。

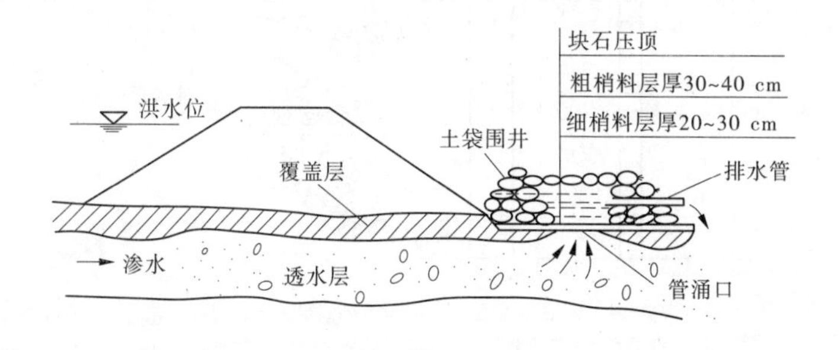

图 8-22 梢料反滤围井示意图

4.2 无滤减压围井(或称养水盆)

根据逐步抬高围井内水位减小水头差的原理,在大堤背水坡脚附近险情处抢筑围井,抬高井内水位,减小水头差,降低渗透压力,减小渗透坡降,制止渗透破坏,以稳定管涌险情。此法适用于当地缺乏反滤材料,临背水位差较小,高水位历时短,出现管涌险情范围小,管涌周围地表较坚实完整且未遭破坏,渗透系数较小的情况。具体做法有以下几种。

4.2.1　无滤层围井

在管涌周围用土袋排垒无滤层围井,随着井内水位升高,逐渐加高加固,直至制止涌水带沙,使险情趋于稳定为止,并应设置排水管排水(见图 8-23)。

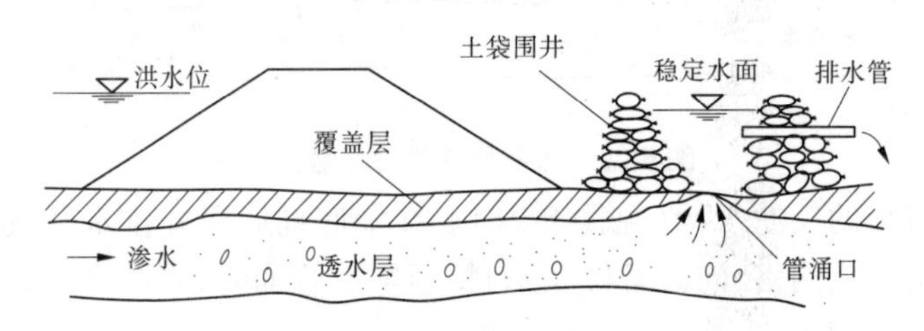

图 8-23　无滤层围井示意图

4.2.2　无底滤水桶

对个别或面积较小的管涌,可采用无底铁桶、木桶或无底的大缸,紧套在出水口的上面,四周用袋围筑加固,做成无底滤水桶,紧套在出水口,四周用土袋围筑加固,靠桶内水位升高,逐渐减小渗水压力,制止涌水带沙,使险情得到缓解。

4.2.3　背水月堤

当背水堤脚附近出现分布范围较大的管涌群险情时,可在堤背出险范围外抢筑背水月堤(见图 8-24),截蓄涌水,抬高水位。月堤可随水位升高而加高,直到险情稳定。然后安设排水管将余水排出。背水月堤必须保证质量标准,同时要慎重考虑月堤填筑工作与完工时间是否能适应管涌险情的发展和保证安全。

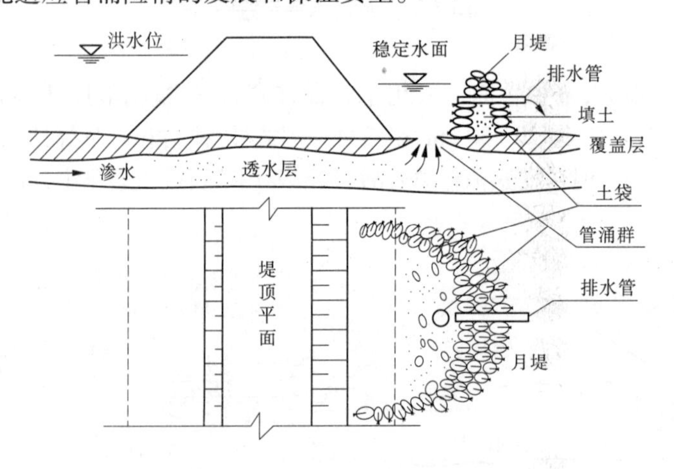

图 8-24　背水月堤示意图

4.3　反滤压(铺)盖

在大堤背水坡脚附近险情处,抢修反滤压盖,可降低涌水流速,制止堤基泥沙流失,以稳定险情。此种方法一般适用于管涌较多、面积较大、涌水带沙成片、涌水涌沙比较严重的堤段。对于表层为黏性土,洞口不易迅速扩大的情况,可不用围井。

根据所用反滤材料不同，具体抢护方法有以下几种。

4.3.1　*砂石反滤压(铺)盖*

此法需要铺设反滤料面积较大，相对用砂石料较多，在料源充足的前提下，应优先选用。在抢筑前，先清理铺设范围内的软泥和杂物，对其中涌水带沙较严重的管涌出口，用块石或砖块抛填，以消杀水势。同时在已清理好的大片有管涌冒孔群的面积上，普遍盖压一层粗砂，厚约 20 cm，其上再铺小石子或大石子各一层，厚度均约 20 cm，最后压盖块石一层，予以保护(见图 8-25)。如 1983 年 7 月 2 日在湖北省某支堤先后发现 5 处严重的管涌冒沙，一处距堤脚 350 m，口径达 80 cm，涌水水流色黄流急，出水流量约 0.1 m^3/s，冒沙 5 m^3；另一处距堤脚 400 m，口径 40 cm，涌水高 0.5 m。开始抛小卵石也稳不住，后集中抛石，消杀水势，采用反滤导渗的原理，分层抢铺砂石反滤料，险情逐渐得到缓解。

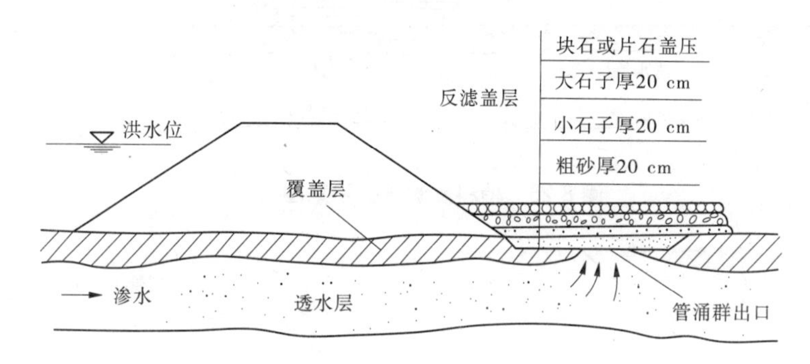

图 8-25　砂石反滤压盖示意图

4.3.2　*梢料反滤压(铺)盖*

梢料反滤压(铺)盖的清基要求、消杀水势措施和表层盖压保护均与砂石反滤压盖相同。在铺设时，先铺细梢料，如麦秸、稻草等厚 10~15 cm，再铺粗料，如芦苇、秫秸和柳枝等厚 15~20 cm，粗细梢料共厚约 30 cm，然后上铺席片、草垫等。这样层梢层席，视情况可只铺一层或连续数层，然后上面压盖块石或砂土袋，以免梢料漂浮。必要时再盖压透水性大的砂土，修成梢料透水平台。但梢层末端应露出平台脚外，以利渗水排出。总的厚度以能制止涌水挟带泥沙、浑水变清水、稳定险情为度(见图 8-26)。

4.3.3　*装配式橡塑养水盆*

此法适用于直径 0.05~0.1 m 的漏洞、管涌险情，根据逐步壅高围井内水位减少水头差的原理，利用自身的静水压力抵抗住河水的渗漏，使涌泉渗流稳定。

装配式橡塑养水盆采用有机玻璃钢材料制成，为直径 1.5 m、高 1.0 m、壁厚 0.005 m 的圆桶，每节重 68 kg，节与节之间用法兰盘螺丝加固连接而成。底节分别做成1∶2、1∶3 坡度的圆桶。它具有较高的抗拉强度和抗压强度，能满足在 6 m 水头压力下不发生变形的要求。

使用装配式橡塑养水盆具体方法是：先以背河出逸点为中心，以 0.75 m 为半径，挖去表层土深 20 cm，整平，按照 1∶2、1∶3 坡度安装底节，迅速用粉质黏土沿桶内壁填筑 40 cm，防止底部漏水。紧接着，用编织袋装土，根据水头差围筑外坡为 1∶1 的土台，从而增强养水盆的稳定性。采用装配式橡塑养水盆的突出特点是速度快，坚固方便，可抢在险情发展的前面,使漏水稳定,以达到防止险情扩大的目的(见图 8-27)。如在底节铺设一层反滤布,则成为反滤围井。

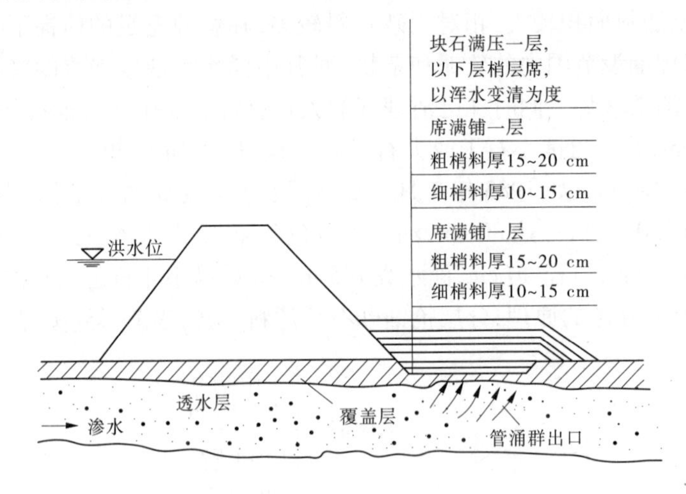

图 8-26　梢料反滤压盖示意图

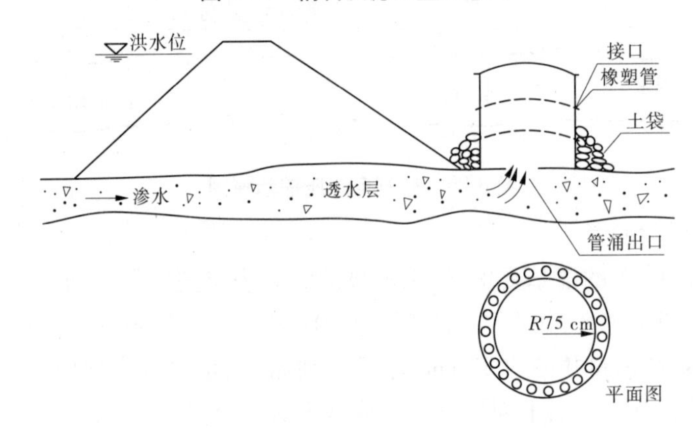

图 8-27　装配式橡塑养水盆示意图

4.4　透水压渗台

在河堤背水坡脚抢筑透水压渗台,可以平衡渗压,延长渗径,减小水力坡降,并能导渗滤水,防止土粒流失,使险情趋于稳定。此法适用于管涌险情较多、范围较大、反滤料缺乏,但砂土料丰富的堤段。具体做法是:先将抢筑范围内的软泥、杂物清除,对较严重的管涌或流土的出水口用砖、砂石填塞,待水势消杀后,用透水性大的砂土修筑平台,即为透水压渗台。其长、宽、高等尺寸视具体情况确定。透水压渗台的宽、高,应根据地基土质条件,分析弱透水层底部垂直向上渗压分布和修筑压渗台的土料物理力学性质,分析其在自然重度或浮重度情况下,平衡自下向上的承压水头的渗压所必需的厚度,以及因修筑压渗台导致渗径的延长、渗压的增大、最后所需要的台宽与高来确定,以能制止涌沙,使浑水变清为原则(见图 8-28)。1985 年辽宁台安县傅家镇辽河大堤发生管涌,先在其上铺草袋,上压树枝 0.3 m,再修筑透水压渗台,取得了良好的效果。

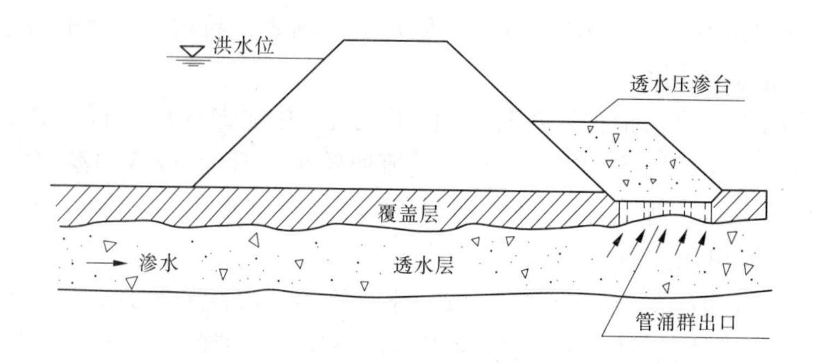

图 8-28 透水压渗台示意图

4.5 水下管涌抢护

在潭坑、池塘、水沟、洼地等水下出现管涌时,可结合具体情况,采用以下方法。

4.5.1 填塘

在人力、时间和取土条件允许时,可采用此法。填塘前应对较严重的管涌先抛石、砖块等填塞,待水势消减后集中人力和抢护机械,采用砂性土或粗砂将坑塘填筑起来,以制止涌水带沙。

4.5.2 水下反滤层

当坑塘过大,填塘贻误时间时,可采用水下抛填反滤层的抢护方法。在抢筑时,应先填塞较严重的管涌,待水势消减后,从水上直接向管涌区内分层按要求倾倒砂石反滤料,使管涌处形成反滤堆,不使土粒外流,以控制险情发展。这种方法用砂石较多,亦可用土袋做成水下围井,以节省砂石反滤料。

4.5.3 抬高坑塘、沟渠水位

此法的抢护、作用原理与减压围井(养水盆)相似。为了争取时间,常利用涵闸、管道或临时安装抽水机引水入坑,抬高坑塘、沟渠水位,减少临背水头差,制止管涌冒沙现象。

4.6 "牛皮包"的处理

草根或其他胶结体把黏性土层凝结在一起组成地表土层,其下为透水层时,渗透水压未能顶破表土而形成的鼓包现象称为"牛皮包"险情,这实际上是流土现象,严重时可造成漏洞。抢护方法是:在隆起部位,铺青草、麦秸或稻草一层,厚 10~20 cm,其上再铺柳枝、秫秸或芦苇一层,厚 20~30 cm。厚度超过 30 cm 时,可横竖分两层铺放。铺成后用锥戳破鼓包表层,使内部的水和空气排出,然后再压土袋或块石进行处理。

5 注意事项

(1)在堤防背水坡附近抢护管涌险情时,切忌使用不透水的材料强填硬塞,以免截断排水通路,造成渗透坡降加大,使险情恶化。各种抢护方法处理后排出的清水,应引至排水沟。

(2)堤防背水坡抢筑的压渗台,不能使用黏性土料,以免造成渗水无法排出。违反"背水导渗"的原则必然会加剧险情。

(3)对无滤层减压围井的采用,必须具备减压围井中所提条件,同时由于井内水位高,压力大,井壁围坎要有足够的高度和强度,以免井壁被压垮并应严密监视围坎周围地

面是否有新的管涌出现。同时,还要注意不应在险区附近挖坑取土,否则会因井大抢筑不及,或围坎倒塌,造成决堤的危险。

(4)对严重的管涌险情抢护,应以反滤围井为主,并优先选用砂石反滤围井,辅以其他措施。反滤盖层只适用于渗水量较小、渗透流速较小的管涌,或普遍渗水的地区。

(5)用梢料或柴排上压土袋处理管涌时,必须留有排水出口,不能在中途把土袋搬走,以免渗水大量涌出而加重险情。

(6)修筑反滤导渗的材料,如细砂、粗砂、碎石的颗粒级配要合理,既要保证渗流畅通排出,又不让下层细颗粒土料被带走,同时不能被堵塞。导滤的层次及厚度要根据反滤层的设计而定,此外,反滤层的分层要严格掌握,不得混杂。

任务5 漏洞抢险

漏洞是贯穿于堤身或堤基的流水通道。漏洞水流常为压力管流,流速大,冲刷力强,险情发展快,是堤防最严重险情之一。

1 险情

在汛期或高水位情况下,堤防偎水时间长时,背水坡及坡脚附近出现横贯堤身或堤基的流水孔洞,称为漏洞。洞径小的几厘米,大的达几十厘米。漏洞又分清水漏洞和浑水漏洞。清水漏洞系堤身散浸所形成,在高水位、堤坡陡、偎水时间长的堤段,漏洞伴随散浸出现。特别是在堤身透水性大、渗流集中的背河堤坡的薄弱点出逸,由于渗流量小,土粒未被带走,流出的是清水,这表明从洞中流出,没有带出堤内土颗粒,危险性比浑水漏洞小,但如不及时处理亦可演变为浑水漏洞,同样会造成决口危险。浑水漏洞有的是由清水漏洞演变而来的;有的是因为堤内有孔洞,洪水直接贯通流出的。如不积极进行抢堵,或抢护不当,堤防随时有发生塌陷甚至溃决的危险,后果非常严重。因此,当发生漏洞险情时,必须慎重、认真、严肃对待,要全力以赴迅速进行抢堵。

2 原因分析

堤防出现漏洞的原因是多方面的,但主要原因是:①堤身土料填筑质量差,如修筑时土料含沙量大,有机质多,土块没有打碎,产生架空现象,碾压不实,分段填筑接头未处理好等;②堤身存在隐患,如蚁、鼠、猩、狐等动物在堤内挖的洞穴,以及树根、裂缝等;③堤身位于决口老口门和老险工处,筑堤时,对原抢险所用木桩、柴料等腐烂物未清除或清除不彻底;④对沿堤旧涵闸、战沟、碉堡、地害和埋葬的棺木等,未拆除或拆除不彻底,所有这些都给水的渗漏提供了通道;⑤沿堤修筑闸站等建筑物时,建筑物与土堤结合部填筑质量差,在高水位时浸泡渗水,水流集中,汇合出流,其流速能够冲动泥土,将细土料带出,以致形成漏洞。

3 抢护原则

抢护漏洞的原则应该是“前截后导,临背并举”,即在抢护时,要抢早抢小,一气呵成。

首先在临河找到漏洞进水口，及时堵塞，截断漏水来源；其次，在背河漏洞出水处采取滤导措施，制止土壤冲刷流失，防止险情扩大。切忌在背河漏洞出水处用不透水材料强塞硬堵，以免造成更大险情。一般漏洞险情发展很快，特别是浑水漏洞，更容易危及堤防安全，所以堵塞漏洞要抢早抢小，一气呵成，切莫延误时机。

4　抢堵方法

4.1　临水截堵

当探摸到漏洞进水口较小时，一般可用软性材料堵塞，并盖压闭气；当洞口较大，堵塞不易时，可利用软帘、网兜、薄板等覆盖的办法进行堵截；当洞口较多，情况又复杂，洞口一时难以寻找，且水深较浅时，可在临河抢筑月堤，截断进水，或者在临水坡面用黏性土料帮坡，以起防渗作用，也可铺放布篷、土工膜等隔水材料堵截。

4.1.1　塞堵法

当漏洞进水口较小，周围土质较硬时，除急用棉絮、棉被、草包或编织袋包等填塞外，还可用预制的软楔、草捆堵塞。这些方法适用于水浅、流速小，只有一个或少数洞口，人可下水接近洞口的地方。具体做法如下：

（1）软楔堵塞。用绳结成圆锥形网罩，网格尺寸约 10 cm×10 cm。网内填麦秸、稻草等软料，为防止入水漂浮，软料里可裹填一部分黏土。软楔大头直径一般为 40~60 cm，长度为 1.0~1.5 m。为抢护方便，可事先结成大小不同的网罩，在抢险时根据洞口大小在罩内充填料物后选用（见图 8-29）。

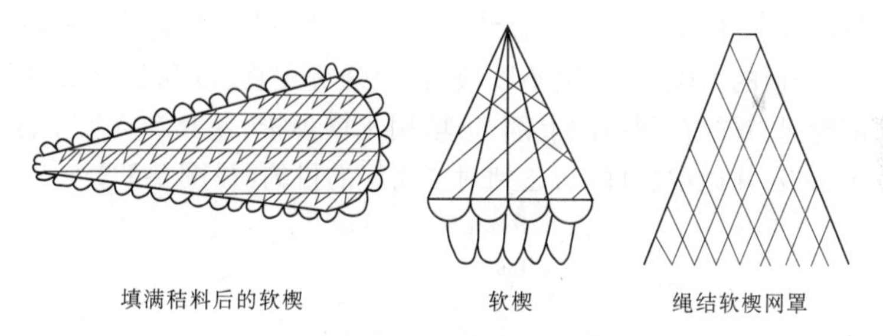

图 8-29　软楔示意图

（2）草捆堵塞。把稻草或麦秸等用绳捆扎成锥体，粗头直径一般为 40~60 cm，长度为 1.0~1.5 m，务必捆扎牢固。为防止漂浮，也应裹入黏土，并应在汛前制作储备一定数量，以备抢险急需。在抢堵时，首先应把洞口的杂物清除，再用软楔或草捆以小头朝洞口塞入洞内。小洞可以用一个，大洞可用多个。洞口用软楔堵塞后，最好再用棉被、篷布铺盖，用土袋压牢。最后用黏性土封堵闭气，直到完全断流。

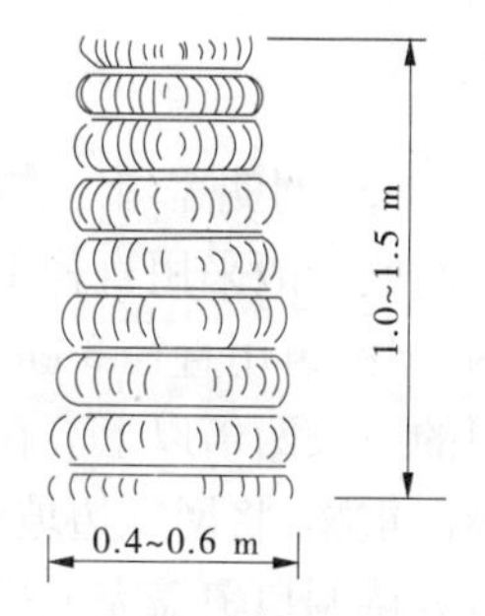

图 8-30　草捆简图

采用堵塞法堵漏，若洞口不只一个，注意不要顾此失彼，扩大险情。如主洞口没有探摸清楚，也容易延误抢险时间，导致口门扩大，在堵塞时应予注意（见图 8-30）。

(3)软罩堵漏法。软罩堵漏法,是受门板、铁锅堵漏法的启发研制的一种抢险堵漏方法。它具有抢堵漏洞快,适应于不同形状的洞口,软罩与洞口接触密实,操作简便,造价低,易携带等特点。

(4)软袋塞堵漏洞法。软袋塞堵漏洞法是在草捆塞堵、铁锅盖堵的基础上改进而来的,袋内充填软料,用袋塞堵漏洞口。袋子以不透水材料为好,麻袋也可。袋内软料用土、锯末、麦糠、软草等掺和而成,掺和比例以使软料重度略大于水重度为度,以保证软袋在水中一个人能抱起或按下,易于操作。袋中软料充八成满,然后封口。软袋大小随意。

4.1.2　*盖堵法*

用铁锅、软帘、网兜和木板等覆盖物盖堵漏洞的进水口,待漏洞基本断流后,在上面再抛土袋或填黏土盖压闭气,以截断漏洞的流水。根据覆盖材料不同有如下几种抢护方法:

(1)铁锅盖堵。此法适用于洞口较小、水不太深、洞口周边土质坚硬的情况。一般可用直径比洞口大的铁锅,正扣或反扣在漏洞进水口上,周围用胶泥封闭,可以立即截断水流。如铁锅略小于洞口,可将铁锅用棉被等物包住后再扣,待铁锅压紧后,应立即抛压土袋,并抛填黏性土,达到封堵严密、闭气断流的目的(见图8-31)。

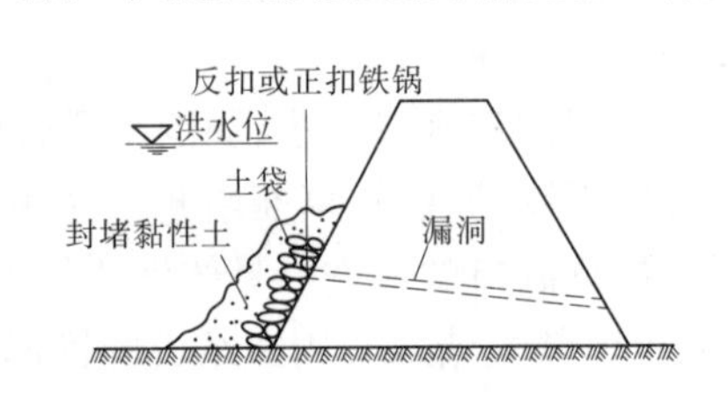

图8-31　铁锅盖堵示意图

(2)软帘盖堵。此法适用于洞口附近流速较小,土质松软或周围已有许多裂缝的情况。一般可选用草帘、苇筒或篷布等重叠数层作为软帘,也可临时用柳枝、秸料、芦苇等编扎软帘。软帘的大小应根据洞口具体情况和需要盖堵的范围决定。软帘的上边可根据受力大小用绳索或铅丝拴牢于堤顶的木桩上,下边坠以块石、土袋等重物,以利于软帘沉贴边坡。在盖堵前,先将软帘卷起,置放在洞口的上部,盖堵用木横顶推,使其顺堤坡下滚,把洞口盖堵严密后,再盖压土袋,并抛填黏性土,达到封堵闭气的目的(见图8-32)。

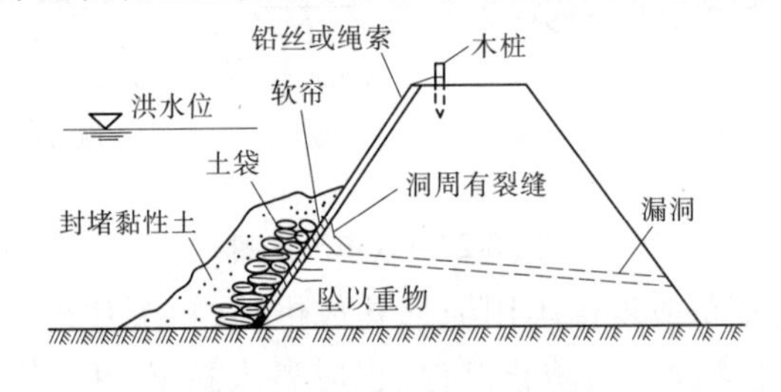

图8-32　软帘盖堵示意图

(3)网兜盖堵。在洞口较大的情况下,也可以用预制的长方形网兜在进口盖堵。制作网兜一般采用直径1.0 cm左右的麻绳或0.5 cm的尼龙绳,织成网眼为20 cm×20 cm的网,周围再用直径3 cm的麻绳作网框,网宽一般为2~3 m,长度应为进水口底部以上至堤顶的边长两倍以上。在抢堵时,将网折起,两端一并系牢于堤顶的木桩上,网中间折叠处坠以重物,将网顺边坡沉下成网兜形,然后在网中抛填柴草、泥土或其他物料,以盖堵洞口。待洞口覆盖完成后,再抛压土袋,并抛填黏土,封闭洞口。

4.1.3　*戗堤法*

当堤防临水坡漏洞口较多、范围较大或地形复杂,以及漏洞口位置在水下较深,或发

生在夜间不易找到时,可采用抛土袋和黏土填筑前戗或临水筑月堤的办法进行抢堵。具体做法如下:

(1)抛筑黏土前戗。根据漏水堤段的水深和漏水严重程度,确定抛筑前戗的尺寸,一般顶宽2~3 m,长度最少超过漏水堤段两端各3 m,戗顶高出水面约1.0 m,水下坡度应以边坡稳定为度。抛填前可将边坡上的草、树木和杂物尽量清除,以免抛填土不实,影响堤体截渗效果。要提前在临水堤肩备好黏土,然后集中力量沿临水坡由上而下,由里向外,向水中均匀推进。土料入水后崩解、沉积和固结,即成截漏戗体(见图8-33)。如发现土料向洞内流失,可适当加抛袋土或在背水坡出水处采取反滤措施。抛土时切忌用车拉土向水中猛倒,以免沉积不实,降低截渗效果。

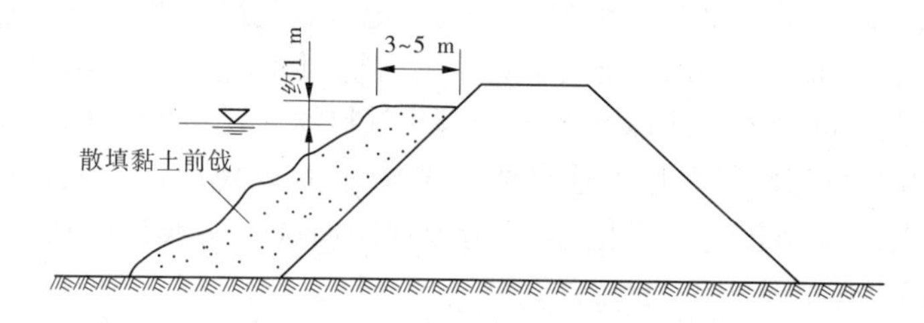

图8-33 黏土前戗截漏示意图

(2)临水抢筑月堤。如临水水深较浅,流速较小,也可在洞口范围内用土袋修成月形围堤,将漏洞进水口围在堤内,再填筑黏土进行封闭(见图8-34)。

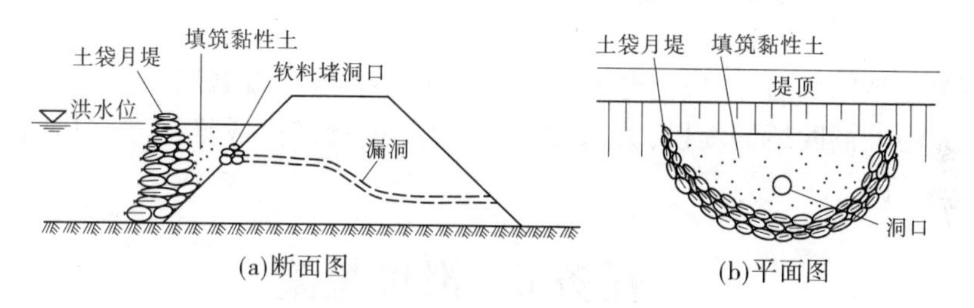

图8-34 临水月堤堵漏示意图

4.2 背河导渗

探找漏洞进水口和抢堵均在水面以下摸索进行,要做到准确无误不遗漏,并能顺利堵住全部进水口,截断水源,难度很大。为了保证安全,在临水截堵漏洞的同时,还必须在背河漏洞出口处抢做反滤导渗,以制止泥沙外流,防止险情继续扩大。通常采用的方法有反滤围井法、反滤铺盖法和透水压渗台法等(适用于出水小而漏洞多的情况)。

4.3 抽槽截洞

抽槽截洞是处理穿堤漏洞的措施之一。当漏洞经前堵后导处理后,由于漏洞出口较低,水头压力大,虽设置了反滤井,但可能还不够安全。若探得漏洞穿堤部位较高,同时堤顶较宽、堤身断面较大时,可以考虑在堤顶抽槽截断漏洞。如1954年长江荆江大堤祁家渊、孙家屏的漏洞就是采用此法处理脱险的。但此法比较危险,必须具有一定条件:

(1)探测确定漏洞穿堤的深度和位置,选定采取的处理措施。

(2)要有较宽堤顶和堤身断面,抽槽后堤身仍能保持一定抗洪能力,必要时可以加宽堤身断面,不致发生意外。

(3)做好一切抢护准备,如人员组织、器材料物(土料、土袋、棉絮等)等,开工后要一鼓作气迅速完成,中途不得停工。当挖出漏洞后,先堵死进口,排干积水,清除淤泥,再堵塞出口,然后用黏性土回填夯实。

(4)抽槽截洞处理险情的措施,挖深以不超过 2 m 为宜,挖得太深会发生塌方,增加抢护难度。在高水位时此法危险性较大,必须慎重,除特殊情况外,一般不予采用。

5　注意事项

在堵漏抢护中,应注意的事项是:

(1)抢护漏洞险情是一项十分紧急的任务,一定要做到组织严密、统一指挥、措施得当、行动迅速,要尽快找到漏洞进水口,充分做好人力、料物准备,力争抢早抢小,一气呵成。

(2)在抢堵漏洞进水口时,切忌乱抛砖石等块状料物,以免架空,使漏洞继续发展扩大。

(3)在漏洞出水口处,切忌用不透水材料强塞硬堵,以免堵住一处,附近又出现多处,愈堵漏洞愈大,导致险情扩大和恶化,甚至造成堤防溃决。实践证明在漏洞出口抛散土、土袋填压都是错误做法。

(4)采用盖堵法抢护漏洞进水口,须防止在刚盖堵时,由于洞内断流,外部水压力增大,从洞口覆盖物的四周进水。因此,洞口覆盖后应立即封严四周,同时迅速用充足的黏土料封堵闭气,否则一次堵复失败,洞口扩大,增加再堵的困难。

(5)无论对漏洞进水口采取哪种办法探找和盖堵,都应注意探漏抢堵人员的人身安全,落实切实可行的安全措施。

(6)漏洞抢堵闭气后,还应由专人看守观察,以防再次出现漏洞。

(7)凡发生漏洞险情的堤段,大水过后,一定要进行锥探或锥探灌浆加固。必要时,要进行开挖翻筑。

任务 6　滑坡抢险

堤坡(包括堤基)部分土体失稳滑落,同时出现趾部隆起外移的现象,称为滑坡。滑坡(亦称脱坡)有背河滑坡和临河滑坡两种,从性质上又可分为剪切破坏、塑性破坏和液化破坏,其中剪切破坏最为常见。

1　险情

堤防出现滑坡,主要是边坡失稳下滑造成的。开始时,在堤顶或堤坡上发生裂缝或蛰裂,随着险情的发展,即形成滑坡。根据滑坡的范围,一般可分为堤身与基础一起滑动和堤身局部滑动两种。前者滑动面较深,呈圆弧形,滑动体较大,堤脚附近地面往往被推挤外移、隆起,或沿地基软弱层一起滑动;后者滑动范围较小,滑裂面较浅,虽危害较轻,也应及时恢复堤身完整,以免继续发展。滑坡严重者,可导致堤防溃口,须立即抢护。由于初始阶段滑坡与崩塌现象不易区分,应对滑坡的原因和判断条件认真分析,确定滑坡性质,以利采取抢护措施。1954 年长江荆江大堤及其他干堤共发生脱坡 361 处,长达 13.8 km。1958 年洪水黄河下游发生脱坡,长达 238.79 km。

2　原因分析

（1）高水位持续时间长，在渗透水压力的作用下，浸润线升高，土体抗剪强度降低，在渗水压力和土重增大的情况下，可能导致背水坡失稳，特别是边坡过陡时，更易引起滑坡。

（2）堤基处理不彻底，有松软夹层、淤泥层和液化土层，坡脚附近有渊潭和水塘等。有时虽已填塘，但施工时未处理，或处理不彻底，或处理质量不符合要求，抗剪强度低。

（3）在堤防施工中，由于铺土太厚，碾压不实，或含水量不符合要求，干重度没有达到设计标准等，填筑土体的抗剪强度不能满足稳定要求。冬季施工时，土料中含有冻土块，形成冻土层，解冻后水浸入软弱夹层。

（4）堤身加高培厚时，新旧土体之间结合不好，在渗水饱和后，形成软弱层。

（5）高水位时，临水坡土体处于大部分饱和、抗剪强度低的状态下。当水位骤降时，临水坡失去外水压力支持，加之堤身的反向渗压力和土体自重大的作用，可能引起失稳滑动。

（6）堤身背水坡排水设施堵塞，浸润线抬高，土体抗剪强度降低。

（7）堤防本身稳定安全系数不足，加上持续大暴雨或地震、堤顶、堤坡上堆放重物等外力的作用，易引起土体失稳而造成滑坡。

3　滑坡的检查观测与分析判断

滑坡对堤防安全威胁很大，除经常进行检查外，当存在以下情况时，还应严加监视：①高水位时期；②水位骤降时期；③持续特大暴雨时；④春季解冻时期；⑤发生较强地震后。发现堤防滑坡征兆后，应根据经常性的检查资料并结合观测资料，及时进行分析判断，做到心中有数，采取措施得力，一般应从以下几方面着手：

（1）从裂缝的形状判断。滑动性裂缝主要特征是，主裂缝两端有向边坡下部逐渐弯曲的趋势，两侧往往分布有与其平行的众多小缝或主缝上下错动。

（2）从裂缝的发展规律判断。滑动性裂缝初期发展缓慢，后期逐渐加快，而非滑动性裂缝的发展则随时间逐渐减慢。

（3）从位移观测的规律判断。堤身在短时间内出现持续而显著的位移，特别是伴随着裂缝出现连续性的位移，而位移量又逐渐加大，边坡下部的水平位移量大于边坡上部的水平位移量；边坡上部垂直位移向下，边坡下部垂直位移向上。

（4）从浸润线观测资料分析判断，根据孔隙水压力观测成果判断。有孔隙水压力观测资料的堤防，当实测孔隙压力系数高于设计值时，可能是滑坡前兆，应及时进行堤坡稳定校核。根据校核结果，判断是否滑坡。

4　抢护原则

造成滑坡的原因是滑动力超过了抗滑力，所以滑坡抢护的原则应该是设法减小滑动力和增加抗滑力。其做法可以归纳为“上部削坡与下部固脚压重”。对因渗流作用引起的滑动，必须采取“前截后导”，即临水帮戗，以减少堤身渗流的措施。上部减载是在滑坡体上部削缓边坡，下部压重是抛石（或沙袋）固脚。如堤身单薄、质量差，为补救削坡后造成的堤身削弱，应采取加筑后戗的措施予以加固。如基础不好，或靠近背水坡脚有水塘，在采取固基或填塘措施后,再进行还坡。必须指出,在抢护滑坡险情时,如果江河水位很高,则抢护临河坡的滑坡要比背水坡困难得多。为避免贻误时机,造成灾害,应临、背坡同时进行抢护。

5 抢护方法

5.1 滤水土撑(又称滤水戗垛法)

在背水坡发生滑坡时,可在滑坡范围内全面抢筑导渗沟,导出滑坡体渗水,以减小渗水压力,降低浸润线,消除产生进一步滑坡的条件。至于因滑坡造成堤身断面的削弱,可采取间隔抢筑透水土撑的方法加固,防止背水坡继续滑脱。此法适用于背水堤坡排渗不畅、滑坡严重、范围较大、取土又较困难的堤段。具体做法是:先将滑坡体松土清理,然后在滑坡体上顺坡到脚直至拟做土撑部位挖沟,沟内按反滤要求分层铺填砂石、梢料等反滤材料,并在其上做好覆盖保护。顺滤沟向下游挖明沟,以利渗水排出。抢护方法同渗水抢险采用的导渗法。土撑可在导渗沟完成后抓紧抢修,其尺寸应视险情和水情确定。一般每条土撑顺堤方向长 10 m 左右,顶宽 5 ~8 m,边坡 1:3 ~1:5,间距 8 ~10 m,撑顶应高出浸润线出逸点 0.5 ~2.0 m。土撑采用透水性较大的土料,分层填筑夯实。如堤基不好,或背水坡脚靠近坑塘,或有渍水、软泥等,需先用块石、沙袋固基,用砂性土填塘,其高度应高出渍水面 0.5 ~1.0 m。也可采用撑沟分段结合的方法,即在土撑之间,在滑坡堤上顺坡做反滤沟,覆盖保护,在不破坏滤沟前提下,撑沟可同时施工(见图 8-35)。

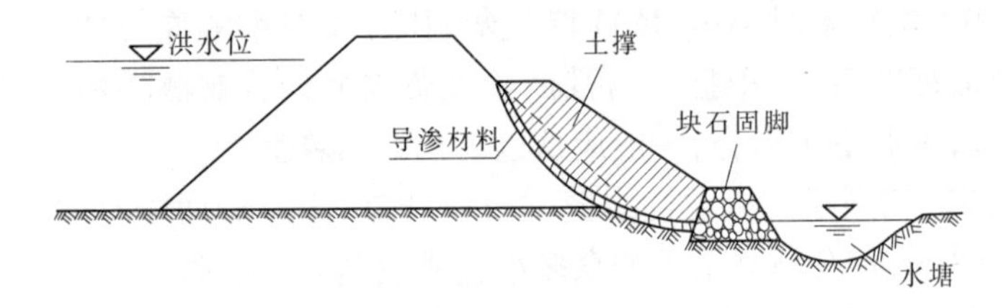

图 8-35　滤水土撑示意图

5.2 滤水后戗

当背水坡滑坡严重,且堤身单薄,边坡过陡,又有滤水材料和取土较易时,可在其范围内全面抢护导渗后戗。此法既能导出渗水,降低浸润线,又能加大堤身断面,可使险情趋于稳定。具体做法与上述滤水土撑法相同。其区别在于滤水土撑法土撑是间隔抢筑,而滤水后戗法则是全面连续抢筑,其长度应超过滑坡堤段两端各 5 ~10 m。当滑坡面土层过于稀软不易做滤沟时,常可用砂石或梢料做反滤材料代替,具体做法详见抢护渗水的反滤层法。

5.3 滤水还坡

凡采取反滤结构恢复堤防断面、抢护滑坡的措施,均称为滤水还坡。此法适用于背水坡,主要是由于土料渗透系数偏小引起堤身浸润线升高,排水不畅,而形成的严重滑坡堤段。具体抢护方法如下。

5.3.1 导渗沟滤水还坡

先在背水坡滑坡范围内做好导渗沟，其做法与上述滤水土撑导渗沟的做法相同。在导渗沟完成后，将滑坡顶部陡立的土堤削成斜坡，并将导渗沟覆盖保护后，用砂性土层土层夯，做好还坡（见图8-36）。

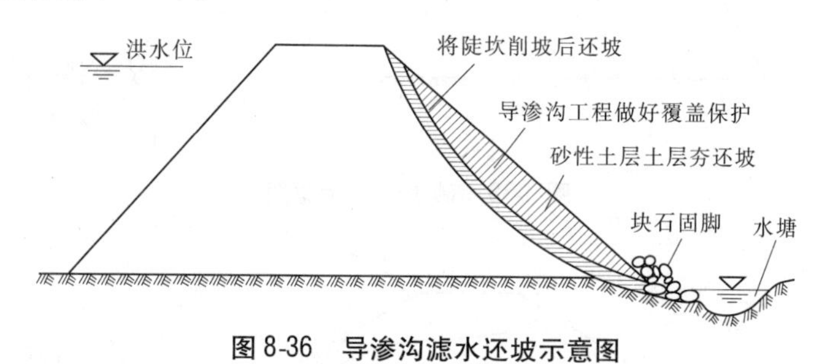

图8-36 导渗沟滤水还坡示意图

5.3.2 **反滤层滤水还坡**

此法与导渗沟滤水还坡法基本相同，仅将导渗沟改为反滤层。反滤层的做法与抢护渗水险情的反滤层做法相同（见图8-37）。

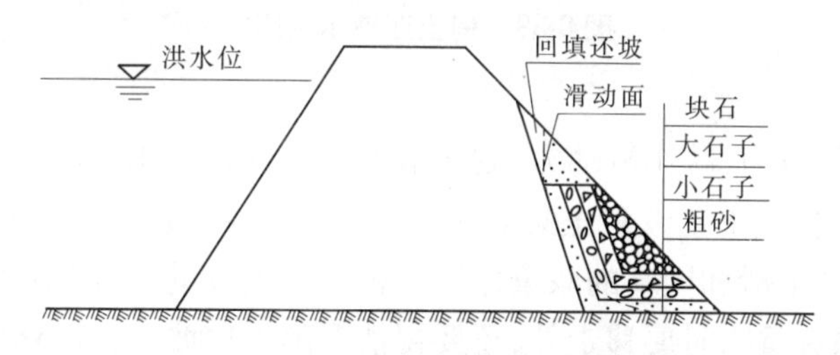

图8-37 反滤层滤水还坡示意图

5.3.3 透水体滤水还坡

当堤背滑坡发生在堤腰以上，或堤肩下部发生蛰裂下挫时，应采用此法。其做法与上述导渗沟和反滤层做法基本相同。如基础不好，亦应先加固地基，然后将滑坡体的松土、软泥、草皮及杂物等进行清除，并将滑坡上部陡坎削成缓坡，最后按原坡度回填透水料。根据透水体材料不同，可分为以下两种方法：

（1）砂土还坡。其作用和做法与抢护渗水险情采用的砂土后戗相同。如采用粗砂、中砂还坡，可恢复原断面。如用细砂或粉砂还坡，边坡可适当放缓。回填土时亦应层层夯实（见图8-38）。

（2）梢土还坡。其作用和具体做法与抢护渗水险情采用的梢土后戗及柴土帮戗基本相同。其区别在于抢筑的断面是斜三角形，各坯梢土层下宽上窄不相等（见图8-39）。

5.4 **前戗截渗（又称临水帮戗法）**

此法主要是在临河用黏性土修前戗截渗。当背水坡滑坡严重、范围较大，在背水坡抢筑滤水土撑、滤水后戗及滤水还坡等工程需要较长时间，一时难以奏效，而临水坡又有条件抢筑截渗土戗时，可采用此法。该法也可与抢护背水堤坡同时进行。其具体做法与抢护渗水险情采用的抛投黏性土方法相同。

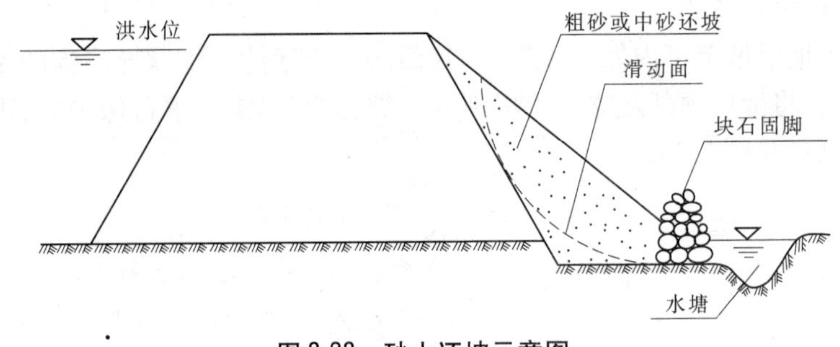

图 8-38　砂土还坡示意图

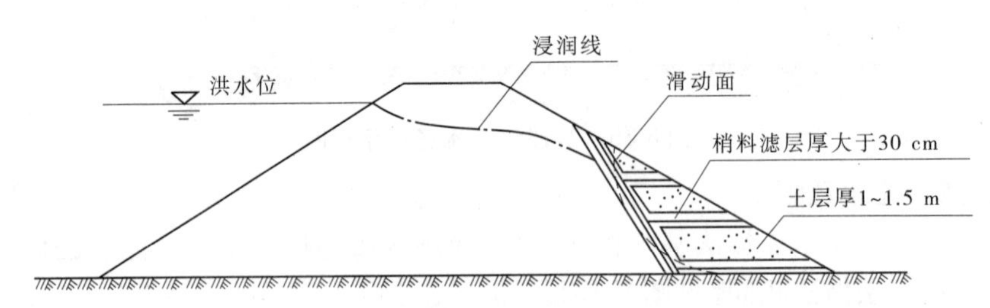

图 8-39　梢土还坡示意图

5.5　护脚阻滑

此法在于增加抗滑力,减小滑动力,制止滑坡发展,以稳定险情。具体做法是:查清滑坡范围,将块石、土袋(或土工编织土袋)、铅丝石笼等重物抛投在滑坡体下部堤脚附近,使其能起到阻止继续下滑和固基的双重作用。护脚加重数量可由堤坡稳定计算确定。滑动面上部和堤顶,除有重物时要移走外,还要视情况削缓边坡,以减小滑动力。

6　注意事项

在滑坡抢护中,应注意以下事项:

(1)滑坡是堤防重大险情之一,一般发展较快,一旦出险,就要立即采取措施。在抢护时要抓紧时机,事前把料物准备好,一气呵成。在滑坡险情出现或抢护时,还可能伴随浑水漏洞、严重渗水以及再次滑坡等险情,在这种复杂紧急情况下,不要只采取单一措施,应研究选定多种适合险情的抢护方法,如抛石固脚、填塘固基、开沟导渗、透水土撑、滤水还坡、围井反滤等,在临、背水坡同时进行或采用多种方法抢护,以确保堤防安全。

(2)在渗水严重的滑坡体上,要尽量避免大量抢护人员践踏,造成险情扩大。如坡脚泥泞,人上不去,可铺些芦苇、秸料、草袋等,先上少数人工作。

(3)抛石固脚阻滑是抢护临水坡行之有效的方法,但一定要探清水下滑坡的位置,然后在滑坡体外缘进行抛石固脚,才能制止滑坡土体继续滑动。严禁在滑动土体的中上部抛石,这不但不能起到阻滑作用,反而加大了滑动力,会进一步促使土体滑动。

(4)在滑坡抢护中,也不能采用打桩的方法。因为桩的阻滑作用小,不能抵挡滑坡体的推动,而且打桩会使土体振动,抗剪强度进一步降低,特别是脱坡土体饱和或堤坡陡时,打桩不但不能阻挡滑脱土体,反而会促使滑坡险情进一步恶化。只有当大堤有较坚实的基础,土压力不太大,桩能站稳时才可打桩阻滑,桩要有足够的直径和长度。

(5)开挖导渗沟,应尽可能挖至滑裂面。若情况严重,时间紧迫,不能全部挖至滑裂面时,可将沟的上下两端挖至滑裂面,尽可能下端多挖,也能起到部分作用。导渗材料的顶部必须做好覆盖防护,防止滤层被堵塞,以利排水畅通。

(6)导渗沟开挖填料工作应从上到下分段进行,切勿全面同时开挖,并保护好开挖边坡,以免引起明塌。在开挖中,对于松土和稀泥土都应予以清除。

(7)在出现滑坡性裂缝时,不应采取灌浆方法处理。因为浆液中的水分将降低滑坡体与堤身之间的抗滑力,对边坡稳定不利,而且灌浆压力也会加速滑坡体下滑。

(8)背水滑坡部分,土壤湿软,承载力不足,在填土还坡时,必须注意观察,上土不宜过急、过量,以免超载影响土坡稳定。

7　河南长垣县太行堤滑坡抢护

1994 年 7 月 12 日,长垣县境内普降暴雨,7.5 h 降雨 293.5 mm,暴雨中心降雨量 310 mm,造成 7 月 13 日太行堤 5 + 839 ~ 6 + 496 段背水坡出现大范围裂缝和滑坡。共滑坡 20 处,长 355.8 m,滑坡体积 3 284 m^3,其中土体完全滑出堤脚以外的滑坡长度 228.8 m,滑坡最长的一段 65 m,滑出距离最远的达 17 m。后经现场检查,发现此段堤防裂缝 9 条,长 469 m,其中最长、最宽的一条裂缝长 104 m、宽 20 cm。

根据调查、探测试验和稳定分析,产生滑坡和裂缝的原因为:①堤坡陡,稳定性差。滑坡堤段背水堤坡一般是上缓下陡,距堤脚 5 m 以下的堤坡坡度为 1∶2,其上的坡度为 1∶3 ~ 1∶4。②施工质量差,堤身隐患多。据调查,该段堤防滑坡部位是新中国成立初期所修,未采取压实措施,土体密实度差,堤身裂缝等隐患很多。③暴雨强度大,历时长。堤身土质疏松,堤坡无排水设施,使堤身土体达到饱和,引起裂缝和滑坡。

针对此段堤防滑坡产生的原因和滑坡裂缝较多的情况,拟订了 4 种加固方案,经比较,采取背河加修土戗方案,戗顶压浸润线 0.5 m,戗顶宽 5 m,边坡 1∶4.5(见图 8-40)。太行堤加固工程于 1995 年汛前完成,经黄河“96 · 8”洪水考验,工程完好无损。

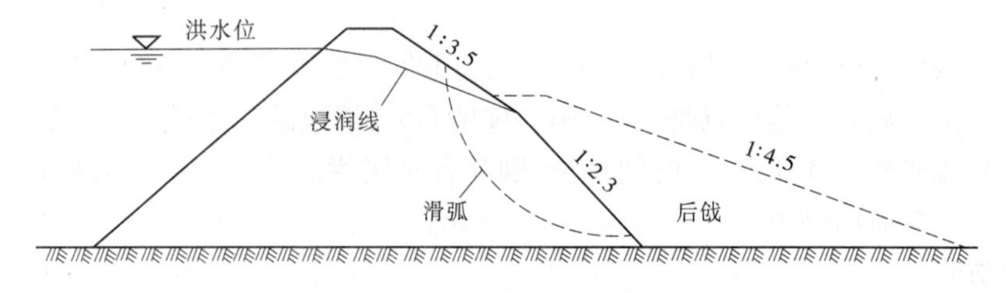

图 8-40　太行堤滑坡加固断面示意图

任务 7　风浪抢险

1　险情

汛期江河涨水以后,堤坝前水深增加,水面加宽。当风速大,风向与吹程一致时,形成冲击力强的风浪。堤防临水坡在风浪一涌一退的连续冲击下,伴随着波浪往返爬坡运动,还会产生真空作用,出现负压力,使堤防土料或护坡被水流冲击淘刷,遭受破坏。轻者把堤防临水坡冲刷成陡坎,重者造成坍塌、滑坡、漫水等险情,使堤身遭受严重破坏,以致溃决成灾。

2　原因分析

(1)堤坝抗冲能力差。如土质不合要求,碾压不密实,护坡质量差,断面单薄,高度不足等,造成抗冲能力差。

(2)风大浪高。堤防前水深大、水面宽、风速大、风向和吹程一致,则形成高浪及强大的冲击力,直接冲击堤坡,形成陡坎,侵蚀堤身。

(3)风浪爬高大。由于风浪爬高大,增加水面以上堤身的饱和范围,降低土壤的抗剪强度,造成崩塌破坏。

(4)堤坝顶高程不足,低于浪高时,波浪越顶冲刷,造成决口。

3　抢护原则

防风浪抢护,以削减风浪对临水坡冲击力,加强临水坡抗冲为主。可采用漂浮物防浪和增强临水坡抗冲能力两种方法。采用漂浮物防浪,拒波浪于堤防临水坡以外的水面上,可削减波浪的高度和冲击力,这是一种行之有效的方法。由于波浪的能量多半集中在水面上,所以把漂浮物放置在临水坡前。波浪经过漂浮物以后,其运动的规律被打乱,能量减小,浪高变低,冲击力减弱,对堤防临水坡的破坏作用也就减轻。增强临水坡抗冲能力,利用防汛料物,经过加工铺压,保护临水坡免遭冲蚀。

4　抢护方法

4.1　挂柳防浪

受水流冲击或风浪拍击,堤坡或堤脚开始被淘刷时,可用此法缓和溜势,减缓流速,促淤防塌。

我国江河堤防种柳很多,挂柳防浪是比较常用的方法(见图 8-41),一般在 4 ~ 5 级风浪以下,效果比较显著。其优点是:由于柳的枝梢面大,消浪的作用较好,可以防止堤岸的淘刷,并能就地取材。其缺点是:时间稍长,柳叶容易腐烂脱落,防浪效能减低。同时,由于枝杈摇动,也会损坏堤防。

4.2　挂枕防浪

挂枕防浪适用于水深不大、风浪较大的堤段。挂枕防浪一般分单枕和连环枕两种。具体做法如下。

4.2.1　单枕防浪

(1)用柳枝、芦苇或秸料扎成直径 0.5 ~ 0.8 m 的枕,长短根据堤段弯曲情况而定。堤弯用短枕,堤直用长枕,最长的枕可达 30 ~ 50 m。在枕的中心卷入两根直径 5 ~ 7 cm 的竹缆或直径 3 ~ 4 cm 的麻绳做芯子(俗称龙筋)。枕的纵向每隔 0.6 ~ 1.0 m 用 10 ~ 14 号铅丝捆扎。

(2)在堤顶距临水堤肩 2 ~ 3 m 以外打 1 m 长木桩一排,间距 3 m。再用间距与桩距

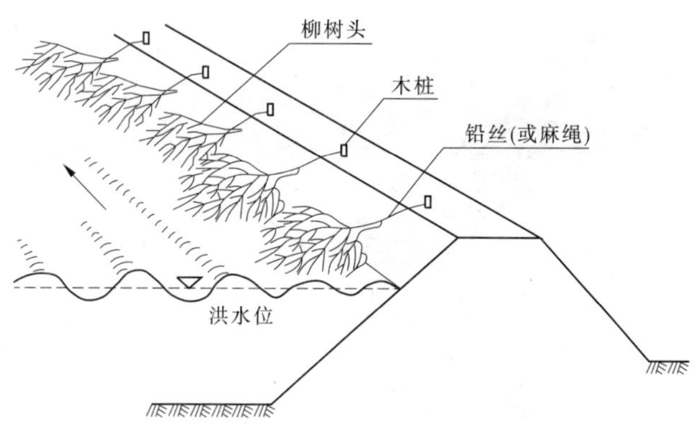

图 8-41　挂柳缓溜防冲示意图

相同、条数与木桩相同的绳缆把枕拴牢,其长度依枕拴在木桩上后可随水面涨落为度。最好能随着绳缆松紧,使枕可以防御各种水位的风浪。

(3)将枕用绳缆与木桩系牢后,把枕沿堤推入水中。枕入水后,使其漂浮于距堤 2～3 m(相当于 2～3 倍浪高)的地方。随着水位涨落,随时调整绳缆,使之保持距离,可起到消浪的作用。

(4)如果枕位不稳定,可在枕上适当拴坠块石或土袋,使其以能起到消浪防冲作用为度。如风浪骤起,来不及捆枕,可将已准备好的秸料、芦苇或其他梢料捆沿堤悬挂,也能起到防风浪冲刷的作用(见图 8-42)。

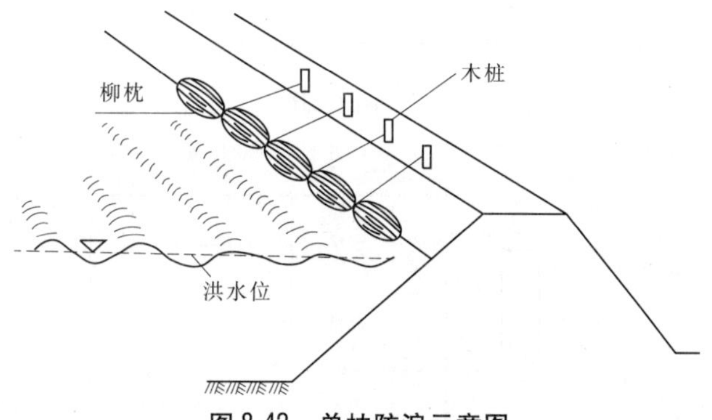

图 8-42　单枕防浪示意图

4.2.2　连环枕防浪

当风力较大,风浪较高,一枕不足以防止冲刷时,可以挂用两个或更多个枕,用绳缆、木杆或竹竿将多个枕捆紧联系在一起,做成连环枕,又称枕排。迎水最前面的枕直径要大些,重度要小些,使其高浮于水面,碰击风浪。后面枕的直径逐渐减小,重度增大(可酌加柳枝),以消除余浪。连环枕比单枕牢固,防浪效果也较好,一般可以防水面较宽、风力较大的风浪。如果枕位不稳定,可以在枕上适当拴坠块石或沙袋(见图 8-43)。

4.3　湖草排防浪

在防汛期间,根据预报,在大风到来以前,将湖区生长的菱草、茭草、皮条或其他浮生水面的草类割下来,并编扎成草排防浪,是一些湖区和部分中型河流上常采用的一种就地取材、费用小、做法简便的防浪方法。具体做法如下:

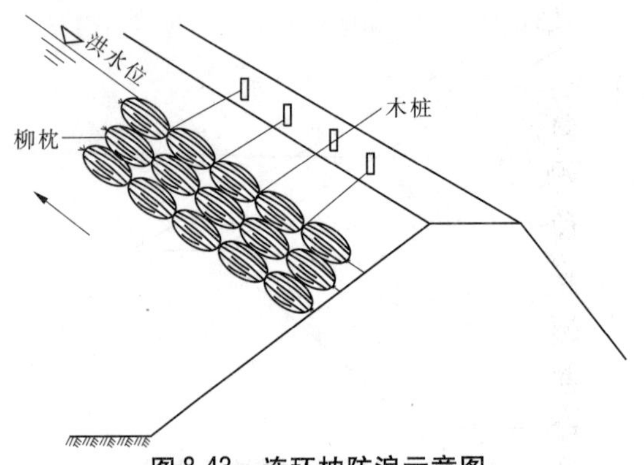

图 8-43　连环枕防浪示意图

(1)利用湖中自然生长或人工培育的浮生草类,采割起来并编织成长 5 ~ 10 m、宽 3 ~ 5 m的湖草排。蔓殖的草类,本身相互交织,取之就可使用。若不牢固,可用木杆或竹竿捆扎加固。用船拖运到需要防浪的堤段,再用铅丝或绳缆将草排固定在堤顶的木桩上;也可用锚固定草排,使草排浮在距堤坡 3 ~ 5 m 远的水面上成为防浪草排(见图 8-44)。有的地方,把这种防浪草排叫作浮墩。在风浪较大的地方,可以用几块连接在一起,以提高防浪效能。

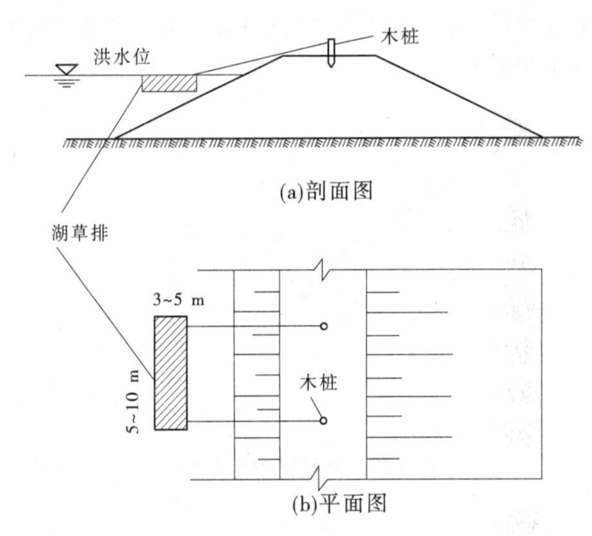

图 8-44　湖草排防浪示意图

(2)在缺少湖草的江河上,汛期洪水时,江河上游常漂来许多软草,也可以代替湖草。有时,也可以利用其他杂草、麦秸、芦苇等编织成草排。

4.4　柳箔防浪

在风浪较大、堤坡土质较差的堤段,可采用此法。具体做法是:

(1)用 18 号铅丝将散柳捆扎成直径约 0.1 m、长约 2 m 的柳把,两端再用铅丝或麻绳连成柳箔。

(2)在堤顶距临水堤肩 2 ~ 3 m 处,打 1 m 长木桩一排,间距约 3 m。将柳箔上端用 8 号铅丝或绳缆系在木桩上,柳箔下端则适当坠以块石或土袋。然后将柳箔放于受冲的堤

坡上。出水、入水高度可按水位和风浪情况决定。其位置除靠木桩和坠石固定外,必要时在柳箔面上再压块石或土袋,以免漂浮或滑动。在风浪顶冲严重的地方,可用双排柳箔防护。

(3)如缺乏柳枝,也可用苇把、秸把代替。有时也可用散柳、芦苇或其他梢料直接铺在堤坡上,但要多用横木、块石、土袋等压牢,以防冲走(见图8-45)。

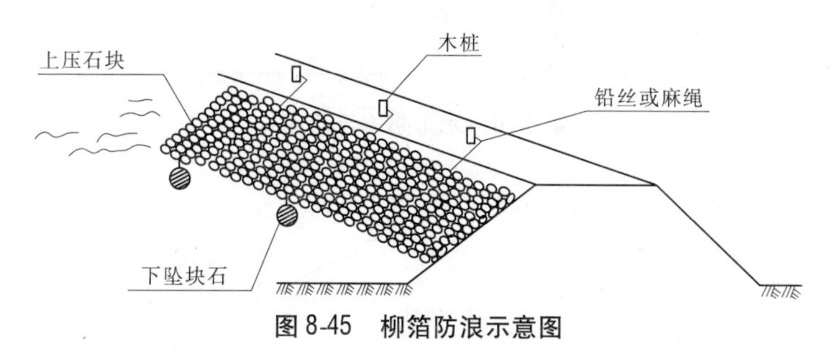

图8-45 柳箔防浪示意图

4.5 木(竹)排防浪

木(竹)排防浪的具体做法如下:

(1)木排捆扎。一般选用直径5~15 cm的圆木,用铅丝或绳缆扎成木排,重叠三四层,总厚度30~50 cm,宽度1.5~2.5 m,长度3~5 m。按水面的宽度和预计防御风浪的大小,用一块或几块木排连接起来。

(2)圆木排列的方向应当和波浪传来的方向相垂直。圆木间的空隙约等于圆木直径的一半。

(3)木排长度、厚度和水深的关系。根据试验,同样的坡长,木排越长,消浪效果越好。木排的厚度为水深的1/10~1/20时,消浪的效果最好。

(4)锚定的位置。防浪木排应锚定在堤身以外10~40 m的距离,视水面宽度而定。水面越宽,距离就应越大一些,以免木排撞击破坏堤身。锚链长一般应大于水深,以免锚链受拉力过大,容易被拔起。如果锚链放得过长,会降低消浪效果。一般链长超过水深2倍以上时,木排可以自由移动,对消浪就无显著效果。如果木排较小,也可用绳缆或铅丝拴系在堤顶的木桩上,随着水位的涨落,可紧松绳缆,调整木排的位置,但要防止木排撞击堤防边坡。

(5)木排位置。木排距堤临水坡相当于浪长(两个浪峰之间的距离)的2~3倍时,消浪的效果较好。如距堤太近,很容易和堤防相冲撞;如离堤太远,木排以内的水面增宽,仍将产生波浪,失去防浪效果。

(6)在竹源丰富的地区,常采用竹排代替木排防浪,其效果亦佳。在编竹排或木排时,竹木之间均可夹以芦柴捆、柳枝捆等,以节省竹木用量,降低造价。这时应在竹木排下适当坠以块石或砂石袋,以增强防浪效果(见图8-46)。

4.6 桩柳(柴草)防浪

在堤坡受风浪冲击范围的下沿先顺堤坡打签桩一排,再将柳枝、芦苇、秫秸等梢料分层顺铺在堤坡与签桩之间,直到高出水面1.0 m,再压以块石或土袋,以防梢料漂浮。水位上涨,防护高度不足时,可采用同法,再退后做第二级或多级桩柳防浪(见图8-47)。

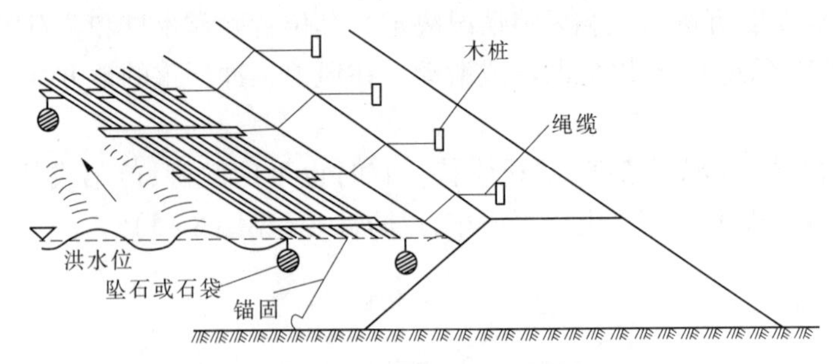

图 8-46　木排防浪示意图

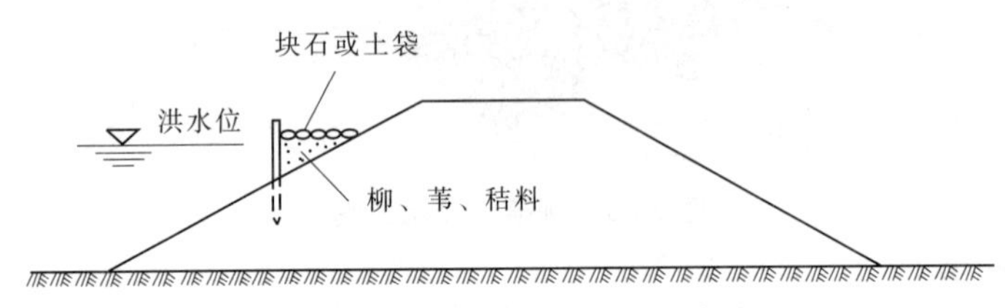

图 8-47　桩柳(柴草)防浪示意图

5　注意事项

(1)抢护风浪险情,尽量不要在堤坡上打桩,必须打桩时,桩距要大,以免破坏土体结构,影响堤防抗洪能力。

(2)防风浪一定要坚持“预防为主,防重于抢”的原则,平时要加强管理养护,备足防汛料物,避免或减少出现抢险被动局面。

(3)汛期抢做临时防浪措施,使用料物较多,效果较差,容易发生问题。因此,在风浪袭击严重的堤段,如临河有滩地,应及早种植防浪材并应种好草皮护坡,这是一种行之有效的堤防防风浪的生物措施。

6　黄河东平湖围堤风浪险情的抢护

东平湖位于黄河与汶河下游冲积平原相接的条形洼地上。1954 年 8 月 5 日,花园口站发生15 000 m^3/s 洪水,8 月 6 日黄河水开始倒灌入湖,8 月 11 日孙口站出现 8 640 m^3/s 的洪峰,加之汶河来水,东平湖水位急骤上涨,部分堤段仅出水 0.2 m,湖区大部分堤段发生了风浪冲刷堤身的险情,其长度达 15.64 km。临黄堤段也出现了风浪冲刷情况,堤身受到损失。面对风急浪高出险面广的局面,研究采取散厢护坡和挂枕防浪两种抢护措施。

(1)散厢护坡法。这种方法适用于堤脚已被风浪冲垮,且险情继续发展的情况。具体做法是:在临湖堤肩每隔 1.0 m 打长 2.0 m 桩一根,然后再将秸料用麻绳捆在木桩上,随捆随填土(采取做好一段再做一段的办法),一直做到出水 5 cm。散厢护坡起到了防止随机风波转为固定水位风波的作用,效果很好。

(2)挂枕防浪法。此种方法简单易行,适用于在风浪开始阶段土料尚未走失时缓和风浪对堤防的拍击,在无浪情况下也可以使用。具体做法是:首先捆好直径 0.5 m、长 6.0 m 的纯秸料枕(腰绳以 12 号铅丝为最好,间距 80 cm),然后在临河堤肩每隔 6 m 打长 1 m

签桩和一根拉桩，再用拉绳拴住枕两端的第一道腰绳挂在签桩上（拉绳长度视堤距水面远近而定），然后再将签桩靠近枕的里边打下去。在拴拉绳时，不要太紧，以能上下活动为宜，当水位稍许升降时仍能漂浮削浪。上述两种方法，在不同情况下使用，均取得较好效果。

任务 8 决口抢险

江河、湖泊堤防在洪水的长期浸泡和冲击作用下，当洪水超过堤防的抗御能力，或者在汛期出险抢护不当或不及时时，都会造成堤防决口。堤防决口对地区社会经济的发展和人民生命财产的安全危害是十分巨大的。

在条件允许的情况下，对一些重要堤防的决口采取有力措施，迅速制止决口的继续发展，并实现堵口复堤，对减小受灾面积和缩小灾害损失有着十分重要的意义。对一些河床高于两岸地面的悬河决口，及时堵口复堤，可以避免长期过水造成河流改道。

堤防决口抢险是指汛期高水位条件下，将通过堤防决口口门的水流以各种方式拦截、封堵，使水流完全回归原河道。这种堵口抢险技术难度较大，主要牵涉以下几个方面：一是封堵施工的规划组织，包括封堵时机的选择；二是封堵抢险的实施，包括裹头、沉船和其他各种截流方式、防渗闭气措施等。

1 封堵决口的施工组织设计

1.1 决口封堵时机的选择

堤防一旦出现决口重大险情，必须采取坚决措施，在口门较窄时，采用大体积料物，如篷布、石袋、石笼等，及时抢堵，以免口门扩大，险情进一步发展。

在溃口口门已经扩开的情况下，为了控制灾情的发展，同时也要考虑减少封堵施工的困难，要根据各种因素，精心选择封堵时机。恰当的封堵时机选择，将有利于顺利地实现封堵复堤，减少封堵抢险的经费和减少决口灾害的损失。通常，要根据以下条件，综合考虑，做出封堵时机的决策：

（1）口门附近河道地形及土质情况，估计口门发展变化趋势。

（2）洪水流量、水位等水文预报情况，一段时间内的上游来水情况及天气情况。

（3）洪水淹没区的社会经济发展情况，特别是居住人口情况，铁路、公路等重要交通干线及重要工矿企业和设施的情况。

（4）决口封堵料物的准备情况，施工人员组织情况，施工场地和施工设备的情况。

（5）其他重要情况。

1.2 决口封堵的组织设计

1.2.1 水文观测和河势勘查

在进行决口封堵施工前，必须做好水文观测和河势勘查工作。要实测口门的宽度，绘制简易的纵横断面图，并实测水深、流速和流量等。在可能情况下，要勘测口门及其附近水下地形，并勘查土质情况，了解其抗冲流速值。

1.2.2 堵口堤线确定

为了减少封堵施工时对高流速水流拦截的困难,在河道宽阔并具有一定滩地,或堤防背水侧较为开阔且地势较高的情况下,可选择"月弧"形堤线,以有效增大过流面积,从而降低流速,减少封堵施工的困难。

1.2.3 堵口辅助工程的选择

为了降低堵口附近的水头差和减少流量、流速,在堵口前可采取开挖引河和修筑挑水坝等辅助工程措施。要根据水力学原理,精心选择挑水坝和引河的位置,以引导水流偏离决口处,并能顺流下泄,以降低堵口施工的难度。

对于全河夺流的堤防决口,要根据河道地形、地势选好引河、挑水坝的位置,从而使引河、堵口堤线和挑水坝三项工程有机结合,以达到顺利堵口的目的。

1.2.4 抢险施工准备

在实施封堵前,要根据决口处地形、水头差和流量,做好封堵材料的准备工作。要考虑各种材料的来源、数量和可能的调集情况。封堵过程中不允许停工待料,特别是不允许在合龙阶段出现间歇等待的情况。要考虑好施工场地的布置和组织,充分利用机械施工和现代化的运输设备。传统的以人力为主,采用人工打桩、挑土上堤的方法,不仅施工组织困难,耗时长、花费大,而且失败的可能性也较大。因此,要力争采用现代化的施工方式,提高抢险施工的效率。

2 决口抢险的实施

堤防溃口险情的发生,具有明显的突发性质。各地在抢险的组织准备、材料准备等方面都不可能很充分。因此,要针对这种紧急情况,采用适宜的堵口抢险应急措施。

为了实现溃口的封堵,通常可采取以下步骤。

2.1 抢筑裹头

土堤一旦溃决,水流冲刷扩大溃口口门,以致口门发展速度很快,其宽度通常要达200~300 m才能达到稳定状态,如湖北的簰州湾、江西九江的江心洲溃口。

如能及时抢筑裹头,就能防止险情的进一步发展,减少此后封堵的难度。同时,抢筑坚固的裹头,也是堤防决口封堵的必要准备工作。因此,及时抢筑裹头,是堤防决口封堵的关键之一。

要根据不同决口处的水位差、流速及决口处的地形、地质条件,确定有效抢筑裹头的措施。这里重要的是选择抛投料物的尺寸,以满足抗冲稳定性的要求;选择裹头形式,以满足施工要求。

通常,在水浅流缓、土质较好的地带,可在堤头周围打桩,桩后填柳或柴料厢护或抛石裹护。在水深流急、土质较差的地带,则要考虑采用抗冲流速较大的石笼等进行裹护。除了传统的打桩施工方法,还可采用螺旋锚方法施工。螺旋锚杆的首部带有特殊的锚针,可以迅速下铺入土,并具有较大的垂直承载力和侧向抗冲力。首先在堤防迎水面安装两排一定根数的螺旋锚,抛下砂石袋后,挡住急流对堤防的正面冲刷,减缓堤头的崩塌速度;然后,由堤头处包裹向背水面安装两排螺旋锚,抛下砂石袋,挡住急流对堤头的激流冲刷和回流对堤背的淘刷。亦有采用土工合成材料或橡胶布裹护的施工方案,将土工合成材料或橡胶布铺展开,并在其四周系重物使它下沉定位,同时采用抛石等方法予以压牢。待裹头初步稳定后,再实施打桩等方法进一步予以加固。

2.2 沉船截流

根据九江城防堤决口抢险的经验,沉船截流在封堵决口的施工中起到了关键的作用。沉船截流可以大大减小通过决口处的过流流量,从而为全面封堵决口创造条件。

在实现沉船截流时,最重要的是保证船只能准确定位。在横向水流的作用下,船只的定位较为困难,要精心确定最佳封堵位置,防止沉船不到位的情况发生。

采取沉船截流的措施,还应考虑到由于沉船处底部的不平整,使船底部难与河滩底部紧密结合的情况,见图8-48。这时在决口处高水位差的作用下,沉船底部流速仍很大,淘刷严重,必须迅速抛投大量料物,堵塞空隙。在条件允许的情况下,可考虑在沉船的迎水侧打钢板桩等阻水。有人建议采用在港口工程中已广泛采用的底部开舱船只抛投料物的方法,见图8-49。这种船只抛石集中,操作方便。在决口抢险时,利用这种特殊的抛石船只,在堵口的关键部位开舱抛石并将船舶下沉,这样可有效地实现封堵,并减少决口河床冲刷。

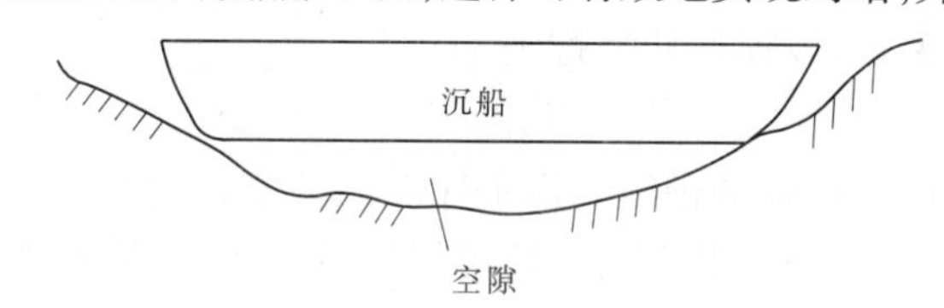

图8-48　沉船底部空隙示意图

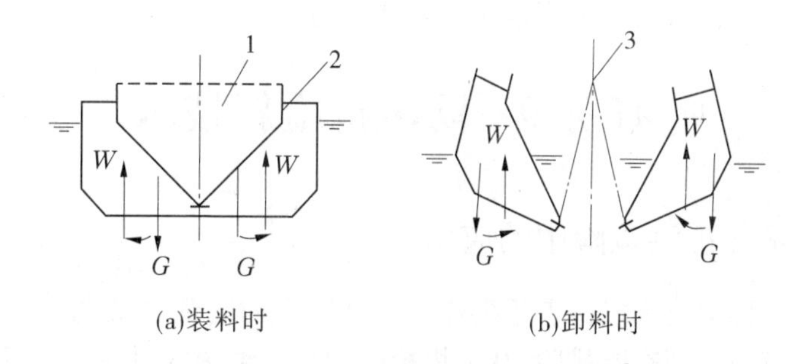

1—料舱;2—空舱;3—统舱;G—重心;W—浮心

图8-49　底部开舱船舶示意图

2.3 进占堵口

在实现沉船截流减少过流流量的步骤后,应迅速组织进占堵口,以确保顺利封堵决口。常用的进占堵口方法有立堵法、平堵法和混合堵三种。

2.3.1 立堵法

从口门的两端或一端,按拟订的堵口堤线向水中进占,逐渐缩窄口门,最后实现合龙。采用立堵法,最困难的是实现合龙。这时,龙口处水头差大,流速高,使抛投物料难以到位。在这样的情况下,要做好施工组织,采用巨型块石笼抛入龙口,以实现合龙。在条件许可的情况下,可从口门的两端架设缆索,以加快抛投速率和降低抛投石笼的难度。

2.3.2 平堵法

沿口门的宽度,自河底向上抛投料物,如柳石枕、石块、石枕、土袋等,逐层填高,直至高出水面,以堵截水流。这种方法从底部逐渐平铺加高,随着堰顶加高,口门单宽流量及流速相应减小,冲刷力随之减弱,利于施工,可实现机械化操作。这种平堵方式特别适用于前述拱形堤线的进占堵口。平堵法有架桥和抛投船两种抛投方式。

2.3.3 混合堵

混合堵是立堵与平堵相结合的堵口方式。堵口时,根据口门的具体情况和立堵、平堵的不同特点,因地制宜,灵活采用。如在开始堵口时,一般流量较小,可用立堵快速进占。在缩小口门后流速较大时,再采用平堵的方式,减小施工难度。

在1998年抗洪斗争中,借助人民解放军工兵和桥梁专业的经验,采用了"钢木框架结构、复合式防护技术"进行堵口合龙。这种方法是用40 mm左右的钢管间隔2.5 m沿堤线固定成数个框架。钢管下端插入堤基2 m以上,上端高出水面1~1.5 m做护拦,将钢管以统一规格的连接器件组成框网结构,形成整体。在其顶部铺设跳板形成桥面,以便快速在框架内外由下而上、由里向外填塞料物袋,以形成石、木、钢、土多种材料构成的复合防护层。要根据结构稳定的要求,做好成片连接、框网推进的钢木结构。同时要做好施工组织,明确分工,衔接紧凑,以保证快速推进。

2.4 防渗闭气

防渗闭气是整个堵口抢险的最后一道工序。因为实现封堵进占后,堤身仍然会向外漏水,要采取阻水断流的措施。若不及时防渗闭气,复堤结构仍有被淘刷冲毁的可能。

通常,可用抛投黏土的方法,实现防渗闭气。亦可采用养水盆法,修筑月堤蓄水以解决漏水。土工膜等新型材料,也可用以防止封堵口的渗漏。

任务9 防汛抢险新技术

1 现代科学技术在抗洪抢险中的应用

在抗洪抢险中,科学技术发挥着重要作用。从国家的宏观决策到每一个重大行动的部署和实施,从汛情预测到查险排险,从危堤抢险到分蓄洪调度,每一步、每一个环节都离不开科学技术,一大批高新技术成果被应用。成千上万名科技工作者以不同方式投身抗洪,提供了许多出色的技术。

开闸还是关闸、保堤还是破堤,这些指挥抗洪斗争的关键问题需要科技智囊团来提出对策。在抗洪抢险中,从国家科技部门到各省市都普遍使用了防汛计算机网络、气象卫星雷达系统、航空航天遥感系统,在天地之间建起了一个高科技立体探测网,准确地把握了洪水的脉搏。每日每时,全国各主要河段的水情、雨情数据和卫生云图,通过计算机网络、电话、电报和传真,及时输入防汛调度信息系统。科技人员通过对水情、雨情及各主要水利工程设施可靠性的掌握和对天气情况的分析,提出迎战洪峰预案,为领导决策提供依据。

计算机广域网络、气象卫星雷达系统、水文自动测报系统、卫星遥感、卫星定位观测、水下彩色摄像、堤坝隐患电法探测等现代科学技术和科学手段,在抗洪斗争中都得到了广泛应用,提高了成功的把握,为抗洪抢险的胜利做出了贡献。水文自动测报系统、GPS卫星定位系统、多普勒流速仪等先进仪器设备的应用，不仅减轻了水文工作者冒着生命危险抢测暴雨资料的难度，而且大大提高了工作效率和资料的精确度。过去在大坝上人工查看险情，要看见有地方冒出水才知道此处有管涌隐患，现在使用电法探测很快就可以探出坝体内部隐患的位置、深度和范围。实践证明，科学技术在抗洪抢险中显示了强大的威力。

但是，大江大河的治理是一项十分复杂和艰巨的任务。因为洪水的确定性和不确定性影响因素很多，限于目前的科技水平，在防汛抢险上还有许多规律待我们去探索，去研究。

2 抗洪抢险新技术、新产品简介

现代抢险技术主要是采用高新技术和机械化设备，如1998年长江抗洪抢险应用的钢木土石组合坝抢险堵口技术，土工织物抢险技术，机械化的物料运送与抛投，沉船、沉车抢险、堵口等。又如抢护管涌的整体“反滤围井”“堤坝管涌渗漏检测仪”“便携式打桩机”“土袋装运机”“应急挡水堤”，以及水下地形测量、水下焊接、机械抛石护岸等抢险新技术、新设备、新材料、新方法。

2.1 充水式布囊

目前，堤坝防风浪及防漫溢抢护方法众多，通常由取材方便而定，多用竹木、化纤袋、土工织物、泥石等，这些工程物质储存与运输、施工费用惊人，而且抢护速度难以满足险情需要。近期新用充水式布囊防水防浪。囊体上设有一可以密封的填充接口，在纵横两方向上均设有加强盘及可根据需要充气、充水，串接缝、囊与堤坝顶面接触缝以及囊与囊之间层叠缝隙均由自身压力密封。

当用于防浪时，将上下两个布囊作为一组并好后置于堤坝临水坡，再将各级布囊串接形成一条整带后，分别对各囊充水充气，下布囊充水，上布囊充气，使各级布囊一个沉于水下，一个浮于水面上，然后锚定，实现防浪。

当用于防漫溢时，先将布囊置于堤坝靠临水坡顶面，串接成带后再逐个充水，锚定后实现挡水。遇布囊周长尺寸不够时，则可重叠及并列使用。

充水式布囊子堤能反复多次使用，储运方便。

2.2 塑料板挡浪

用塑料板为挡水石板，板后用支架或砂袋支承。

2.3 装配式围井

抢护堤防管涌险情的有效措施之一，是在管涌发生处的周围抢做围井。其作用是在周井内保持一定的水位，降低该部位的水力坡降，使管涌通道的动水压力减小，使管涌流动的土粒恢复稳定。围井内的水位必须严格加以控制，若水位过低，围井不能起控制管涌险情发展的作用；相反，围井内的水位过高，虽然管涌险情得以控制，但它与围井外的部位产生较高的局部渗透坡降，从而可能引起周围土体管涌的产生。因此，围井需设置可调节水位的溢流孔，以控制围井内水位的高度。

过去多采用土袋围井，但存在物料消耗大、施工进度慢、劳动强度大等弊端。国家防汛抗旱总指挥部办公室（简称国家防办）与南京水利科学研究院联合研制的装配式围井具有节省人力、物力，施工便捷和经济耐用等优势。

为适应不同大小孔径的管涌，围井采用装配式，每块围板宽1 m，高1.5 m，由聚氯乙烯

(PVC)板材制成,用扁铁加盘加扣。直径6.4 m的围井需用20块围板拼接安装而成。板与板之间的界缝采用宽25 cm的复合土工膜固定而使两板侧部止水;板与地面的接缝采用挖沟埋入土中20~30 cm截水;围井中的水位,系在围板上安装一根直径10 cm的软管,调节软管出口高度,即可控制井内水位高低。据介绍,直径6.4 m的围井,4个人可在30 min内安装完毕。每块围板(1 m×1.5 m×5 mm)的成本价约为140元,可重复回收使用。

2.4　多功能复合滤垫

抢护堤防管涌险情的有效措施之一,是在管涌出口设置反滤铺盖。其作用是降低涌水流速,制止砂粒流失,以稳定管涌险情。

管涌险情,大多是由于透水砂卵层地基的承压水,顶穿表层弱透水的壤土或淤泥质土的薄弱部位后,发生局部集中渗流而形成流土涌泉破坏,此时地表土层往往已形成一个透水空洞。采用滤层抢护管涌险情时,除考虑管涌破坏滤层的因素外,还需考虑挟沙水流的流速和水流中所挟带砂砾粒径等因素。

抢护管涌,过去常采用的砂卵石滤层或梢料滤层,均存在消耗大、施工进度慢、物料难以及时供应等弊端。国家防办与南京水利科学研究院联合研制的多功能复合滤垫,具有工程量小、使用方便、施工速度快等优势。

多功能复合滤垫一般分上、中、下三层。中层为设计一定孔径的针刺土工织物,上、下层为土工席垫。土工席垫为三维立体多孔材料,厚度分别为1.5 cm和3 cm,它是将改性聚乙烯加热熔化后,通过喷嘴压出2 mm左右的纤维叠置在一起熔结而成的。下层土工席垫的功能主要是控制挟沙水流的流势;上层土工席垫的功能主要是保护中层土工织物不被盖重影响而改变其性能;中层土工织物是主要的工作滤层,它的性能指标取决于所需要保护的地基土。根据粉砂、细砂、中砂等不同地质条件,有相应的土工织物可供选用。每块多功能复合滤垫尺寸为1 m×1 m×5 cm。对于大口径管涌或多个密集管涌群,可用专门的U形连接件将多块拼装成大型块体进行盖护。该多功能复合滤垫不仅可以竖向排水,阻止土料流失,而且可以水平排水,阻止土粒移动。每块(1 m×1 m)多功能复合滤垫的成本价约为200元,部分可回收使用。

2.5　便携式打桩机

便携式打桩机是一种专门用于抗洪抢险、堤防加固和维护江、湖、塘堤岸的打桩机械。具有施工速度快、质量高、用人少、危险小、减少劳动强度等优势。其结构由主机和动力装置组成,主机是击打设备,有两个人即可操作,主机与动力装置分开,采用软轴连接传动。对长度2.5 m以内、桩径8~12 cm的木桩,3 min内可将木桩打入土中1~2 m。

2.6　组合装袋机

组合装袋机可自动将堆积于地面上的物料装到编织袋中,具有自动化、机械化程度高,省时、省力等优点,可用于堤防、河道工程抢险,每小时装袋1 200袋。大洪水情况下,抢修堤防子堤,抢堵漏洞,需大量土袋时更能发挥速度快、效率高、节省劳力、减轻劳动强度的优势,一台组合装袋机每台班装袋量相当于125人一天的工作量。

土袋装运机采用机械传动原理,分自动上土、装袋、爬坡运输三部分,具有自动化程度高、效率高、适应性强的特点,每分钟可运送土袋10袋以上。最大运输距离可达100 m左右。

小 结

介绍巡堤查险的任务、巡查方法、巡查工作要求。

漫溢是洪水漫过堤、坝顶的现象,抢护原则主要是"预防为主,水涨堤高";抢护方法:运用上游水库进行调蓄,削减洪峰,加高加固堤防,加强防守,增大河道宣泄能力,或利用分、滞洪和行洪措施,减轻堤防压力;对河道内的阻水建筑物或急弯壅水处,如黄河下游滩区的生产堤和长江中下游的围垸,应采取果断措施进行拆除和裁弯清障,以保证河道畅通,提高排洪能力。

对渗水(散浸)原因进行分析;以"临水(河)截渗,背水(河)导渗"为抢护原则,减小渗压和出逸流速,抑制土粒被带走,以稳定堤身为原则;抢护方法有临河截渗、反滤沟导渗、反滤层导渗、透水后戗(透水压渗台)。

对管涌(翻沙鼓水、泡泉)进行原因分析;其抢护应以"反滤导渗,控制涌水带沙,留有渗水出路,防止渗透破坏"为原则;抢护方法:反滤围井、无滤减压围井(或称养水盆)、反滤压(铺)盖、透水压渗台、水下管涌抢护。

漏洞是贯穿于堤身或堤基的流水通道,分析其产生原因;漏洞抢险的原则应该是"前截后导,临背并举",即在抢护时,要抢早抢小,一气呵成;抢堵方法有临水截堵、背河导渗、抽槽截洞。

对滑坡(脱坡)险情进行原因分析;介绍滑坡的检查观测与分析判断方法;抢护原则:设法减小滑动力和增加抗滑力。其做法可以归纳为"上部削坡与下部固脚压重";抢护方法:滤水土撑(又称滤水戗垛法)、滤水后戗、滤水还坡。

对风浪险情进行原因分析,以削减风浪对临水坡冲击力、加强临水坡抗冲为抢护原则,利用漂浮物防浪,拒波浪于堤防临水坡以外的水面上,可削减波浪的高度和冲击力;抢护方法:挂柳防浪、挂枕防浪、湖草排防浪、柳箔防浪、木(竹)排防浪、桩柳(柴草)防浪。

复习思考题

1. 堤防抢险中,漫溢险情产生的原因和抢护原则是什么?
2. 堤坝发生管涌险情的原因有哪些?
3. 堤坝发生管涌险情的抢护方法有哪些?
4. 对于堤坝发生的漏洞险情,探找漏洞的方法有哪些?
5. 对于堤坝发生的漏洞险情有哪些抢护方法?
6. 堤坝滑坡(脱坡)险情有哪些抢护方法?
7. 堤坝崩塌险情有哪些抢护方法?
8. 风浪引起堤坝破坏有哪三种形式?
9. 堤坝风浪险情的抢护方法有哪些?
10. 简述堤坝决口的堵口工作程序和堵口原则。
11. 应如何确定堵口坝的基线?

学习项目 9　城市雨洪利用

【学习指导】

目标:1. 了解国内外城市雨洪利用的现状和我国城市雨洪利用的必要性和可行性;

2. 掌握城市雨洪利用的途径及应采取的措施。

重点:城市雨洪利用的途径及应采取的措施。

任务 1　城市雨洪资源利用的必要性

雨洪利用实际上是一个含义非常广泛的词,从城市到农村,从农业、水利电力、给水排水、环境工程、园林到旅游等许许多多的领域都有雨洪利用的内容。城市雨洪利用,指的是通过工程性措施和非工程性措施,分散实施,就地拦蓄、贮存和利用城市雨洪,避减洪涝灾害,增添城市供水,改善水生态,营造一个亲水、爱水、节水、用水的城市环境。

雨,即降水,尤其是暴雨。降水是地球水体补给的来源,但时空分布不均。我国位于亚洲季风气候区,季风气候决定了我国雨季年内的高度集中。每当夏季风北上,西南、东南暖湿气流与西风带系统冷空气相遇,或者有台风影响,往往会产生强度很大的暴雨。

洪,即洪水,尤其是平原区洪水。我国不仅年内降水高度集中,而且地势西高东低,平原中的平地大多位于江河洪水水位以下,是洪水洪灾易发区。滨海地区由于海平面上涨、地面沉降,加剧了洪水水位抬高,增加洪水洪灾发生的概率。图 9-1 所示为城市雨洪资源利用示意图。

1　城市水危机严重

据统计,我国有 600 多个城市,其中 400 多个城市存在资源型或水质型缺水,有 110 个城市严重缺水,大部分在我国北方及西北半干旱、干旱地区。其中,华北地区水资源紧缺已是制约国民经济发展的重要障碍。随着城市化进程的加快,原有的农田、草地、林地逐渐被建筑物及硬化地面取代,原有疏松透气透水的地表被混凝土、沥青、砖石等不透水材料取代。除散布于市区的公园绿地和天然水体外(还大部分做了防渗),整个市区酷似一个盆,阻隔了雨洪向市区下部土壤的渗透。而城市作为人口高密度聚居的区域和经济文化的强活动区域,注定了要消耗大量的淡水资源,目前看,水资源的压力时刻威胁着城市的可持续发展。过去大多数城市是以地下水资源和天然降水资源作为城市水资源供应的主体,而地下水资源主要是借助包括雨洪在内的天然降水加以补充的。无疑城市地下水得不到应有的补充,加之过量超采地下水,使许多城市形成了地下水下降漏斗中心,引起了地面沉降、裂缝等地质灾害问题。

雨洪作为一种宝贵的资源,在城市水循环系统和流域水环境系统中起着十分重要的作用。由于人类的活动造成植被减少或破坏,城市发展中不透水面积的增加,导致雨洪流

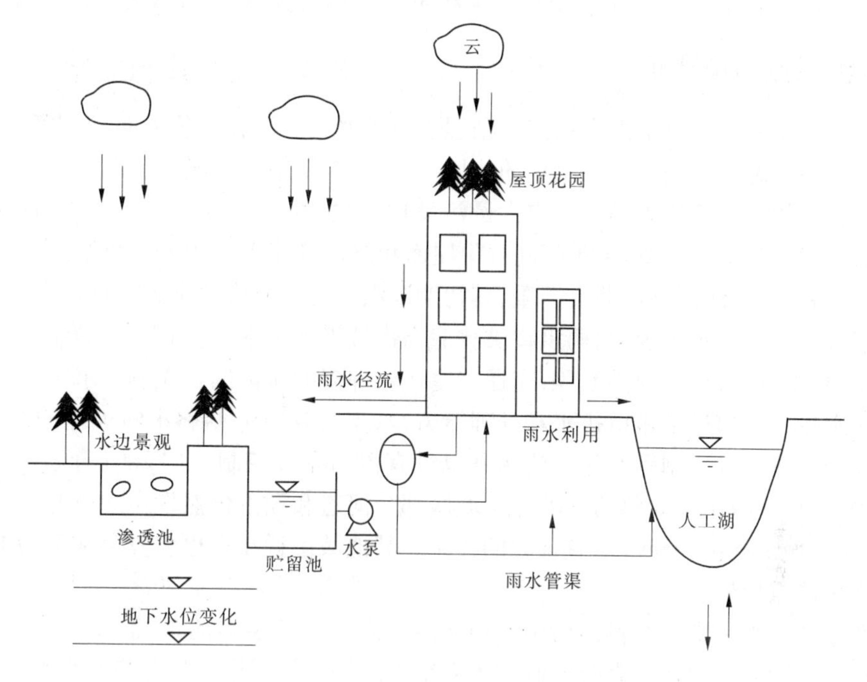

图9-1 城市雨洪资源利用示意图

失量增加和水循环系统的平衡遭到破坏，并引发一系列环境与生态问题。我国许多城市水资源严重不足，而大量雨洪资源却白白流失，雨洪利用率不到10%。因此，充分利用天然雨洪资源是有效补充城市地下水，缓解城市水资源紧张的重要途径。

2 城市雨洪灾害严重，洪灾风险加大

城市化改变了地貌情况和流域排水性能，使雨洪径流的特性也发生了变化。城市洪灾由于少有发生而常被忽视。事实上，城市人口密度和财产密度加大，同样的洪涝灾害一旦发生将造成更大的生命、财产损失。国外城市发展中的洪灾起因除特大暴雨事件外，主要是不透水面积增加导致汇流时间缩短和洪峰流量加大及排洪防涝设计标准偏低等。

城市化的进程增加了城市的不透水面积，如屋顶、街道、停车场等，使相当部分流域为不透水表面所覆盖，致使雨(雪)水无法直接渗入地下，洼地蓄水大量减少。一般天然地表洼地蓄水，砂地可达5 mm，黏土可达3 mm，草坪可达4～10 mm，甚至有报告已观测到了在植物密集地区可高达25 mm的记录，而光滑的平水泥地面在产生径流前只能保持1 mm的水，这些土地利用情况的改变造成从降雨到产流的时间大大缩短，产流速度和径流量都大大增加，使城市原有管线的排洪能力不堪负重。

排水管渠的完善，如设置道路边沟、密布雨洪管网和排洪沟等，增加了汇流的水力效率，原有的天然河道往往也被裁弯取直、疏浚整治，河底和堤岸也大多采用全衬砌的方法加以固化，粗糙度减小，从而使河槽流速增大，有时会达3～5倍，导致径流量和洪峰流量加大，峰现时间提前。例如，北京1959年8月6日和1983年8月4日发生的两场降雨的雨量相似，总雨量分别为103.3 mm和97.0 mm，最大一小时雨量分别为39.4 mm和38.4

mm,但二者的洪峰流量分别为202 m^3/s和398 m^3/s,后者较前者增大了近1倍。

3 雨洪径流污染严重

城市化发展还导致了雨洪径流污染程度更为严重。沥青油毡屋面、沥青混凝土道路、磨损的轮胎和融雪剂、农药、杀虫剂的使用,以及建筑工地上的淤泥和沉淀物、动植物的有机废弃物等均会使径流雨洪中含有大量污染物:有机物、病原体、重金属、油剂、悬浮固体等。对北京城区1998～2004年不同月份屋面和路面径流水质的大量数据分析表明,城区屋面、道路雨洪径流污染都非常严重,其初期雨洪的污染程度通常超过城市污水。

城区的抽样调查还表明,雨洪口被普遍当作垃圾和污水口,雨洪井充塞垃圾的现象非常严重,暴雨过后,道路雨洪淤积,交通堵塞。对许多旧城区的合流制排水系统,在暴雨期间由于水量大大超过了城市排水和处理能力,水流对管道冲刷和未经处理的污水溢出也进入受纳水体。合流制管系的溢流污染也没有得到有效控制。如2001年、2002年、2003年的雨季,耗资数十亿元整治后的北京城区部分河道和湖泊仍然发生水质恶化、藻类大量繁殖,这与城市雨洪径流污染有很大的关系。其他城市近年来也多发生暴雨污染事件,有些已产生严重后果。

我国城市水污染控制目前对雨洪径流污染尚未给予足够的重视,没有相应的法规和技术规范。倾向采用和依靠分流制排水系统来减轻水体污染。但分流制排水系统耗资巨大,旧合流制管系改建为分流制排水系统周期长、难度大、影响面宽,且仍然存在雨洪径流污染的隐患。

4 地下水位下降、地面下沉等

由于城市化速度的加快,城市的建筑群增加,下垫面硬化,排水管网化,降雨发生再分配,原本渗入地下的部分雨洪大部分转为地表径流排出,造成城市地下水大幅度减小;另外,由于地表水受到越来越严重的污染,人们转向无计划、无节制地开采地下水。渗透量的减少与过度开采,导致地下水位下降等问题,地面不断沉降。目前,海河流域年均超采地下水40多亿m^3,形成2万多km^2的地下水漏斗,沧州地下水漏斗中心区最大埋深90 m,地面下沉1.1 m。天津市滨海新区地面最大沉降量达到2.9 m,全国每年超采地下水80多亿m^3,形成了56个漏斗区,面积达8.7万km^2,漏斗最深处达100 m,并且80%的地面沉降分布在沿海地区。地面沉降,造成城市重力排污失效;地区防洪、防汛效能降低;城市建设和维护费用剧增;管道、铁路断裂,建筑物开裂,威胁城市建筑的安全;地面高程失真,影响防洪、防汛调度,危及城市规划,造成决策失误等。

5 城市雨洪资源化是可行的

"节流、开源、保护并重,以节流为主"是解决城市水危机的指导思想。近年来,工业、农业、生活节水已取得了很大成效,水资源保护、污水处理和改善水环境的各项措施正逐步实施,对于开源问题,大多数城市重点放在了外流域调水上。外流域调水不仅耗资巨大,而且涉及社会经济、生态环境、地区间协调等众多因素。而雨洪利用实践证明是一项行之有效的工作。

5.1 技术可行性

5.1.1 雨洪资源的水质

雨洪中杂质的浓度与降雨地区的污染程度有着密切的关系。雨洪中的杂质是由降水中的基本物质和所流经的地区造成的外加杂质组成的,主要含有氯、硫酸根、硝酸根、钠、钾、钙和镁等离子(浓度大多在10 mg/L以下)和一些有机物质(主要是挥发性化合物),同时还存在少量的重金属(如镉、铜、铬、镍、铅、锌)。但是不经处理或者简单处理的雨洪应用于城市绿化用水和洗车用水、工业循环冷却水以及景观娱乐用水是完全可以的。

5.1.2 国外的先进技术和理论

国外城市雨洪利用的蓬勃发展值得我国城市雨洪利用借鉴。德国和日本等国在雨洪综合利用方面的研究始终位于世界的前沿。2001年9月我国政府和德国政府间的科技合作项目“城区水资源可持续利用——雨洪控制和地下水回灌”在北京召开了通报会,专家们指出雨洪利用要以将雨洪留在地面、地下为目标,建立雨洪相关产业。目前,德国在新建小区(无论是工业、商业、居民区)时均要设计雨洪利用项目,否则政府将征收雨洪排放设施费和雨洪排放费。日本利用雨洪作为生活杂用水的技术已经比较成熟,大力实施雨洪渗透以补充地下水。以色列由于严重干旱缺水,雨洪资源的利用率已达到了98%。美国也大量建造渗滤田,用于补充地下水或在暴雨洪水时进行汇集和调节雨洪。

5.1.3 城市雨洪利用的实施

城市雨洪利用的实施不仅能减小常用的合、分流制排水系统中管道的管径,还能减少雨洪泵站的设计流量、合流制中的沉淀装置,以及其他处理设施的设计流量、雨洪初期径流所带来的潜在负荷等,此外还起到对城市暴雨高峰流量的疏导作用。现有的分流制排水体制能通过将排水面积分离(雨洪的渗透)来避免排水管网纳污能力的不足或者提高河道的防御能力。总之,城市雨洪利用的实施对城市的发展、改善城市水环境的作用是不可限量的。

5.2 经济可行性

雨洪利用作为公益事业,不仅具有环境生态效益和社会效益,还有巨大的直接和间接经济效益。

5.2.1 节省巨额市政投资

小区雨洪利用工程可以减少需由政府投入的用于大型污水处理厂、收集污水管线和扩建排洪设施的资金。将地面雨洪就近收集并回灌地下,不仅可以减少雨季溢流污水,改善水体环境,还可以减轻污水厂负荷,提高城市污水厂的处理效果;雨洪蓄水池和分散的渗渠系统可降低城市洪水压力和节省封闭路面下的排水管网负荷。

5.2.2 有良好的产业前景,能形成新的经济增长点

雨洪利用运行费用低廉,效益十分突出。雨洪利用的市场前景巨大。收集利用雨洪,可借用基础设施投资,拉动经济增长;雨洪与中水利用设备产业可以吸引大量的民间资本进入,形成一个吸引民间资本的新产业;这项产业在减少政府财政支出、促进经济增长、吸纳就业、促进小城镇建设等方面都会发挥出积极作用。

5.3 城市雨洪利用资源量分析

在1998年的“国际雨水利用学术会议暨中国第二届雨水大会”上,水利专家们指出,

就地充分利用雨洪资源，采取各种有效措施提高雨洪利用的能力和效率，是传统水利发展中不可缺少的补充和延伸，是解决城市水资源危机的重要途径。将雨洪资源收集并利用，能够缓解城市化地区长期供水难的大问题。

我国的年平均降水量是 650 mm，我国的国土面积为 960 万 km^2，可以推算出我国的原生水资源（总降水量）量约为 6.24 万亿 m^3/年。据国家环境保护总局信息中心资料，2004 年末我国城市面积 39.42 万 km^2，按年平均降水量 650 mm，可以推算出该年度我国城市原生水资源（总降水量）约为 0.26 万亿 m^3。除自然蒸发和渗透外，城市雨洪收集利用的潜力巨大。

北京年均降水量为 590 mm 左右，经过计算，城区每年可利用的雨洪量达 2.3 亿 m^3，相当于 110 个昆明湖的水量。北京目前建设的集雨工程只有 47 个，一年的雨洪收集量只有 100 万 m^3，河道中蓄积的雨洪也只有 500 万 m^3 左右，再加上其他方式，每年收集的雨洪不到 10 个昆明湖的水量。

任务 2　国外城市雨洪利用综述

国际上城市雨洪利用研究比较广泛。东南亚的尼泊尔、菲律宾、印度、泰国，非洲的肯尼亚、博茨瓦纳、坦桑尼亚，以及日本、德国、澳大利亚、美国、新加坡、法国等国家都采取了多种技术开发和利用城市雨洪。日本和德国的城市雨洪利用处于领先地位。

美国和许多欧洲国家也转变了过去单纯解决雨洪排放的观念，认识到雨洪对城市发展的必要性，制定了相应的政策和法规，限制雨洪的直接排放与流失，控制雨洪径流的污染，征收雨洪排放费，要求或鼓励雨洪的贮留、贮存或回灌地下，改善城市水环境和生态环境。1972 年，芝加哥城市卫生街区开始在没有下水道和设置分流式下水道的新土地开发区，强制性地实施雨洪贮留设施，以应付因城市化增长而增大的雨洪径流，其贮留设施的蓄水方式是各种各样的，有蓄水湖、蓄水池以及地下蓄水设施等。为解决集水面积 971 km^2 的合流制下水道地区的供水和水质问题，在上游建造了 3 个大型雨洪贮留池（总贮留量 1.57 亿 m^3），街区下的一条大型地下河似的雨洪贮留管，整个卫生街区的全部贮留设施的贮留高（贮留水量与流域面积的比，相当于降雨形成的径流深度）是 172 mm，可见其贮留量之大。

墨西哥利用天然不透水的岩石表面为集水面。美国利用化学材料处理集水面以增加集水效率。美国、墨西哥、索马里在集水面上铺设塑料薄膜、沥青纸、金属板等，集流效果很好，但费用很高。德国、日本、加拿大等国家采用铁皮屋顶集流将汇集的雨洪贮存在蓄水池中，再通过输水管道灌溉庭院的花、草、树木和供应卫生间用水，从屋顶收集的最大年降雨量为 2 290 万 m^3，每年从居民屋顶收集的 645 万 m^3 雨洪占居民冲洗厕所和洗衣服实际用水量的 68%。20 世纪 60 年代，日本开始收集利用路面雨洪，70 年代修筑集流面收集雨洪。在日本东京的相扑馆和棒球馆的下面，修建 2 000 m^3 的地下雨洪库，控制地区洪水。1980 年，日本建设省开始推行雨洪贮留渗透计划，涵养地下水源、复活泉水、恢复河川基流，改善生态环境，并在 1988 年成立了“雨洪贮留与渗透技术协会”，吸引了清水、三菱、西武、大成等著名的建筑株式会社在内的 84 家公司参加。对东京附近 22 万 m^2 的流域长达5年的观测和调查表明,实施雨洪贮留渗透技术的区域效果明显,平均降雨量69.3 mm的地区,平均流出量由原来的37.95 mm降低到5.48 mm,流出率由51.8%降低到5.4%。东京8.3%的街道都采取了透水性柏油路面。善于经营的日本人还向阿拉伯等缺水国家出口雨洪,对于阿拉伯国家来说,进口雨洪比淡化海水的花费要低很多。现在,日本拥有利用雨洪设施的建筑物100多座,屋顶集水面积20多万 m^2,在东京鄞州区文化中心修建的收集雨洪设施集雨面积5 600 m^2,雨洪池容积为400 m^3,每年用作饮用水和杂用水的雨洪占其年用水量的45%。日本还提出"雨洪径流抑制性下水道",采用各种渗透设施或雨洪收集利用系统来截流雨洪进行大量的研究和示范工程,并纳入国家下水道推行计划,在政策和资金上给予支持,结合已有的中水道工程,雨洪利用工程也逐步规范化和标准化。如在城市屋顶修建用雨洪浇灌的"空中花园",在建筑中设置雨洪收集贮留装置与中水道工程共同发挥作用,像东京、福冈、大阪和名古屋均有大型的棒球场雨洪利用系统,集水面积均在1.6万~3.5万 m^2,经砂滤和消毒后用于生活用水和绿化,每个系统年利用雨洪量在3万t以上。

日本的家庭雨洪利用也已得到很大进展。从房檐收集雨洪经过水槽,经过过滤器的简单处理,贮存到贮水罐里,可用于浇洒绿地或简单生活用水,还可以渗透到庭院周围的地下,来涵养地下水,补充生态用水,从而有效地避免地面沉降,抬高地下水位。

伦敦世纪圆顶示范工程是英国2000年的展示建筑。该建筑每天回收500 m^3雨洪冲洗该建筑内的厕所,其中100 m^3为从屋顶收集的雨洪,使其成为欧洲最大的建筑物内的水循环设施。从面积10万 m^2的园顶盖上收集雨洪,经过24个专门设置的汇水斗进入地表水排放管中,初降的雨洪含有从圆顶冲刷下来的污染物,通过排水管道直接排入泰晤士河。收集的雨洪在芦苇床中处理,收集的雨洪水质较好,在抽送至第一级芦苇床之前只需要预过滤,其处理过程包括两个芦苇床(每个面积250 m^2)和一个池塘(容积为300 m^3),选用了具有高度耐盐性能好的芦苇,并且芦苇床很容易纳入圆顶的设计,形成良好的生态景观。

综上所述,国外城市雨洪资源利用的应用范围广、设施齐全、利用方法多种多样,并且制定了一系列关于雨洪利用的政策法规,建立了比较完善的雨洪收集和雨洪渗透系统。收集的雨洪有很多方面的用途,如冲洗厕所、洗车、浇洒庭院、洗涤衣物、屋顶花园用水,还可作为发生火灾时的应急用水,雨洪渗透可形成地下水回灌系统。

任务3 国内城市雨洪利用综述

我国城市雨洪利用的思想虽具有悠久的历史,新疆的"坎儿井"、北京北海团城古代雨洪利用工程,都是古代雨洪利用的典范。而真正意义上的城市雨洪利用的研究与应用始于20世纪80年代,发展于90年代,但总的来说技术还较落后,缺乏系统性,更缺少法律法规保障体系。目前,主要在缺水地区有一些小型、局部的非标准性应用。比较典型的有山东的长岛县、大连的獐子岛和浙江省舟山市葫芦岛等雨洪集流利用工程。

大中城市的雨洪利用基本处于探索与研究阶段,但已显示出良好的发展势头。由于缺水形势严峻,北京的雨洪利用步伐较快。2000年国家科技部与德国联邦教育科技部合作并展"北京城区雨洪控制与利用技术研究示范"项目,项目主要承担单位北京水利科学研究所选择了五种建设模式、六个不同的雨洪利用工程示范小区和一个雨洪利用中心试验场,工程建设总面积达 60 hm^2,该项成果目前已取得良好的社会效益和经济效益。2001 年国务院批准了包括雨洪利用规划内容的"21 世纪初期首都水资源可持续利用规划"。北京建筑工程学院和北京市节水办公室从 1998 年开始立项研究,于 2001 年 4 月通过鉴定,并建成了几处示范工程。北京计划在 2008 年前将人均水面由现在的 1.5 万 m^2 扩展到 3 万 m^2,拟在新建小区和旧城区改造过程中再添水景和水源。专家认为,北京可利用的雨洪每年有 7 亿 m^3 的巨大潜力。2003 年 4 月起北京施行《关于加强建设工程用地内雨洪资源利用的暂行规定》,要求凡在本市行政区域内,新建、改建、扩建工程均应进行雨洪利用工程设计和建设,雨洪利用工程应与主体建设工程同时设计、同时施工、同时投入使用。上海浦东国际机场航站楼已经建有完善的雨洪收集系统用来收集浦东国际机场航站楼的屋面雨洪,这些雨洪均被有效地处理并加以利用。河北省石家庄在城建规划中将绿地加宽了 50 m,并拟修建蓄雨池,着手实施雨洪工程。河北省内新建的一些生态型生活小区,已将雨洪利用纳入整体规划。石家庄市科学技术局也于 2004 年 7 月委托河北省水利科学研究院开展雨洪利用试点研究。

目前,全国很多城市都在仿效以上几个城市的雨洪利用工程和应用技术,研究城市雨洪集蓄利用的可行性。全国已经掀起城市雨洪利用的热潮,如何充分利用城市雨洪,实现城市区域的良性水循环已经提上日程。

任务 4　城市雨洪利用的途径

城市雨洪利用途径的指导思想是"雨洪是资源,综合利用在前,排放在后"。其利用应根据具体城市生态环境用水和建筑物分布的特点,因地制宜地建造雨洪直接利用和间接利用工程,以达到充分利用城市雨洪、提高雨洪利用能力和效率的目的。城市雨洪利用的途径主要有以下几个方式(见图 9-2)。

1　雨洪集蓄利用

城市的建筑屋顶、大型广场、小区庭院、城市的不透水地面都可汇集雨洪,是良好的雨洪收集面。将雨洪收集处理后直接利用是城市雨洪利用的直接过程。收集处理后的雨洪主要用于城市的绿地浇灌、路面喷洒、景观补水等,可有效地缓解城市供水压力。例如北京市 2010 年建筑占地面积 300 km^2(包括道路所占的面积),取不透水表面径流系数和集水效率分别为 0.85 和 0.91。按照北京 1999 年降雨量 389 mm(新中国成立以来最干旱的一年)计算,仍有 0.8 亿 m^3 的雨洪资源可以利用。可见,利用大面积的不透水区域进行集雨,具有很大的开发利用潜力。

1.1　屋面雨洪集蓄利用系统

利用屋顶集雨面的雨洪集蓄利用系统主要用于家庭、公共和工业等方面的非饮用水,如浇灌、冲厕、洗衣、冷却循环等中水系统,可节约饮用水,减轻城市排水和处理系统的负荷,减少污染物排放量和改善生态环境等。

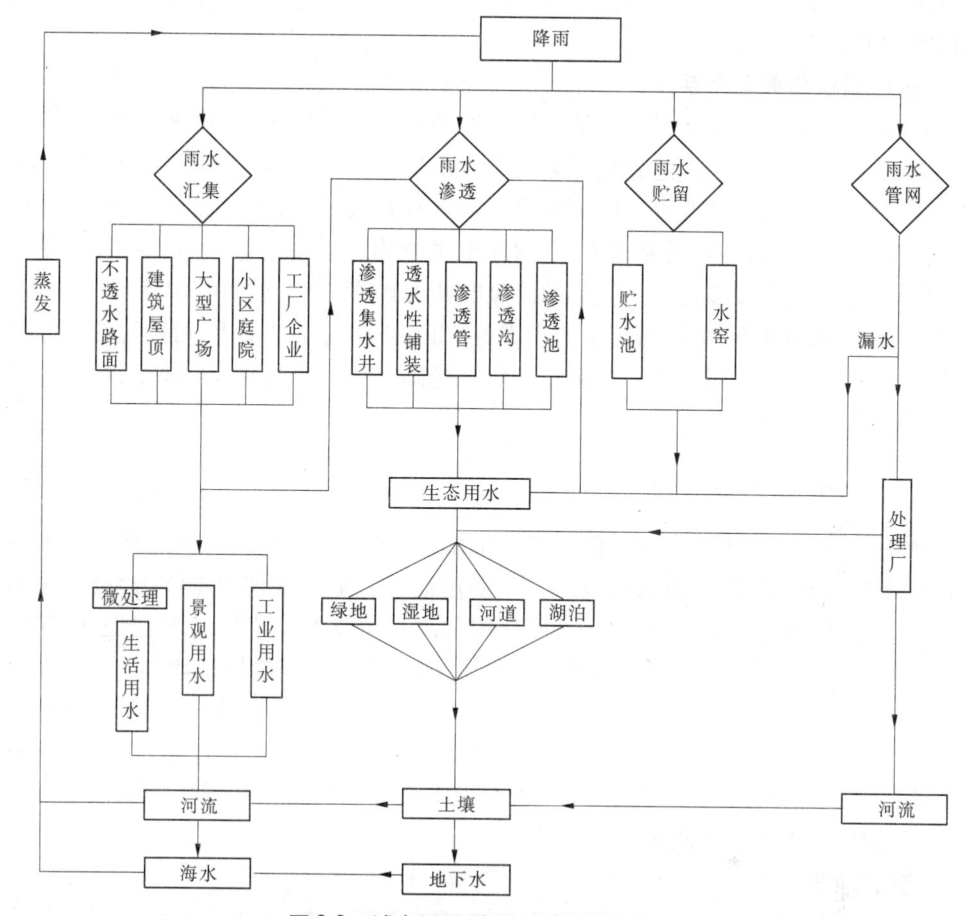

图9-2　城市雨洪利用途径及循环图

该系统又可分为单体建筑物分散式系统和建筑群集中式系统，由雨洪汇集区、输水管系、截污装置、贮存、净化和配水等几部分组成。有时还设渗透设施与贮水池溢流管相连，使超过贮存容量的部分溢流雨洪渗透。

屋面雨洪集蓄利用技术在许多国家得到较广泛的应用，德国已实现产业化和标准化，一些专业公司开发出成套设备和产品。德国 Ludwigshafen 已经运行 10 年的公共汽车洗车工程利用 1 000 m^2 屋面雨洪作为主要的冲洗水源。法兰克福 Possmann 苹果轧汁厂将绿色屋面雨洪作为冷却循环水源等，是屋面雨洪用于工业项目的成功范例。

1.2　屋顶绿化雨洪利用系统

屋顶绿化是一种削减径流量、减轻污染和城市热岛效应、调节建筑温度和美化城市环境的新的生态技术，也可作为雨洪集蓄利用和渗透的预处理措施。既可用于平屋顶，也可用于坡屋顶。

植物和种植土壤的选择是屋顶绿化的技术关键，防渗漏则是安全保障。植物应根据当地气候和自然条件，筛选本地生的耐旱植物，还应与土壤类型、厚度相适应。上层土壤应选择孔隙率高、密度小、耐冲刷且适宜植物生长的天然或人工材料。在德国常用的有火山石、沸石、浮石等，选种的植物多为色彩斑斓的各种矮小草本植物，十分宜人。屋顶绿化系统可提高雨洪水质并使屋面径流系数减小到 0.3，有效地削减雨洪径流量。该技术在德国和欧洲城市已广泛应用。

1.3　园区雨洪集蓄利用系统

在新建生活小区、公园或类似的环境条件较好的城市园区，可将区内屋面、绿地和路面的雨洪径流收集利用，以达到更显著削减城市暴雨径流量和非点源污染物排放量、优化小区水系统、减少水涝和改善环境等效果。因这种系统较大，涉及面更宽，需要处理好初期雨洪截污、净化、绿地与道路高程、室内外雨洪收集排放系统等环节和各种关系。降雨产生的地面径流，只要修建一些简单的雨洪收集和贮存工程，就可将城市雨洪资源化，用于城市清洁、绿地灌溉、维持城市水体景观等，由于雨洪污染并不重，可经过简单的处理用于生活洗涤用水、工业用水等。如果在贮留池基础上建造美丽的音乐喷泉，可解决喷泉用水和绿地用水的矛盾。

2　利用渗透设施集雨

利用各种人工设施强化雨洪渗透是城市雨洪利用的重要途径，雨洪渗透设施主要有渗透集水井、透水性铺装、渗透管、渗透沟、渗透池等。采用各种雨洪渗透设施，让雨洪回灌地下，补充涵养地下水资源，是一种间接的雨洪利用技术。日本从 20 世纪 80 年代初开始雨洪渗透技术的研究，如今已经从试验阶段进入推广实施阶段。1996 年初，仅东京就采用渗透检查井 33 450 个。日本的研究和应用表明，渗透设施涵养地下水、抑制暴雨径流的作用十分显著。而且经过 10 多年的运行，抑制效果没有下降。东京、横滨还对雨洪渗透现场的地下水进行连续观测，未发现对地下水造成污染。我国各大城市应该具有超前意识，加快城市雨洪渗透技术的应用研究。

2.1　渗透地面

渗透地面可分为天然渗透地面和人工渗透地面两大类，前者在城区以绿地为主。绿地是一种天然的渗透设施。主要优点有：透水性好；城市有大量的绿地可以利用，节省投资；一般生活小区建筑物周围均有绿地分布，便于雨洪的引入利用；可减少绿化用水并改善城市环境；对雨洪中的一些污染物具有较强的截留和净化作用。缺点是：渗透流量受土壤性质的限制，雨洪中如含有较多的杂质和悬浮物，会影响绿地的质量和渗透性能。

人造透水地面是指城区各种人工铺设的透水性地面，如多孔的嵌草砖、碎石地面，透水性混凝土路面等。主要优点是：能利用表层土壤对雨洪的净化能力，对预处理要求相对较低；技术简单，便于管理；城区有大量的地面，如停车场、步行道、广场等可以利用。缺点是：渗透能力受土质限制，需要较大的透水面积，对雨洪径流量的调蓄能力低。在条件允许的情况下，应尽可能多采用透水性地面。

2.2　渗透管沟

雨洪通过埋设于地下的多孔管材向四周土壤层渗透，其主要优点是占地面积少，管材四周填充粒径 20 ~ 30 mm 的碎石或其他多孔材料，有较好的调储能力。缺点是一旦发生堵塞或渗透能力下降，很难清洗恢复。而且由于不能利用表层土壤的净化功能，对雨洪水质有要求，应采取适当预处理措施，使其不含悬浮固体。在用地紧张的城区，表层土渗透性很差而下层有透水性良好的土层、旧排水管系的改造利用、雨洪水质较好、狭窄地带等条件下较适用。一般要求土壤的渗透系数明显大于 10^{-6} m/s，距地下水位要有一定厚度的保护土层。

可以采用地面敞开式渗透沟或带盖板的渗透暗渠，弥补地下渗透管不便管理的缺点，也减少挖深和土方量。渗透沟可采用多孔材料制作或做成自然的带植物浅沟，底部铺设透水性较好的碎石层。特别适于沿道路、广场或建筑物四周设置。

2.3　渗透井

渗透井包括深井和浅井两类，前者适用水量大而集中、水质好的情况，如城市水库的泄洪利用。城区一般宜采用后者。其形式类似于普通的检查井，但井壁做成透水的，在井底和四周铺设 Φ10～30 mm 的碎石，雨洪通过井壁、井底向四周渗透。

渗透井的主要优点是占地面积和所需地下空间小，便于集中控制管理。缺点是净化能力低，水质要求高，不能含过多的悬浮固体，需要预处理。适用于拥挤的城区或地面和地下可利用空间小、表层土壤渗透性差而下层土壤渗透性好等场合。

2.4　渗透池（塘）

渗透池（塘）的最大优点是：渗透面积大，能提供较大的渗水和贮水容量；净化能力强；对水质和预处理要求低；管理方便；具有渗透、调节、净化、改善景观等多重功能。缺点是：占地面积大，在拥挤的城区应用受到限制；设计管理不当会造成水质恶化，蚊蝇滋生，以及池底部的堵塞，渗透能力下降；在干燥缺水地区，蒸发损失大，需要兼顾各种功能做好水量平衡。特别适合在城郊新开发区或新建生态小区里应用，结合小区的总体规划，可达到改善小区生态环境，提供水的景观、小区水的开源节流、降低雨洪管系负荷与造价等一举多得的目的。

2.5　综合渗透设施

可根据具体工程条件将各种渗透装置进行组合。例如，在一个小区内可将渗透地面、绿地、渗透池（塘）、渗透井和渗透管等组合成一个渗透系统。其优点是可以根据现场条件的多变选用适宜的渗透装置，取长补短，效果显著。如渗透地面和绿地可截留净化部分杂质，超出其渗透能力的雨洪进入渗透池（塘），起到渗透、调节和一定净化作用，渗透池的溢流雨洪再通过渗井和滤管下渗，可以提高系统效率并保证安全运行。缺点是装置间可能相互影响，如水力计算和高程要求，占地面积较大。

3　雨洪综合利用系统

生态园区雨洪综合利用系统是利用生态学、工程学、经济学原理，通过人工净化和自然净化的结合，雨洪集蓄利用、渗透与园艺水景观等相结合的综合性设计，从而实现建筑、园林、景观和水系的协调统一，实现经济效益和环境效益的统一，以及人与自然的和谐共存。这种系统具有良好的可持续性，能实现效益最大化，达到理想的效果。但要求设计者具有多学科的知识和较高的综合能力，设计和实施的难度较大，对管理的要求也较高。

该系统具体做法和规模依据园区特点不同而不同。1992 年建于柏林市的雨洪收集利用工程，将 160 栋建筑物的屋顶雨洪通过收集系统进入三个容积为 650 m^3 的贮水池中，主要用于浇灌。溢流雨洪和绿地、步行道汇集的雨洪进入一个仿自然水道，水道用砂和碎石铺设，并种有多种植物。之后进入一个面积为 1 000 m^2、容积为 1 500 m^3 的水塘（最大深度3 m)。水塘中以芦苇为主的多种水生植物,同时利用太阳能和风能使雨洪在水道和水塘间循环,连续净化,保持水塘内水清见底,形成植物鱼类等生物共存的生态系统。遇暴雨时多余的水通过渗透系统回灌地下,整个小区基本实现雨洪零排放。

柏林 Potsdamer 广场 Daimlerchrysler 区域城市水体工程也是雨洪生态系统的成功范例。该区域年产雨洪径流量2.3万 m^3。采取的主要措施:建有绿色屋顶4 hm^2,雨洪调蓄池3 500 m^3,主要用于冲厕和浇灌绿地(包括屋顶花园);建有人工湖12 hm^2,人工湿地1 900 m^2,雨洪先收集进入调蓄池,在调蓄池中,较大颗粒的污染物经沉淀去除,然后用泵将水送至人工湿地和人工水体。通过水体基层、水生植物和微生物等进一步净化雨洪。此外,还建有自动控制系统,对磷、氮等主要水质指标进行连续监测和控制。该水系统达到一种良性循环,野鸭、水鸟、鱼类等动植物依水栖息,使建筑、生物、水等元素达到自然的和谐与统一。

4　城市雨污分流,建立单独的城市雨洪系统

目前,我国的许多城市都是实行合流制的排水系统,有两个弊端:一方面即将雨洪和污水在一个排水系统中排放,并且都排入同一条河道和海域,这些河道得不到足够的清水补充,在源源不断的污水排入后变得又脏又臭,海域也发生赤潮现象。另一方面,雨洪的水质较污水来说,水质较好,而合流制的排水系统将其和污水一同排放,使较清洁的雨洪白白浪费和流失。例如上海通过市区排水泵排入河道的雨洪量约有5.59亿 m^3,目前已经启用"雨洪再利用研究",以缓解城市供水不足,控制径流污染和改善城市生态效应。

为了利用雨洪资源,应采取相应的措施,比如采取旧排水管网系统改造、新建城市雨洪排水系统,采用双层排水道,上层排泄雨洪,下层排放污水,实现雨洪污水分流。分流后的雨洪经排水道排至需要景观用水的集中用水点,如人工湖、贮水池等,补充生态用水,用于维持和改善城市的水环境。

5　其他途径

5.1　空间返还,恢复自然

随着城市化进程的加快,人口增多,土地成了稀缺资源。许多城市为多争一块地,盲目填充河道,改为管道排水,侵占河流漫滩、湖泊边缘及湿洼地,清除树木草地,不仅减少了市内拦蓄,增加了暴雨汇流速度,常导致内涝,而且减少了外水蓄洪能力,提高了洪水强度和洪灾概率。更为严重的是,积水面积的萎缩,降低了城市生态系统的重要要素——水环境的应有作用,导致热岛效应、气候异常、蒸发量增加、降水量集中。因此,应提倡返还河流、湖泊空间,恢复自然的拦蓄雨洪方式。目前,我国城市比较重视防外水,即防洪,忽视预防内水,即暴雨汇流产生的涝灾。我国城市的排涝标准较低,一般不足10年一遇,加之填充排水河道、用混凝土覆盖空地,一遇大雨,市区到处是水,交通堵塞,雨污混流,导致城市功能不能正常发挥,甚至造成巨大的经济损失。如1998年武汉市长江发生大水时,军民严防死守保住了大堤,但7月21日一场暴雨,却导致交通、电力、通信等城市生命线工程瘫痪。因此,在进行城市规划时应保留城市原有河流、湖泊、洼地,适当恢复已被挤占、填充的蓄洪水面,退堤还漫滩、还边缘。有条件的还可以开挖人工湖和运河,提高蓄

洪、排涝能力,改善城市景观和生态环境。

5.2　生态河堤,营造水环境

改革开放以来,不少城市不仅在新城建设、旧城改造中用砖、混凝土覆盖裸露地面,而且在城市防洪中采用混凝土覆盖河堤、衬砌河道,从而不仅减少了城市绿地、植被,而且降低了植被拦蓄、土壤下渗能力,增加了暴雨汇流和洪水的流速、流量。因此,今后,除在城市建设中恢复绿地外,还需借鉴发达国家的成功经验,建设生态河堤。

生态河堤是融现代水利工程学、环境学、生物学、生态学、美学等为一体的水利工程。它以保护、创造生物良好的生存环境和自然景观为前提,以具有一定强度、安全性和持久性为标准,把河堤由混凝土人工建筑改造成水体、土体和生物体相互涵养、适合生物生长的仿自然状态的护堤,并结合河堤、河道的具体情况,以水和绿作为空间基质,营造安全、舒适、富有生机活力的水边环境。

5.3　全河统筹,上下同蓄

城市雨洪利用,绝不能走单纯防洪、单纯供水、各防各的、各供各的的老路,一定要统一管理,上下同治。对水资源开发、利用和保护,不能条块分割,城市雨洪利用也是如此,虽然是分散实施,就地拦蓄,就地利用,但要上下行动,共同实施,只有这样才能积少成多,发挥综合效应;否则,虽然也能取得一城一市的免涝、增水、减少雨污混流,却难以减免洪水发生的概率和强度。

任务5　城市雨洪利用的对策措施

雨洪利用是一项系统工程,涉及多部门、多学科。如何有效地进行合理的开发和利用是一个相当复杂又必须处理好的技术经济和政策问题。雨洪利用要从开发资源、生态补偿与城市可持续发展的高度加以重视,给予政策法规的支持和支撑。为保证雨洪综合利用与雨洪径流污染措施得以顺利实施,以促进城市水资源的可持续利用和城市水环境的彻底改善,建议采取如下对策措施。

1　合理规划,加强管理

城市雨洪资源的利用是一个复杂的系统工程,涉及城市规划、城市供水、防洪、排涝、生态系统建设、环境保护、城市美化等多个方面,必须统筹规划,综合考虑。传统的城市发展对雨洪问题多采取排放的做法,对雨洪资源化和污染控制考虑得不够,亦即对自然的生态平衡、城市水系统整体环境等未做细致分析。事实上,在城市规划时,在宏观上把握城市发展的同时,合理对雨洪问题加以论证,把土地利用计划与雨洪利用、径流污染控制相结合,会对总体上控制解决城市雨洪问题带来许多便利。土地规划时,对土地进行分区,禁止或限制在危险土地上进行某些开发和土地利用活动。下列问题应首先被考虑:规划城市的绿化带、植被缓冲带;减少裸露土地和硬质铺装,增加渗透铺装;原地形地貌的保持;规划使用低势绿地、渗透管渠等渗透设施;环境水体景观的利用,人工湿地的利用与建造;建筑结构形式与屋顶做法;优选城市排水体制等。因此,应利用新的思路搞好城市的总体发展规划和其他专项规划,加强宣传,提高认识,转变观念,把城市雨洪利用与城市建设、水资源优化配置、生态建设统一考虑,把集水、蓄水、处理、回用、入渗地下、排水等纳入城市建设规划之中,将城市建成水城和谐的亲水型城市。

2　强化公众教育和参与意识

雨洪相对于污水回用的中水在公众心理更能让人接受,通过宣传和市场手段鼓励居民利用雨洪资源。它是解决城市雨洪问题的重要组成部分,是雨洪项目方案能够得以实施的重要手段。只有强化公众教育和参与意识,才会在一个城市或一个市区有明显的效果。

公众的教育与参与包括对城市专门管理人员的培训、对城市居民的教育和监督等。主要方式是教育、培训、参与、宣传等。

对城市专门管理人员的教育主要是培训。尤其是那些其行为影响到雨洪的工作部门,比如城市园林部门、规划部门、垃圾处理部门等。教育他们在制订整个城市的发展计划时考虑到雨洪及其环境的影响因素,考虑到如何有效地减小雨洪径流的污染等问题。

对城市居民的教育主要是通过宣传和实践,使居民认识到雨洪资源化的必要性和雨洪径流污染的危害,使他们知道家庭用品中的各种有毒有害物质和不正确使用和处理而导致的雨洪污染。有条件的社区、街道、单位可以利用一些志愿者和非政府组织,开展一些环保活动,参与垃圾管理、排放监督、环保知识宣传等活动。通过实践,培养公众雨洪利用和径流污染控制的习惯和意识。

3　尽快制定雨洪利用的法律、规范和标准

城市雨洪利用技术涉及城市雨洪资源的科学管理、雨洪径流的污染控制、有组织排放雨洪的屋面系统设计、生态环境建设等诸多方面,是一项涉及面很广的系统工程。我国城市雨洪利用技术比较落后,针对城市水资源和水环境状况,应尽早制定城市雨洪利用规范和条例等一系列有关雨洪利用的法律法规。明确雨洪利用的基本原则“保证开发项目建成前后降雨径流系数不能增加”,例如要求规定在新建或改建的开发区,开发后的雨洪径流量不得超过开发前的径流量,迫使开发商构建雨洪利用设施,并且美化环境。同时,可以考虑采取鼓励雨洪利用措施的政策,如给予增建雨洪利用设施的业主一定补贴,减免雨洪利用的税款等。发达国家在这方面做得很好,比如德国的有些州规定,一个进行了绿化的建筑物(如屋顶绿化)不用缴纳环境补救费用,因为它对自然环境的干扰作用要小于没有绿化的建筑物;德国还规定,采用种植屋面的业主可以减免排污费用,因为种植屋面有蓄水功能,使排水量大大减少,减轻了排水管道的压力。

必要的经济措施对于城区雨洪利用和径流污染控制的开展与实施也会有较大的促进作用。具体措施包括建立雨洪排污费(税)制度、建立积极的激励机制、实施雨洪排放许可证制度,按照雨洪排出量或径流中污染物总量收取环境资源费等。通过经济手段,把企业、个人的局部利益同全社会的共同利益有机地结合起来。目前我国在雨洪领域的经济措施尚缺乏深入研究和成熟经验,可以先采取试点示范摸索经验后再推广应用。

4　深入开展城市雨洪利用科学研究

城市雨洪利用是一项系统工程，因此必须加强理论研究，为这项新生事物始终保持科学、理性、正确的发展方向奠定坚实的理论基础。国外对雨洪利用的研究已经比较成熟，而我国尚处在起步阶段，应当鼓励各高校和科研单位加强对城市雨洪利用的研究工作。从社会、经济、生态、科学、技术等不同角度入手，对城市雨洪利用进行综合研究。探索不同条件下雨洪利用的政策体系、技术模式、效益分析，以及对城市雨洪利用中存在的关键问题的技术攻关。设立一些试验区、示范区，理论和实践相结合，进行城市雨洪利用的有效尝试，对成本效益进行必要的定性和定量分析，为雨洪利用技术的推广应用提供科学依据，积极推进城市雨洪利用事业的开展。

小　结

本项目分析了国内外城市雨洪利用的发展现状，论述了我国城市雨洪利用的必要性。从技术上、经济上及雨洪利用资源量上进行了可行性分析，最终给出了城市雨洪利用的途径和我国城市雨洪利用应采取的对策措施。其中雨洪利用途径包括雨洪集蓄、渗透、综合利用及其他途径等。应采取的对策措施，主要有四个方面：一是合理规划，加强管理；二是强化公众教育和参与意识；三是尽快制定雨洪利用的法律、规范和标准；四是深入开展城市雨洪利用科学研究。

复习思考题

1. 城市雨洪利用的概念是什么？
2. 我国城市雨洪利用较国外主要落后在哪些方面？
3. 论述我国城市雨洪利用的必要性和可行性。
4. 城市雨洪利用的指导思想是什么？
5. 城市雨洪利用的途径有哪些？
6. 目前，我国城市雨洪利用应采取的对策措施是什么？

学习项目10 城市防洪新技术

【学习指导】

目标:1. 了解国内外城市雨水径流模型和城市防洪决策支持系统等城市防洪新技术;

2. 基本掌握模拟模型、数学模型、流域水文模型、城市雨水径流模拟模型的基本概念及基本应用;

3. 基本掌握系统、信息系统、地理信息系统(GIS)、城市防洪决策支持系统的基本概念及基本应用。

重点:城市雨水径流模拟模型和城市防洪决策支持系统的应用情况和应用前景。

任务1 城市雨水径流模拟模型

城市各种不透水道路和各种城市建设设施覆盖在城市地表,随之而来的就是渗流的减少、产汇流速度的加快等水文过程的变化。同时给排水管网的铺设也对城市流域的天然水循环产生了很大影响。城市水循环系统,由于人类活动的干涉,分为自然水循环系统和人工水循环系统(给水排水系统)。城市排水系统一般由管网和排水河网组成,城市面积上产生的雨水径流通常先排入管网,然后排入河网。随着城市水循环的恶化,城市洪涝灾害频发,因此就促使了城市水文研究的发展,特别是城市流域雨水径流模拟模型的发展。目前,在城市雨水径流模型方面取得的研究成果较多,但也还在不断地改进和研究当中。

1 城市雨水径流模拟模型的基本概念

模拟又称为仿真(simulation),是利用模型复现实际系统中发生的本质过程,并通过对系统模型的试验来研究存在的或设计中的系统。当所研究的系统造价昂贵、实验的危险性大或需要很长的时间才能了解系统参数变化所引起的后果时,仿真是一种特别有效的研究手段。仿真过程包括建立仿真模型和进行仿真试验两个主要步骤。

系统是由相互作用和相互联系的若干部分(要素)构成的、具有一定功能的有机整体。它包含了三层意思:①系统必须是由两个以上的要素所组成的,要素是构成系统的基本单元,是系统存在的基础。②要素之间存在着有机的联系和相互作用的机制,从而形成一定的结构或秩序。③系统都具有一定的功能或特性,而这些功能或特性是它的任何一个部分都不具备的。系统存在的各种联系方式的总和构成系统的结构。系统结构的直接内容就是系统要素之间的联系方式;进一步来看,任何系统要素本身也同样是一个系统,要素作为系统构成原系统的子系统,子系统又必然由次子系统所构成。次子系统→子系统→系统之间构成一种层次递进关系。因此,系统结构另一个方面的重要内容就是系统的层次结构。系统的结构特性可称之为等级层次原理。对系统的构成关系不再起作用的

外部存在称为系统的环境。系统相对于环境的变化称为系统的行为,系统相对于环境表现出来的性质称为系统的性能。系统行为所引起的环境变化,称为系统的功能。系统功能由元素、结构和环境三者共同决定。相对于环境而言,系统是封闭性和开放性的统一,这使系统在与环境不停地进行物质、能量和信息交换中保持自身存在的连续性。系统与环境的相互作用使二者组成一个更大的、更高等级的系统。从系统科学的基本理论概念可以看到,从系统科学看来,系统是现实世界的普遍存在方式,任何一个事物都是一个系统,整个宇宙就是一个总系统。任何事物都通过相互作用而联系在一起,世界是一个普遍联系的整体。

模型(model)是指为了某个特定的目标将原型的某一部分信息简缩、提炼而构造的原型替代物。原型(prototypy)和模型是一对对偶体,原型指人们在现实世界里关心、研究或者从事生产、管理的实际对象。根据用模型代替原型的方式,模型分为物质模型(形象模型)和理想模型(抽象模型)。数学模型属于抽象模型,一般地,数学模型(mathematical model)可以描述为,对于现实世界的一个特定对象,为了一个特定目标,根据特有的内在规律,做出一些必要的简化假设,运用适当的数学工具,得到的一个数学结构。数学模型可以按照不同的方式进行分类。可以按照模型的应用领域(或所属学科)进行模型分类。例如,城市规划模型、城市水资源管理模型、城市排水模型等。可以按照建立模型的数学方法(或所属数学分支)进行分类。例如,几何模型、统计回归模型、模糊聚类模型等。可以按照模型的表现特性进行分类。例如,根据是否考虑随机因素的影响,数学模型可以分为确定性模型和随机性模型。根据是否考虑时间因素引起的变化,数学模型可以分为静态模型和动态模型。按建立模型的目的分类。例如,预报模型、决策模型、控制模型等。根据对模型结构的了解程度,数学模型可以分为白箱模型(内部规律相当清楚的模型,即机制相当清楚的模型)、灰箱模型(机制尚不完全清楚的模型)和黑箱模型(机制很不清楚的模型)。

流域水文模型实质上也是一种数学模型,是用数学语言将自然现象符号化的水文学应用,是为了模拟水文现象而建立的数学结构和逻辑结构。流域水文模型可分为两种基本类型,即流域水动力学模型和降雨径流模型。目前,流域水动力学模型是采用水动力学方程及能量守恒方程等水力学和水文学方法对水文现象进行概化模拟,可分为以计算流体力学为基础的一维洪水演进模型,以水文学为基础的对流扩散波模型,以计算水力学为主并与水文学相结合的二维和三维动力模型三类。

降雨径流模型是对流域内发生降雨径流这一特定水文过程进行的数学模拟,即根据流域上的降雨过程,模拟计算出流域出口断面的流量过程。从反映水文运动物理规律的科学性和复杂性程度而言,流域水文模型通常被分为经验模型(黑箱模型,back-box model)、概念性模型(conceptual model)、物理模型(physically-based model)三大类。经验模型将所研究的流域或区间视作一种动力系统,利用输入(一般指雨量或上游干支流来水)与输出(一般指流域控制断面流量)资料,建立某种数学关系,然后可由新的输入推测输出。经验模型只关心模拟结果的精度,而不考虑输入与输出之间的物理因果关系。经验模型包括线性的和非线性的、时变的和时不变的、单输入单输出的、多输入单输出的、多输入多输出的等多种类型。代表性模型有总径流线性响应模型(TLR)、线性振扰动模型(LPM)

及神经网络(ANN)等。概念性模型利用一些简单的物理概念和经验公式,如下渗曲线、汇流单位线、蒸发公式,或有物理意义的结构单元,如线性水库、线性河段等,组成一个系统来近似地描述流域水文过程。代表性模型有美国的斯坦福模型(SWM)、日本的水箱模型(Tank)、我国的新安江模型(XJM)等。物理模型依据水流的连续方程和动量方程来求解水流在流域上随时间和空间的变化规律,代表模型有 SHE 模型、DBSIN 模型等。

从反映水流运动的空间变化能力而言,水文模型可分为集总式模型(Lumped model)和分布式模型(Distributed model)两类。集总式模型认为流域表面上各点的水力学特征是均匀分布的,对流域表面上的任何一点上的降雨,其下渗、渗漏等纵向水流运动都是相同和平行的,不和周围的水流发生任何联系,即不存在水平运动。集总式模型把全流域当作一个整体来建立模型,即对流域参数进行均匀处理。分布式模型认为流域表面上的各点的水力学特征是非均匀分布的,应将流域划分为很多小单元,在考虑每个小单元体纵向水流运动时,同时也要考虑各个单元之间的水量横向交换。分布式模型又可分为松散型和耦合型两类。前者假定每个单元面积对整个流域响应的贡献是互不影响的,可通过每个单元的叠加来确定整个流域响应;后者是用一组微分方程及其定解条件构成的定解问题,必须通过联立求解才能确定整个流域的响应。概念性分布式流域水文模型多是松散的,具有物理基础的分布式流域水文模型有耦合型的,也有松散型的。概念性分布式流域水文模型的求解方法一般比较简单,但反映径流形成机制不够完善。具有物理基础的耦合型分布式流域水文模型,虽然在描述径流形成过程时物理概念清楚,但求解比较困难,甚至不一定有稳定解,介于两者间的具有物理结构的分布式流域水文模型是近期值得开发的一种分布式流域水文模型。另外,介于集总式模型和分布式模型之间,还有一种所谓的半分布式模型。

统计(随机)模型是以水文现象统计规律为基础进行水文模拟的模型。包括随机水文学、频率分析计算等。目前,在水文预报方面以确定性模型应用居多,在水文分析及计算中一般采用统计模型。归纳的流域水文模型分类见图 10-1。

城市雨水径流模拟模型的建立过程是复杂的,城市雨水径流模拟模型还处在不断的探索过程中。城市雨水径流模拟模型模拟的对象结构复杂且涉及因素众多,城市雨水径流模拟模型研究涉及水力学、水文学、城市排水工程、数学、计算机科学等众多学科,研究需要的机构和人员都较多,研究还包括理论研究和试验研究方法,研究的过程一般比较漫长,有时长达数年和数十年。实际上城市雨水径流模拟模型研究是一个涉及因素众多的大系统,内部结构复杂,研究的规模也比较大。鉴于此种情况,采用系统工程方法论作为总的研究方法,显然有利于问题的解决。

系统工程方法论是指运用系统工程理论研究问题的一套程序化的工作方法和策略,或者是指为了达到预期目标,运用系统工程思想和技术解决问题的工作程序或步骤。长期以来,系统工程专家在从事系统工程的研究和应用中,逐渐形成了各自科学的工作方法和步骤。目前,论证比较全面并且具有较大影响的是由美国系统工程学者霍尔 1962 年提出的三维(逻辑维、知识维、时间维)结构方法体系。三维结构方法为解决规模大、结构复杂、涉及因素众多的大系统提供了科学思维方法。

逻辑维指在每一个工作阶段,使用系统工程方法分析和解决问题的逻辑思维过程,一

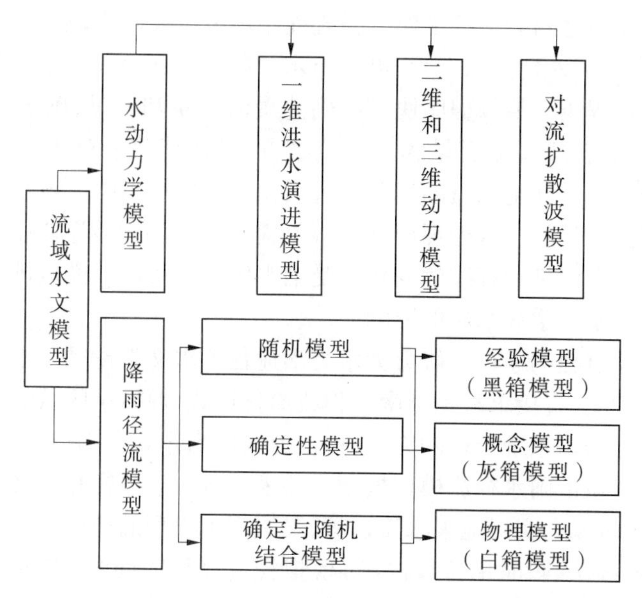

图10-1 流域水文模型分类

般分为七个具体步骤：①明确问题，弄清楚问题的实质。通过全面收集有关资料和数据，弄清问题的历史、现状以及发展趋势。②系统指标设计。弄清并提出解决问题所要得到的目标，制订出衡量方案对目标实现的标准，以利于对方案的评价。③系统方案综合。按照问题的性质及预定目标，形成一组可以选择的系统方案，方案中要明确所选系统的结构和相应的参数。④系统分析。对可能入选的方案进行分析比较，往往要通过结构模型，把这些方案与系统的评价目标联系起来。⑤系统选择。即在一定的限制条件下，选择最优的方案或确定方案的优劣顺序。⑥决策。由决策者根据全面要求，最后确定一个或几个方案试行。⑦实施。将最后选择的方案付诸实施。如果实施中比较顺利或遇到的困难不大，则略加修改和完善即可确定下来，整个分析过程告一段落。如果问题较多，则需要重复有关步骤直到满意。这种反复有时需要多次。知识维指完成系统预期目标任务所需要的知识和各种专业技术。时间维表示研究系统活动按时间排列的顺序，一般分为规划阶段、拟订方案阶段、研制阶段、生产阶段、安装阶段和更新阶段。

2 国外城市雨水径流模拟模型简介

国外的城市雨水径流模拟模型有很多，但由于存在或多或少的缺陷，也都在不断的改进当中，下面介绍几种比较有代表性的模型。

2.1 雨水管理模型(SWMM)

美国环保局开发的暴雨径流管理模型(Storm Water Management Model,SWMM)，又称为雨水管理模型(SWMM)。该模型具有强大的水文、水动力模拟模块，能够计算降雨、地表产流、地表汇流、管网水动力传输和水质传输，对城市排水系统进行系统的模拟计算，可以为城市排水系统规划方案的调整与优化提供理论指导。模型由五个子程序组成，每一部分都有其专门的功能，其计算结果都存入数据存储空间，以便其他程序块需要时可以调用。模型的主程序称为执行程序块，在开始运行和计算结束时要运行这一部分，它还可以完成全部的与其他程序块之间的连接工作。径流程序块可以演算均匀降雨形成的地表漫流过程,通过边沟和支线汇入到排水干管,再从出水口排到受纳水体;这个程序块还能给出与时间有关的污染过程线。传输程序块可以确定漫流水质和水量,确定计算系统的入渗损失和水质;通过演算合成漫流流量和入渗流量,可以计算两个对比方案的蓄水池占地、投资、运行和管理费用。确定水质的程序块包括在蓄水模块当中。蓄水程序块允许用户定义或选择一定截流倍数的污水处理设施。根据需要,它还可以模拟污水通过被选择处理流程的水文过程线和污染过程线的变化。受纳水体程序块可以模拟排水水系排出的雨水和污水对受纳水体水力学和水质的影响。

城市雨水地面径流过程的模拟一般分为水力学途径和水文学途径。水力学途径建立在微观物理定律的基础上,直接求解圣维南方程或简化形式,模拟小区域的雨水地面径流过程。水文学途径则是采用系统分析的方法,把汇流区域当作一个黑箱或灰色系统,建立输入和输出关系。一般城市雨水径流模拟模型往往采用水力学途径和水文途径相结合的综合途径,既反映了小区域的实际地表水流过程,又提高了模型的精度。一些模型在采用水文学方法(如等流时线法、瞬时单位线法等)模拟径流过程的同时,引进水力学的研究成果来确定汇流速度。雨水管理模型(SWMM)则是在采用水力学方法进行模拟的同时,借助水文学方法来调整参数值。

SWMM 模型在计算流域下渗能力时,采用了霍顿(R. E. Horton)于 1933 建立的如下经验公式:

$$f = f_c + (f_0 - f_c)e^{-kt} \tag{10-1}$$

式中　f、f_0、f_c——下渗能力、初始阶段和最终阶段的下渗能力;

k——衰减系数;

t——时间;

e——常数。

如果不能得到经验公式参数,由程序块给出缺省值(f_0 = 76.2 mm/h、f_c = 6.2 mm/h、k = 0.038 mm/s)。

2.2　运输和道路研究所(TRRL)模型

英国运输和道路研究所(The Transport and Road Research Laboratory, TRRL)根据时间—面积径流演算方法提出一种城市径流模型(TRRL),这是一种恒定流量过程线演算方法,该模型在美国被称为 RRL 法。这一方法认为,只有与雨水排水系统直接连接的不透水地表产生径流,因此忽略全部透水地表和不与排水系统直接连接的不透水地表面积。开发这一模型的目的是要计算管道系统中的暴雨径流率,后来增加了计算管道尺寸部分。实践证明 RRL 模型估算的洪峰径流量偏低。

2.3　伊利诺斯州城市排水模型(ILLUDAS)

美国伊利诺斯州城市排水模型(ILLinois Urban Drainage Area Simulator, ILLUDAS)是可以考虑渗水地区地表径流的 TRRL 法。这种修正主要是在英国较小降雨条件下,对排水屋顶的不同部分,以及对美国和英国的渗水地区进行的,也对管道流动演算进行了改变。管道的入流过程线,用连接点连续性公式以及 TRRL 法获得,接着对洪峰流量用曼宁公式计算管径。

2.4　芝加哥水文过程线法(CHIM)

早在1950年,美国伊利诺斯州芝加哥市公共工程局就开始了雨水管道设计水文过程线的研究。最早的研究致力于开发指导芝加哥市许多新设计雨水管道的最佳水力计算方法。这些研究成果于1960年开始发表,并为公众所接受。从那时起近25年所进行的研究是Keifer和他的助手们(伊利芝加哥学院)开发的雨水管道设计程序。修正芝加哥水文过程线法雨水管道设计程序基本上可用于城市排水区域,新建雨水管道系统的设计可以用它,现有系统扩建和改建也可以用它。用作输入的设计暴雨可以是有史以来的实际暴雨或合成暴雨并能选择任何希望的频率。程序还能处理由两个不同频率成分组成的系统设计,例如,雨水管道用5年频率设计,而调节池如果需要可设计成接纳100年频率的暴雨。另外,还能把程序应用于模拟所选择历史暴雨径流水文过程线。程序的最后部分计算系统造价。修正芝加哥水文过程线法雨水管道设计程序由1个主程序和6个子程序组成。6个子程序分别用于计算合成暴雨、净雨、地表漫流演算、边沟演算、雨水管道演算和调节池演算6个问题。

3　国内城市雨水径流模型

我国在城市雨水径流模型研究方面起步较晚,除引进吸收消化国外模型外,正在研究更适用本国的城市水文模型。目前,国内很多单位和学者在城市雨水径流模型方面取得了很大进展。如岑国平在北京百万庄小区应用了ILLUDAS模型,曹韵霞等在北京太平湖和安定门小区应用了SWMM模型;另外,研制了一些城市雨水径流模型,徐向阳提出了一个适用于城市防洪和排水规划设计的雨洪模型,岑国平等提出了城市雨水管道计算模型(SSCM),刘曼蓉在对南京市城北地区的暴雨径流污染研究中提出了暴雨径流污染的概化模型和统计相关模型,赵剑强在研究西安南二环路面径流排污规律时,提出了描述地表径流排污过程的污染物浓度预测计算模式。下面主要介绍城市雨水管道计算模型(SSCM)。

城市雨水管道计算模型(SSCM)是我国第一个完整的雨水管道径流计算和设计模型,它由暴雨、坡面产流、地面汇流、管网汇流和雨水管道设计等子模型组成,主要用于城市雨水管道系统的设计和校核,也可作为城市雨洪模拟模型,用于城市雨洪的控制和雨水污染防治等。该模型根据城市降雨径流的基本规律,模拟地面及雨水管道中的水流运动过程,得到各点的流量过程线、洪峰流量和径流总量等,从而可以进行雨水管道系统的设计和校核。该模型分为三个部分,即暴雨计算、雨水径流模拟和雨水管道系统设计及校核。

(1)暴雨计算。雨水管道设计和校核时,一般采用设计暴雨设计流量。完整的设计暴雨,应该包括一定历时内的暴雨总量及其时空分布。城市汇流面积一般比较小,空间变化常忽略,但暴雨的时程变化即使在较短历时内也是非常明显的,对洪峰流量及流量过程线都有显著影响。推理公式中假设雨强均匀,是造成误差的主要原因,因此模型中采用变雨强过程。在分析比较了国内外多种设计暴雨时程分配方法的基础上,认为Keifer和Chu提出的方法效果较好,计算也比较方便,可在模型中采用,该方法雨强过程由下面的公式计算。

若降雨历时 t 内的平均雨强 i 为

$$i = \frac{a}{(t+b)^c} \tag{10-2}$$

则雨强过程为

$$i = \frac{a}{\left(\frac{t_1}{r}+b\right)^c}\left(1-\frac{ct_1}{t_1+rb}\right) \tag{10-3}$$

$$i = \frac{a}{\left(\frac{t_2}{1-r}+b\right)^c}\left[1-\frac{ct_2}{t_2+(1-r)b}\right] \tag{10-4}$$

峰前用式(10-3),峰后用式(10-4)。以上三式中,a、b、c 为参数,t_1 和 t_2 为雨峰的峰前和峰后的时间,r 为雨峰相对位置(峰前历时与总历时之比)。

(2)地面产流计算。首先根据管网布置和地形情况,划分各个节点所对应的汇水子区域面积,每个子区域分为透水区和不透水区两部分。不透水区的降雨损失有填洼和缝隙下渗等,产流采用变径流系数法,也可采用美国土壤保持局(SCS)的方法;透水区的损失主要为渗流流量,采用霍顿(R. E. Horton)下渗公式来计算。最后得出各个子区域的净雨过程。

(3)地面汇流计算。每个子区域的径流过程通过地面汇流转化为地面入流过程。计算中采用面积—时间曲线法(等流时线法),考虑到坡面汇流的特点,采用了一种随雨强而变动的面积—时间曲线法。

(4)管网汇流计算。在回水影响不严重、精度要求不是很高的管网计算中,流量过程在管渠中的传播可采用简单的过程漂移法(流量过程滞后叠加法);当精度要求较高时,可采用明渠非恒定流计算方法。

该雨水径流模拟方法,经北京百万庄小区11年实测降雨径流资料的检验,证明精度较高,不但明显优于推理公式,也优于美国的ILLUDAS模型,计算也较为方便。

任务2　城市防洪决策支持系统概念与实例

1　城市防洪决策支持系统的基本概念

城市防洪决策支持系统是城市水务管理信息系统的组成部分。城市水务管理信息化主要体现在水务信息收集、水务信息管理、水务管理决策支持技术三个方面,建立水务决策支持技术系统是关键,3S技术及模拟技术的应用是核心。所谓3S是GIS、RS和GPS的总称。

地理信息(Geographic Information System,GIS)定义为:用于采集、存储、管理、处理、检索、分析和表达地理空间数据的计算机系统,是分析和处理海量地理数据的通用技术。从GIS系统应用角度,可进一步定义为:GIS由计算机系统、地理数据和用户组成,通过对地理数据的集成、存储、检索、操作和分析,生成并输出各种地理信息,从而为土地利用、资源

评价与管理、环境监测、交通运输、经济建设、城市规划以及政府部门行政管理提供新的知识,为工程设计和规划、管理决策服务。GIS 的应用系统主要由 5 部分组成,包括系统硬件、系统软件、空间数据、应用人员和应用模型。GIS 强大的生命力在于与各种实际应用的结合。通过用 GIS 的数据管理、查询和空间分析功能对于大多数的应用问题是远远不够的,因为这些领域都有自己独特的专用模型。根据某种应用目标或任务要求,从相应专业或学科出发,借助 GIS 技术的支持,建立 GIS 应用模型。能支持建立专业应用模型的 GIS 又称为地理信息建模系统(Geographic Information Modelling System),它能支持用户的空间分析模型定义、生成和检验的环境,支持与用户交互式的基于 GIS 的分析、建模和决策。

全球定位系统(Gloabl Positioning System,GPS)是 20 世纪 70 年代由美国陆海空三军联合研制的新一代空间卫星导航定位系统,当时,其主要的目的是为陆、海、空三大领域提供实时、全天候和全球性的导航服务,并用于情报收集、核爆监测和应急通信等一些军事目的。现在全球定位系统的应用范围已经有很大的扩展。

遥感(Remote Sensing,RS)是利用遥感器从空中来探测地面物体性质的,它根据不同物体对波谱产生不同响应的原理,识别地面上各类地物,具有遥远感知事物的意思。也就是利用地面上空的飞机、飞船、卫星等飞行物上的遥感器收集地面数据资料,并从中获取信息,经记录、传送、分析和判读来识别地物。

水务管理信息系统是一项多学科、高技术、跨部门、投资大、建设周期长的管理信息系统工程。水务管理信息系统由信息采集、通信、计算机网络、决策支持系统等组成,能高效、可靠地为各级水务管理部门及时、准确地监测和收集所管辖区域的雨情、水情、工情、灾情,对防洪形势等做出正确分析,对其发展趋势做出预测和预报,根据现状和调度运行规则快速提供各类调度方案集,为决策者提供全面支持,使之做出正确决策,达到最有效地运用各类工程体系,充分发挥防洪、排涝等涉水事务统一管理所带来的整体优势。

在计算机技术进入信息系统之前,信息系统只是一个人工系统,即通过人工劳动完成信息的收集、存储、加工、输出和使用。包括计算机工具在内的信息系统称为计算机信息系统(Computer Information Systems,CIS),现在所说的"信息系统"通常都是指计算机信息系统。从信息系统的发展历史和所解决问题的复杂程度来看,计算机信息系统大致上可以划分为 20 世纪 50 年代至 60 年代初的数据处理系统(Data Processing Systems,DPS)、20 世纪 60 年代至 70 年代的管理信息系统(Management Information Systems,MIS)和 20 世纪 70 年代后的决策支持系统(Decision Support Systems,DSS)。

由于决策支持系统是一种新兴的科学领域,决策支持系统的框架结构尚没有完全统一,具有一定代表性的有"用户界面—数据—模型"框架、"用户界面—知识—问题处理"框架、"用户界面—数据—模型—知识"框架(见图 10-2)、"三库一体化结构"框架和"工具箱结构"框架等。

决策支持系统的功能主要体现在它支持决策的全过程,特别是对决策过程各阶段具有支持能力。决策支持系统的主要功能如下:①数据检索和管理。能建立多维数据结构、数据字典和数据库,具有数据文件合并、交互式数据录入和编辑、与其他用户或系统间进行数据传输,以及数据安全性与完整性维护功能。具有根据模型方便求解的标准化程序

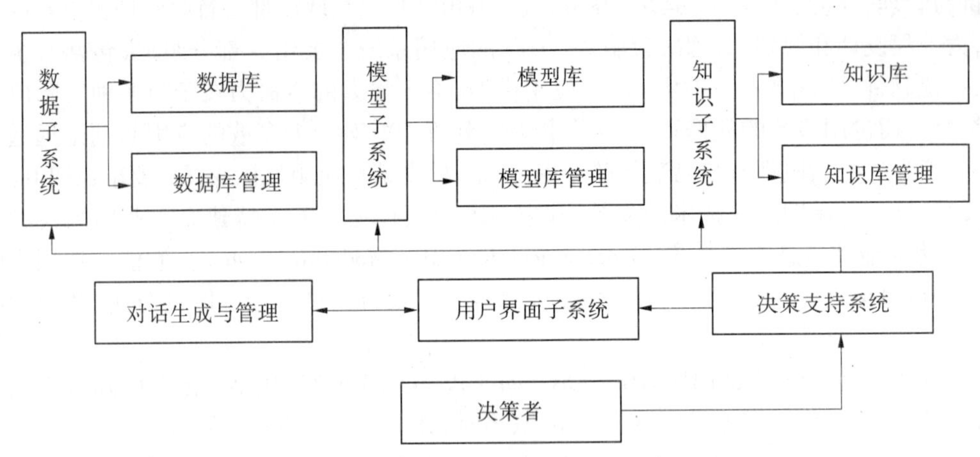

图 10-2　“用户界面—数据—模型—知识”框架

和逻辑算法、灵活报表格式化和图形处理功能。②决策方案生成。具有“如果,则”和敏感性分析功能。③决策方案后果的推理。能自动求解联立方程,具有 IF、THEN 和 ELSE 的建模语言逻辑推理机制,具有各种数学库函数、预测与时序分析函数及影响分析函数。

2　城市防洪决策支持系统实例

决策支持系统在防汛减灾领域中的应用已成为一个必然的趋势。我国目前的城市防洪决策支持系统正在发展阶段,迄今为止还没有统一的城市防洪决策支持系统标准和规范,各个城市根据自己城市的特点和目前掌握的技术水平,开发和研制出各自适用的城市防洪决策支持系统或防汛决策支持系统。

上海市防汛决策支持系统经受了 2000 年派比安台风、桑美台风、8 月 17 ~ 19 日特大暴雨和 2001 年 8 月 5 ~ 9 日特大暴雨的严峻考验,取得较好的效果。随着全市水情、工情、灾情信息采集系统的全面建成和各水文模型的不断完善,该系统将在上海市防汛指挥决策的科学化、及时性方面发挥更大的作用。由于上海市防汛决策支持系统在防汛决策支持系统的研究方面进行了有益的探索和实践,系统的设计思想、体系结构和关键技术对处于城市地区、感潮地区或河网地区的防汛决策支持系统研究具有借鉴意义。下面主要根据上海市防汛信息中心资料,介绍上海市防汛决策支持系统的设计和应用情况。

上海市针对威胁上海的三大水灾,研制了风暴潮数值预报模型、城市暴雨积水预报模型、河网水动力模型和洪涝灾害损失评估模型,在 GIS 支持下建立了上海市防汛决策支持系统,实现了对处于平原感潮河网地区的上海市洪涝灾害的实时监控、分析预报、风险评估和信息的网上发布。

上海市防汛情况比较复杂,对上海市防汛威胁最大的主要有台风风暴潮叠加天文大潮造成的高潮位、中心城区的暴雨积水、区域性洪水等水灾。已基本建成的上海市防汛决策支持系统既是国家防汛指挥系统的一个子系统,又是上海市防汛减灾非工程措施的重要组成部分。该系统为各级防汛指挥部门提供准确及时的气象、水情、工情和灾情等信息,并对洪涝灾害发展趋势做出预测预报,为防汛指挥决策提供有力的技术支持和科学依据,使灾害损失减少到最低程度。系统集成了当前世界先进的信息技术成果,无论在高精度的自动测量仪器和卫星、微波、超短波通信遥测、宽带计算机网、多媒体自动控制系统等硬件系统方面，还是在GIS、遥感、水动力学数值模拟、互联网技术等软件系统方面均得以运用和尝试。

借鉴省级防汛决策支持系统研究的经验，结合上海城市防汛的特点，将防汛决策支持系统设计成由信息采集系统、综合数据库、水动力学模型库和防汛网站四部分组成，四者构成一个有机的整体，实现了对防汛信息的自动采集、实时传输、综合分析、预测预报和网上发布，可以准确及时地为防汛指挥调度提供决策依据，系统的逻辑结构见图10-3。

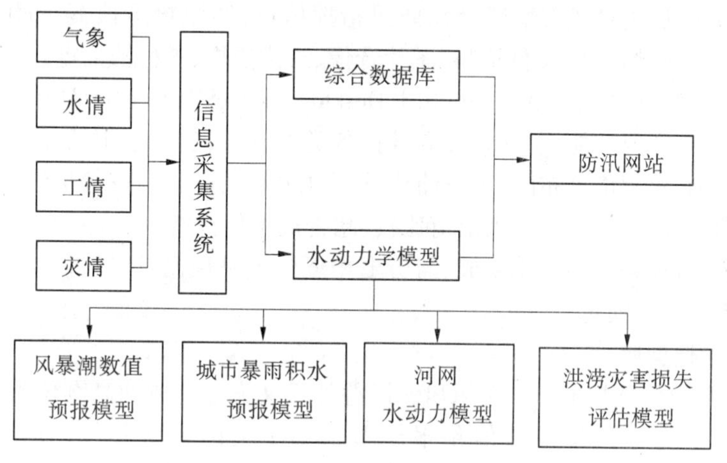

图10-3　系统的逻辑结构简图

系统以市防汛指挥部办公室、市防汛信息中心为中心，放置GIS服务器、Web服务器、数据库服务器、模型库服务器、大屏幕显示系统；以通信专线、数字数据网等方式，连接国家防汛抗旱总指挥部、水利部、太湖流域管理局、市政府等上级部门，区县防汛指挥部通过光纤接入，与气象局、水文总站等部门联网共享数据。下面介绍功能模块。

2.1　信息采集系统

水情自动测报系统由1个中心站、10个集合转发站、81个遥测站组成，采集水位、雨量、风速风向等数据。系统具有以下特点：专用通信网（微波、超短波、卫星）与公用通信网互为备份；自动采数、储存、传输，可存储6个月的水情数据，实时传输1 cm水位和1 mm雨量变化数据；采用先进的自动测量仪器，如代表当今世界先进水平的气泡式水位计、压阻式水位计，远程测站诊断、报警、实时监视、存储数据恢复，自动入库与Web发布，自动生成各种分析图表，提供各种条件查询统计。

气象卫星云图接收系统每小时接收一幅GMS卫星云图，反映天气变化的大趋势。与气象局合作，实时获取多普勒雷达图像和短、中、长期天气预报，并利用气象卫星云图和多普勒雷达图像转译降雨的落区、历时、强度、致害等级的定量或定性分析。实时下载中央气象台、上海中心气象台、香港地区以及日本、美国公布的最新台风信息。与太湖流域管理局联网，获取太湖流域重要站点的水文信息，与排水管理处、城市排水公司联网，了解防汛排水设施运行情况，获取雨水泵站处雨量和积水数据。在数字化视频监控方面也进行了尝试，能实时获取吴淞路闸桥、堡镇、芦潮港、金山等重点地段工情和灾情的视频信息，在中心站可对摄像头进行控制（光圈、焦距、缩放等）。

2.2 综合数据库

综合数据库包括基础数据和专业数据两方面的信息。①基础数据包括道路、桥梁、河流、行政区划、重要单位和设施、遥感影像、DEM、人口、社会经济信息等。基础地图采用1:2 000和1:500全要素数字地形图,遥感影像全市采用5.8 m分辨率卫星遥感影像和1:50 000航空遥感影像。②专业数据包括水雨情信息(实时水雨情、历史水雨情、水位预报、模型预报成果库等)、天气信息(天气预报、雷达测雨、卫星云图、台风路径图等)、工情信息(河道、湖泊、水闸、防汛墙、海塘、泵站、管网、水文站、险工险段等)、灾情信息(历史暴雨积水灾情库、历史台风灾情库等)、防汛指挥信息(防汛抢险预案、防汛组织机构、防汛物资分布等)、其他信息(文件资料、图片音像、法律法规、工程档案等)。

综合数据库管理系统在Arc/Info 8.1 Desktop和ArcSDE8.1 for MSSQLServer基础上开发,设计了以下主要功能,包括管理和维护各类数据库,实时水雨情显示、查询和分析,水雨情数据查询、水雨情分布图、水位曲线分析、雨量直方图、雨量等值线图、不同雨量级笼罩面积及面雨量计算、与历史水雨情比较、超警戒水位预警,工情信息查询统计,GIS与遥感影像复合,台风路径图动态生成、与历史相近台风路径比较,通过GIS对水文模型的结果进行分析和动态演示。

2.3 水动力学模型库

(1)风暴潮数值预报模型。台风风暴潮叠加天文大潮造成的高潮位是上海市最主要的水灾之一。上海市风暴潮数值预报模型采用了美国最新一代台风暴潮漫滩模式(SLOSH),完整地考虑了海岸、海峡、岛屿、水下山脊对风暴潮的影响,设计的计算域采用均匀伸展的极坐标网格绘制,共101×147个格点,覆盖渤海、黄海和几乎全部东海,还包括了长江口、黄浦江等内陆水域,长江口、杭州湾位于计算域的中部,网格分辨率最高。模型输入13组台风数据(每6 h的台风中心位置、中心气压和最大风速半径),可模拟出每间隔30 min的各格点和单站的风暴潮值、风向、风速及最大风暴潮值。可以进一步计算不同强度类型的台风(或不同重现期强度的台风)以不同速度和可能的路径袭击所造成的最大风暴潮位。模型结果通过GIS分析查询,叠加遥感影像、工情、社会经济等图层,分析台风风暴潮可能造成的影响。例如,受派比安台风影响,2000年8月31日1时13分,黄浦公园站出现了5.70 m的历史第二高潮位,更令人意外的是当台风过后的次日2时7分,黄浦公园站出现了5.10 m的历史第五高潮位,险些酿成灾害。5.10 m的高潮位由台风过后的自北向南传播的增水边缘波引起,要预报这类风暴潮引起的高潮位采用通常的经验预报方法几乎是不可能的,该模型却能计算出台风过后自北向南传播的增水边缘波的存在。台风过后,用实测资料对台风参数进行了重新修订,并尽可能准确地确定模型参数,得到了令人满意的结果,极值高潮位误差仅5 cm。

(2)城市暴雨积水预报模型。暴雨积水是中心城区最主要的自然灾害之一,影响暴雨积水的因素非常复杂。主要影响因素包括:地势平坦低洼,目前大部分地区已没有趁低潮自流排水条件,主要靠泵站抽排,河道多采用防潮闸进行控制,显著影响泵站的排涝过程;现行排水标准偏低,排水管网建立很早,管道系统存在环流、回流、压力流等复杂水流条件;平原感潮型河网地区,受上游洪水、黄浦江潮位、市区排水的众多影响,水流顺逆不定;土地利用类型众多,产流和坡面汇流特点复杂;城市化对水文特性影响明显。针对这

些特点，建立的城市暴雨积水预报模型以美国城市雨洪管理模型（SWMM）为基础，结合地形、管网、泵站、河网、历史暴雨积水、雨型统计等资料进行改进，具有模拟多种降雨条件下的地面产流、管渠排水和地面淹水过程等功能。模型将中心城区划分为4个排水片和1 763个径流小区，并与水情自动测报系统关联，获取中心城区20个雨量站的实时数据。在得到气象部门发布的暴雨天气预报后，模型可对暴雨可能产生的积水地点、积水深度和积水时间做出预报，并通过GIS进行显示和分析。该模型系统具有预测中心城区积水分布，动态模拟积水与退水过程，查询任意时刻、任意地点的积水深度、历时和淹水过程，统计积水路段和受影响人口、单位、设施，初步评估灾情，辅助制定防汛抢险指挥预案，进行防汛人员和物资的合理调度等主要功能。经模型计算的7次历史暴雨（1995年6月24日、1995年7月2日、1997年7月10日、1998年7月23日、1999年6月10日、1999年6月30日、2001年8月5日共7次暴雨积水）得出的淹水节点个数与实际淹水节点个数相比，正确率在80%以上，排除影响市区积水的人为因素，积水结果与统计资料吻合较好。

（3）河网水动力模型。上海市属于典型的平原感潮河网地区，河网系统复杂，边界条件多样，水位受堤防、水闸、泵站、圩区等防洪除涝工程的影响较大。建立计算准确、预报快速的河网水动力模型相对复杂，要综合考虑降雨径流、太湖流域来水、长江口潮汐和水利工程调控等因素。河网水动力模型以美国国家气象局的流域洪水预报模型（NWSFLD-WAV）1998年11月的版本为基础，结合上海大陆部分河网的水文、地形、水利工程等特点进行改进，扩展了闸门、泵站等多种运行控制方式的模拟、往复流糙率的处理、产汇流计算、计算结果GIS显示等功能，并经过7组同步实测水位、雨量、流量资料对模型参数进行了率定。计算结果在GIS平台上实现了水位和流量变化在上海市河网图上的动态显示。以模型模拟9711号台风期间河网水动力过程为例，本次计算很好地模拟了上海有记录以来最大的一次风暴潮过程，计算结果与实测潮位过程非常吻合，水位绝对误差小于10 cm，这说明模型能够适应上海地区台风、潮汐共同影响下的特殊水情。

（4）洪涝灾害损失评估模型。在分析了上海市洪涝灾害成灾机制的基础上，研制出基于风暴潮、暴雨积水、区域性洪水三种致灾类型及其不同组合的洪涝灾害损失评估模型，并在GIS平台上开发了损失评估系统，快速评估洪涝灾害所造成的经济损失及其分布状况。模型利用社会经济信息、地理信息、历史灾情信息，将洪涝灾害的自然属性和社会属性结合起来，构建了层次性和逻辑性较强的评估指标体系，确立了损失率和淹没水深及淹没历时的函数关系，并采用区县和街道乡镇两种尺度的评估模式。评估系统预留了与风暴潮预报模型、城市暴雨积水预报模型、河网水动力模型的接口，对于不同的水灾，调用不同的损失评估模型。系统还设计了灾害方案的实时添加功能，可对任意指定范围的积水或溃决情况下的损失进行评估，如实时划定积水区域后，输入淹没水深、淹没历时等水情特征，系统调用积水损失评估模型计算损失情况。

2.4 防汛网站

在信息采集系统、综合数据库和水动力学模型库的支持下，将防汛新闻、气象、水情、工情、灾情信息和洪涝预报结果、灾情评估结果、工程运行情况、防汛指挥信息在防汛网站上发布，提供灵活快捷的在线查询和业务处理等服务，为各级防汛指挥部门提供及时准确的信息。发布的主要为实时信息，并通过直观形象的地图、图表、GIS加以表现。如采用

HTML、ASP、ActiveX 技术开发的应用系统,包括水雨情信息发布系统、台风路径图系统、动态云图系统、防汛物资管理系统、数字视频监控系统、暴雨积水和台风灾情系统等。又如服务器端选用 ArcIMS4.0,采用 ArcXML、Java 技术的工情与灾情 WebGIS 系统,各级防汛指挥部门可通过浏览器进行图层叠加、缩放移动、查询统计、专题地图制作等。

3　城市防汛排水调度系统实例

一般情况下,城市防洪决策支持系统包括城市排水信息管理系统。排水信息管理系统包括城市防汛排水调度系统,在没有条件建立城市防洪决策支持系统的情况下,可以先建立城市防汛排水调度系统。根据天津市排水管理处资料,天津市防汛排水调度系统作为排水信息管理系统的一部分,主要负责汛期的雨量、流量监测,进行数据分析,提供调度依据。这里主要介绍系统设计与安排。

系统设计包括整体设计和详细设计。按照排水地理信息系统规划,降水时各地区降水量 、河道水位等动态信息可自动传入系统计算机内,计算机结合存储的排水设施情况及地形、地物等属性,基于雨水径流模拟模型,可提前预报市区的积水地点及深度,并生成最佳排水调度方案,预测排除积水所需的时间;在遇特大降水时,根据地面高程特性(由地面高程形成的洪水缓冲区)及地面建筑物特性(主要是建筑物的重要程度)生成最佳市区防洪、分洪方案,使洪水造成的损失减到最小。整体设计如图 10-4 所示,程序流程图如图 10-5 所示。详细设计具体要完成实时预报积水点及深度、生成最佳排水调度方案、预测排除积水所需时间和生成最佳市区雨水排沥方案。系统安排如下。

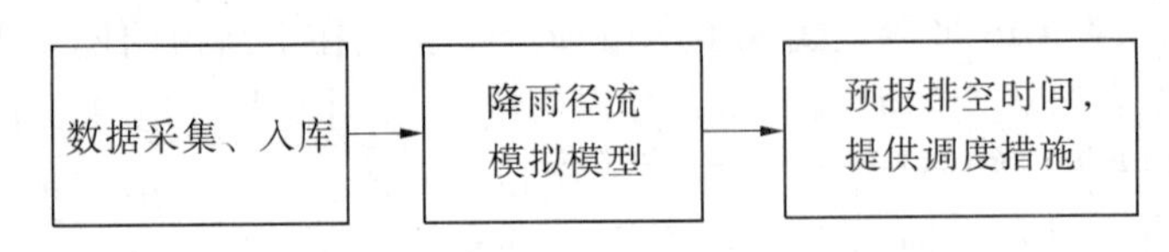

图 10-4　防汛调度系统整体设计简图

(1)流量计、雨量计的安装。流量计、雨量计是确保防汛调度动态实现的硬件基础。本系统采用的是超声波多普勒流量计,将其安装在各泵站,这样既可以为监测泵站运行提供可靠的数据,又可以在降雨时全面掌握雨量情况。流量计、雨量计定时将流量等信息通过传输网络传入服务器,降雨时信息中心可随时通过拨号查询各地区降雨、泵站运行等情况。

(2)数据库的建立。天津市防汛调度系统的数据结构、组织存储等均使用 Access 数据库,本系统的库体主要包括图形图像数据库、泵站数据库。泵站数据库中,采取每一泵站信息为一张表,泵站数据表中有泵站号、时间、泵流量、累计流量、雨量等字段,另有一张泵站号表,对泵站名与泵站号做出了一一对应,为以后历史数据查询做准备。图形图像数据库是由地形、地貌、等高线图、系统流向、泵站运行示意图及概貌、相关信息摄影照片等组成的,为图形查询、图形显示提供图形基础。在通常情况下,分布在各泵站的远程流量计通过电话线自动两小时一次向服务器传输原始数据,系统自动整理数据后,将其存放在泵站数据库中。这些数据为监测泵站运行情况、分析雨量与积水关系提供数据基础。系统数据库的建立可以直观、准确地反映出排水系统流向、雨量流量对照关系,泵站运行情

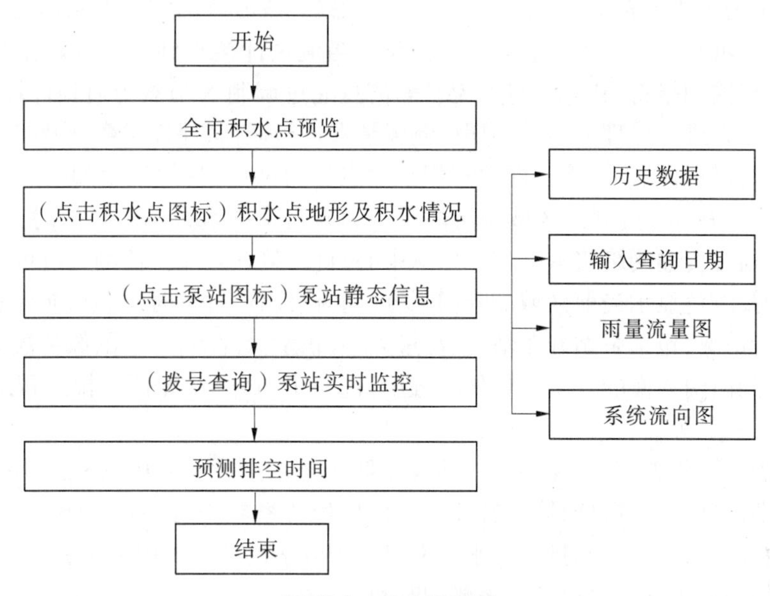

图 10-5　程序流程图

况，为防汛调度提供数据保证做必要的准备。

(3)雨量等级与颜色区分。国家标准《江河流域面雨量等级》(GB/T 20486—2006)以站点降雨量等级的划分为基础，将江河流域面雨量划分为小雨、中雨、大雨、暴雨、大暴雨和特大暴雨 6 个等级。12 h 雨量值为 0.1 ~ 2.9 mm、24 h 雨量值为 0.1 ~ 5.9 mm 的是小雨；12 h 雨量值为 3.0 ~ 9.9 mm、24 h 雨量值为 6.0 ~ 14.9 mm 的是中雨；12 h 雨量值为 10.0 ~ 19.9 mm、24 h 雨量值为 15.0 ~ 29.9 mm 的是大雨；12 h 雨量值为 20.0 ~ 39.9 mm、24 h 雨量值为 30.0 ~ 59.9 mm 的是暴雨；12 h 雨量值为 40.0 ~ 80.0 mm、24 h 雨量值为 60.0 ~ 150.0 mm 的是大暴雨；12 h 雨量值大于 80.0 mm、24 h 雨量值大于 150.0 mm 的是特大暴雨。为了直观地反映 6 个雨量等级，以 6 种不同的颜色加以区分，见表 10-1。

表 10-1　雨量等级的颜色对应表

雨量等级	24 h 雨量值(mm)	颜色
小雨	0.1 ~ 5.9	浅蓝色
中雨	6.0 ~ 14.9	浅绿色
大雨	15.0 ~ 29.9	浅黄色
暴雨	30.0 ~ 59.9	浅紫色
大暴雨	60.0 ~ 150.0	红色
特大暴雨	> 150.0	褐色

(4)应用实例。防汛调度是一项实时性的工作，所谓实时是指防汛系统必须根据当时的雨量情况及流量情况做出及时、准确的调度。这样，实时数据、及时分析，就成为及时调度的前提，依靠两小时一次的定时数据库中的数据显然是不够灵活的。在天津市防汛

调度系统中采用了拨号查询的方式来解决实时问题。拨号查询的基本原理是采用调制解调器进行通信,可对任意一个流量计进行拨号。当流量计接收到调制解调器发出的指令时,立即通过传输网络将当时的雨量、流量等信息通过调制解调器传输到计算机,本机接收到数据后,立即进行处理分析。利用调制解调器进行通信,保证了数据及时、准确,为进一步分析数据提供基础。以南开区北草坝积水点作为试点,具体说明如下。北草坝积水点面积约为127万m^2,负责此区域排涝的泵站为雅安道雨水泵站。降雨时,雨量计自动测取数据,并通过传输网络将数据传入信息中心,自动整理入库。监测人员可以进入该系统,系统自动按颜色显示当前区域的降雨强度,同时可以通过实时监测功能提取积水点降雨及泵站运行情况,包括泵站开车情况、流量大小、积水深度等,并以图像及数据形式给予直观显示,达到简明易懂的效果。另外,可进行进一步的分析,如预测排除积水所需时间及判断应开车台数等。

(5)数学模型的建立和系数率定。天津市防汛排水调度系统中具有预测排除积水所需时间的数学模型,可以根据具体的情况,对该模型的系数进行率定。例如,根据雅安道泵站设计排水流量,基于预测排除积水所需时间的数学模型和采用率定后模型的系数,可以计算出从开始积水到积水退净所需要的时间。

(6)积水范围的确定。本系统主要以34片积水地区为研究对象。在每一积水地区,按照区域的高程情况,以等高线为基础,排水管道分布为依据,确定积水范围。当排除部分积水后,再重新按照等高线分布情况确定积水范围,直至积水安全排除。

(7)用户界面的设计与实现。良好的用户界面是保证系统正常运行的一个重要因素。它影响到用户对系统的应用态度,进而影响系统功能的发挥,考虑到系统的使用对象大多是非计算机专业人员,界面的设计有以下特点:界面全部在窗口环境下开发,用户不需要掌握Visual Basic、Access的命令和数据库结构,只需通过菜单、按钮、图片即可做到正确操作;提供提示和帮助,一些比较复杂的功能和操作,在屏幕上给出简明的操作注明,以帮助用户顺利完成工作步骤;尽量减少键盘输入。通信信息和共享信息由系统调入并显示在屏幕上,由用户采用检查确认等办法来减少人工输入可能产生的数据录入质量问题。

小　结

(1)模拟是利用模型复现实际系统中发生的本质过程。模型是指为了某个特定的目标将原型的某一部分信息简缩、提炼而构造的原型替代物。数学模型可以描述为,对于现实世界的一个特定对象,为了一个特定目标,根据特有的内在规律,做出一些必要的简化假设,运用适当的数学工具,得到的一个数学结构。数学模型可以按照模型的应用领域、建立模型的数学方法、模型的表现特性、建立模型的目的、对模型结构的了解程度等进行分类。流域水文模型是用数学语言将自然现象符号化的水文学应用,是为了模拟水文现象而建立的数学和逻辑结构。流域水文模型可分为流域水动力学模型和降雨径流模型两种基本类型。

降雨径流模型是对流域内发生降雨径流这一特定的水文过程进行数学模拟,即根据

流域上的降雨过程，模拟计算出流域出口断面的流量过程。国外城市雨水径流模拟模型中较有代表性的有美国环保局开发的暴雨径流管理模型(SWMM)、英国运输和道路研究所模型(TRRL)、美国的伊利诺斯州城市排水模型(ILLUDAS)和美国伊利诺斯州芝加哥水文过程线法(CHIM)模型等。国内的城市雨水径流模拟模型有岑国平等提出的城市雨水管道计算模型(SSCM)、徐向阳提出的适用于城市防洪和排水规划设计的雨洪模型、岑国平等提出的城市雨水管道计算模型(SSCM)、刘曼蓉提出的暴雨径流污染的概化模型和统计相关模型等。需要说明的是，降雨径流模型还在进一步的研究或改进中。

(2)系统是由相互作用和相互联系的若干部分(要素)构成的、具有特殊功能的有机整体。系统工程方法论是指运用系统工程理论研究问题的一套程序化的工作方法和策略，或者为了达到预期目标，运用系统工程思想和技术解决问题的工作程序或步骤。地理信息(GIS)定义为：用于采集、存储、管理、处理、检索、分析和表达地理空间数据的计算机系统，是分析和处理海量地理数据的通用技术。决策支持系统的功能主要体现在它支持决策的全过程，特别是对决策过程各阶段具有支持能力，决策支持系统的主要功能为数据检索和管理、决策方案生成和决策方案后果的推理。上海市防汛决策支持系统和天津市防汛排水调度系统可以为国内城市防洪决策支持系统的建设提供借鉴。

复习思考题

1. 简述模型、数学模型的基本概念及分类。
2. 简述流域水文模型的基本概念及分类。
3. 简述系统、系统工程方法论的基本概念。
4. 简述城市雨水径流模拟模型概念及有代表性的国内外城市雨水径流模拟模型特点。
5. 简述城市防洪决策支持系统的基本概念和基本构成部分。
6. 简述上海市防洪决策支持系统的逻辑结构。
7. 简述城市雨水径流模拟模型与城市防洪决策支持系统之间的关系。

参考文献

[1] 王金亭.城市防洪[M].郑州:黄河水利出版社,2008.
[2] 水利部黄河水利委员会,黄河防汛总指挥部办公室.防汛抢险技术[M].郑州:黄河水利出版社,2000.
[3] 薛路阳.河流生态性建设的几点思考[J].江苏水利,2006(5):34-35.
[4] 胡一三.黄河河道整治原则[J].人民黄河,2001(1):1-2.
[5] 张俊华,许雨新,张洪武,等.河道整治及堤防管理[M].郑州:黄河水利出版社,1998.
[6] 柳学振,佟名辉.治河与防洪[M].北京:水利电力出版社,1991.
[7] 孙东坡,李国庆,朱太顺,等.治河及工程泥沙[M].郑州:黄河水利出版社,1999.
[8] 罗全胜,梅孝威.治河防洪[M].郑州:黄河水利出版社,2004.
[9] 武汉水利电力学院河流泥沙工程学教研室.河流泥沙工程学[M].北京:水利电力出版社,1983.
[10] 张肖.河道堤防管理与维护[M].南京:河海大学出版社,2006.
[11] 谢鉴衡.河床演变与整治[M].北京:中国水利水电出版社,1997.
[12] 田耀金,宋晓光.污染河道疏浚底泥对环境的危害及其处置[J].浙江水利科技,2007(2):57-59.
[13] 黄学才,倪锦初,邓永泰,等.水果湖环保疏浚设计与工程实践[J].水利水电快报,2007(1):6-9.
[14] 周钰林.城市河道整治与水生态修复工作的若干思考[J].水利发展研究,2006(11):26-27.
[15] 廖文根,杜强,谭红武,等.水生态修复技术应用现状及发展趋势[J].中国水利,2006(17):61-63.
[16] 孙东亚,董哲仁,许明华,等.河流生态修复技术和实践[J].水利水电技术,2006(12):4-7.
[17] 侯全亮,李肖强.河流生命危机与河流伦理构建[J].中国水利,2005(21):33-36.
[18] 郤俊,杨凯,吴阿娜,等.上海张家浜河道综合整治效益分析及评价[J].水资源保护,2004(4):8-10.
[19] 顾慰慈.城镇防汛工程[M].北京:中国建材工业出版社,2002.
[20] 车武,李俊奇.城市雨水利用技术与管理[M].北京:中国建筑工业出版社,2006.
[21] 车武,等.现代城市雨水利用技术体系[J].北京水利,2003(3):16-18.
[22] 陈卫,孙文全,孙慧.城市雨水资源利用途径及其生态保护[J].中国给水排水,2000,15(6):26-27.
[23] 汪慧贞,车武,胡家骏.浅议城市雨水渗透[J].给水排水,2001,27(2):4-7.
[24] 陈玉恒.城市雨洪利用的构想[J].水利发展研究,2002,2(4):32-33.
[25] 姜启源,谢金星,叶俊.数学模型[M].北京:高等教育出版社,2003.
[26] 姜璐,蔡维.现代系统工程方法[M].沈阳:沈阳出版社,1993.
[27] 郑在洲,何成达.城市水务管理[M].北京:中国水利水电出版社,2003.
[28] 崔振才.水文及水利水电规划[M].北京:中国水利水电出版社,2007.